长江治理与保护科技创新丛书

SERIES OF SCIENCE & TECHNOLOGY INNOVATION
FOR CHANGJIANG RIVER REHABILITATION AND PROTECTION

三峡水库下游河道
演变机理与治理对策

渠庚　郭小虎　朱勇辉　唐峰　著

U0294033

中国水利水电出版社
www.waterpub.com.cn

·北京·

内 容 提 要

本书主要采用原型观测资料分析、实体模型试验、数学模型计算等多种手段，开展了三峡工程运用以来坝下游河势调整响应规律分析、冲刷条件下不同河型河道演变与治理思路研究、三峡工程运用后重点河段河势变化趋势预测，在明晰主要问题和相关规划治理目标的基础上，形成了四个重点河段的治理思路，由此提出了相应的治理方案，并对方案效果进行了深入研究。

本书可供从事水文水资源、泥沙运动力学、河床演变和河道治理等专业的科研、规划、设计人员及高等院校相关专业的师生参考。

图书在版编目（CIP）数据

三峡水库下游河道演变机理与治理对策 / 渠庚等著
. -- 北京 ：中国水利水电出版社，2021.8
（长江治理与保护科技创新丛书）
ISBN 978-7-5170-8367-2

Ⅰ．①三… Ⅱ．①渠… Ⅲ．①长江－下游河段－河道演变－研究②长江－下游河段－河道整治－研究 Ⅳ.①TV882.2

中国版本图书馆CIP数据核字(2019)第299778号

书　　名	长江治理与保护科技创新丛书 **三峡水库下游河道演变机理与治理对策** SAN XIA SHUIKU XIAYOU HEDAO YANBIAN JILI YU ZHILI DUICE	
作　　者	渠庚　郭小虎　朱勇辉　唐峰　著	
出版发行	中国水利水电出版社 （北京市海淀区玉渊潭南路 1 号 D 座　100038） 网址：www. waterpub. com. cn E - mail：sales@ waterpub. com. cn 电话：(010) 68367658（营销中心）	
经　　售	北京科水图书销售中心（零售） 电话：(010) 88383994、63202643、68545874 全国各地新华书店和相关出版物销售网点	
排　　版	中国水利水电出版社微机排版中心	
印　　刷	天津嘉恒印务有限公司	
规　　格	184mm×260mm　16 开本　16.25 印张　389 千字	
版　　次	2021 年 8 月第 1 版　2021 年 8 月第 1 次印刷	
印　　数	001—800 册	
定　　价	**98.00 元**	

丛书序

长江是中华民族的母亲河，是世界第三、中国第一大河，是我国水资源配置的战略水源地、重要的清洁能源战略基地、横贯东西的"黄金水道"和珍稀水生生物的天然宝库。中华人民共和国成立以来，经过70多年的艰苦努力，长江流域防洪减灾体系基本建立，水资源综合利用体系初步形成，水资源与水生态环境保护体系逐步构建，流域综合管理体系不断完善，保障了长江岁岁安澜，造福了流域亿万人民，长江治理与保护取得了历史性成就。但是我们也要清醒地认识到，由于流域水科学问题的复杂性，以及全球气候变化和人类活动加剧等影响，长江治理与保护依然存在诸多新老水问题亟待解决。

进入新时代，党和国家高度重视长江治理与保护。习近平总书记明确提出了"节水优先、空间均衡、系统治理、两手发力"的治水思路，为强化水治理、保障水安全指明了方向。习近平总书记的目光始终关注着壮美的长江，多次视察长江并发表重要讲话，考察长江三峡和南水北调工程并作出重要指示，擘画了长江大保护与长江经济带高质量发展的宏伟蓝图，强调要把全社会的思想统一到"生态优先、绿色发展"和"共抓大保护、不搞大开发"上来，在坚持生态环境保护的前提下，推动长江经济带科学、有序、高质量发展。面向未来，长江治理与保护的新情况、新问题、新任务、新要求和新挑战，需要长江治理与保护的理论与技术创新和支撑，着力解决长江治理与保护面临的新老水问题，推进治江事业高质量发展，为推动长江经济带高质量发展提供坚实的水利支撑与保障。

科学技术是第一生产力，创新是引领发展的第一动力。科技立委是长江水利委员会的优良传统和新时期发展战略的重要组成部分。作为长江水利委员会科研单位，长江科学院始终坚持科技创新，努力为国家水利事业以及长江保护、治理、开发与管理提供科技支撑，同时面向国民经济建设相关行业提供科技服务，70年来为治水治江事业和经济社会发展作出了重要贡献。近年来，长江科学院认真贯彻习近平总书记关于科技创新的重要论述精神，积极服务长江经济带发展等国家重大战略，围绕长江流域水旱灾害防御、水资源节约利用与优化配置、水生态环境保护、河湖治理与保护、流域综合管理、水工程建设与运行管理等领域的重大科学问题和技术难题，攻坚克难，不断进取，在治理开发和保护长江等方面取得了丰硕的科技创新成果。《长江治理与保护科技创新丛书》正是对这些成果的系统总结，其编撰出版正逢其时、意义重大。本套丛书系统总结、提炼了多年来长江治理与保护的关键技术和科研成果，具有较高学术价值和文献价值，可为我国水利水电行业的技术发展和进步提供成熟的理论与技术借鉴。

本人很高兴看到这套丛书的编撰出版，也非常愿意向广大读者推荐。希望丛书的出版能够为进一步攻克长江治理与保护难题，更好地指导未来我国长江大保护实践提供技术支撑和保障。

长江水利委员会党组书记、主任

2021 年 8 月

丛书前言

长江流域是我国经济重心所在、发展活力所在，是我国重要的战略中心区域。围绕长江流域，我国规划有长江经济带发展、长江三角洲区域一体化发展及成渝地区双城经济圈等国家战略。保护与治理好长江，既关系到流域人民的福祉，也关乎国家的长治久安，更事关中华民族的伟大复兴。经过长期努力，长江治理与保护取得举世瞩目的成效。但我们也清醒地看到，受人类活动和全球气候变化影响，长江的自然属性和服务功能都已发生深刻变化，流域内新老水问题相互交织，长江治理与保护面临着一系列重大问题和挑战。

长江水利委员会长江科学院（以下简称长科院）始建于1951年，是中华人民共和国成立后首个治理长江的科研机构。70年来，长科院作为长江水利委员会的主体科研单位和治水治江事业不可或缺的科技支撑力量，始终致力于为国家水利事业以及长江治理、保护、开发与管理提供科技支撑。先后承担了三峡、南水北调、葛洲坝、丹江口、乌东德、白鹤滩、溪洛渡、向家坝，以及巴基斯坦卡洛特、安哥拉卡卡等国内外数百项大中型水利水电工程建设中的科研和咨询服务工作，承担了长江流域综合规划及专项规划，防洪减灾、干支流河道治理、水资源综合利用、水环境治理、水生态修复等方面的科研工作，主持完成了数百项国家科技计划和省部级重大科研项目，攻克了一系列重大技术问题和关键技术难题，发挥了科技主力军的重要作用，铭刻了长江科研的卓越功勋，积累了一大批重要研究成果。

鉴于此，长科院以建院70周年为契机，围绕新时代长江大保护主题，精心组织策划《长江治理与保护科技创新丛书》（以下简称《丛书》），聚焦长江生态大保护，紧扣长江治理与保护工作实际，以全新角度总结了数十年来治江治水科技创新的最新研究和实践成果，主要涉及长江流域水旱灾害防御、水资源节约利用与优化配置、水生态环境保护、河湖治理与保护、流域综合管理、水工程建设与运行管理等相关领域。《丛书》是个开放性平台，随着长江治理与保护的不断深入，一些成熟的关键技术及研究成果将不断形成专著，陆续纳入《丛书》的出版范围。

《丛书》策划和组稿工作主要由编撰委员会集体完成，中国水利水电出版社给予了很大的帮助。在《丛书》编写过程中，得到了水利水电行业规划、设计、施工、管理、科研及教学等相关单位的大力支持和帮助；各分册编写人员反复讨论书稿内容，仔细核对相关数据，字斟句酌，殚精竭虑，付出了极大的心血，克服了诸多困难。在此，谨向所有关心、支持和参与编撰工作的领导、专家、科研人员和编辑出版人员表示诚挚的感谢，并诚恳欢迎广大读者给予批评指正。

《长江治理与保护科技创新丛书》编撰委员会

2021 年 8 月

三峡工程是治理开发与保护长江的关键骨干工程，位于长江干流宜昌上游约 40km 的三斗坪，控制流域面积约 100 万 km²。工程已于 2003 年 6 月实现 135m 水位蓄水，2010 年试验性蓄水成功达到正常蓄水位 175m，开始全面发挥防洪、发电、航运、水资源利用等综合效益。三峡工程修建后，由于在相当长的时期里"清水"下泄，引起长江中下游河道长距离的冲刷，对坝下游河道演变带来深远的影响。近年来，长江中下游河段崩岸险情频度和强度均呈增加态势，部分重点河段河势变化明显，已威胁到堤防和防洪安全，同时也影响到沿江涉水建筑物及取水工程的正常运用。

开展三峡后续工作是党中央、国务院的重大决策，对于确保三峡工程长期安全运行和持续发挥综合效益，提升其服务国民经济和社会发展能力，造福广大人民群众，意义重大。2011 年 6 月，国务院以《关于三峡后续工作规划的批复》（国函〔2011〕69 号）正式批复国务院三峡办，明确要求开展三峡工程对长江中下游河势及岸坡影响处理和防洪相关研究工作。基于以上背景，以项目研究为基础，本书开展了三峡水库下游重点河段河势变化规律研究，并提出相应的治理对策，成果不仅可为三峡水库下游河道治理提供技术支撑，而且为同类河道整治提供技术参考。

本书主要采用原型观测资料分析、实体模型试验、数学模型计算等多种手段，开展了三峡工程运用以来坝下游河势调整响应规律分析、冲刷条件下不同河型河道演变与治理思路研究、三峡工程运用后重点河段河势变化趋势预测，在明晰四个重点河段主要问题和相关规划治理目标的基础上，形成了四个重点河段的治理思路，由此提出了相应的治理方案，并对方案效果进行了深入研究。取得如下的主要研究成果，项目主要取得了如下几方面的成果：

（1）基于原型观测资料，分析了三峡工程运用后长江中下游宜昌至大通河段水文情势变化、河势变化明显河段滩槽冲淤特性对年内水沙过程的响应、不同河型河道河势变化规律和趋势，进一步明晰了三峡工程对坝下游重点河段的相关影响。

（2）分别选取弯曲和分汊河型，采用概化模型试验和三维数学模型计算深入研究了冲刷条件下沙质河床不同河型河道的演变特性，在总结三峡工程运用后重点河段河道治理基本思路的基础上，利用概化模型试验和弯曲河型三维数学模型计算研究不同河型河道整治工程方案及其效果，综合提出了冲刷条件下沙质河床不同河型河道治理的思路。

（3）利用长河段一维数模计算开展了长江中下游宜昌至大通河段总体河势变化的分析和预测，在此基础上，以2016年实测河道地形作为初始地形，预测时段为2017—2032年，运用实体模型和二维数学模型，进一步预测了三峡及上游控制性水库联合运用后不同时期长江中下游重点河段的河势变化规律和趋势。

（4）在以上研究基础上，综合考虑防洪安全、航道稳定、涉水工程运行等因素，研究提出了三峡工程运用后宜昌至城陵矶河段河势控制方案及重点河段控制河势、稳定河岸的措施。然后根据四个重点河段河势最新变化特点及趋势预测成果，研究了上述河段维护河势与航道条件等稳定的主要对策，针对四个重点河段，提出了多组整治方案，并采用平面二维水流数学模型进行方案效果比选，最终得到每个河段的推荐方案；在此基础上采用实体模型针对推荐方案开展了工程后的效果研究，研究表明，四个重点河道推荐方案实施后，维护了河道河势及相关航道条件的稳定，效果达到了本次治理目标。

本书是在项目研究成果的基础上总结提炼而成的，全书共分7章，各章主要编写人员如下：第1章由渠庚、朱勇辉、刘亚执笔，第2章由渠庚、陶铭、黄莉、唐峰执笔，第3章由刘心愿、朱勇辉、黄莉、陈栋、董炳江执笔，第4章由刘亚、渠庚、胡德超、郭小虎执笔，第5章由唐峰、渠庚、刘心愿、王敏执笔，第6章由郭小虎、刘亚、陶铭、渠庚、汪红英执笔，第7章由渠庚、郭小虎执笔；全书由渠庚审定统稿。参加工作还有姚仕明、范北林、张细兵、李凌云、邓彩云、岳红艳、王茜、赵瑾琼、张杰、元媛、袁晶、朱玲玲、谷利华、周哲华、樊咏阳、何广水、韩向东、李圣伟、龙瑞、望思强、郑承太、赵占超、邢国栋等，一并感谢。本书主要成果基于"防洪-通航协同下强冲刷河段航道整治技术及示范"和"三峡工程运用后重点河段河势变化及治理对策研究"项目，该项目是在长江水利委员会规划计划局、长江科学院、长江航道局、长江航道规划设计研究院、长江勘测规划设计研究院有限责任公司、长江水利委员会水文局、长江水利委员会网络与信息中心及华中科技大学等单位的努力下完成的。在项目研究过程中，项目组全体成员密切配合，相互支持，圆满完成了项目的各项研究任务，在此对他们的辛勤劳动表示诚挚的谢意!

　　三峡水库下游河道冲刷机理十分复杂，并且所产生的问题也将随着时间推移而不断发展变化，书中涉及的一些内容仍需深入研究。书中存在的欠妥和不足之处敬请读者批评指正。

作者

2021 年 8 月

目录

第1章 绪 论

1.1 研究背景

长江中下游干流河道全长 1893km，流经湖北、湖南、江西、安徽、江苏、上海等省（直辖市）。长江中下游地区不仅是我国重要的农业区，也是我国经济最发达的地区之一。本地区沿江环湖城镇密集，形成了以武汉、长沙、南昌、合肥、南京和上海等城市为核心的城市圈、长株潭城市群、环鄱阳湖生态经济区、皖江经济带、长江三角洲城市群等经济发展地区，是国家规划重点地区和全国区域发展的重要增长极，对中东部经济发展具有强大的辐射和带动作用。

三峡工程是治理开发与保护长江的关键骨干工程，位于长江干流宜昌上游约 40km 的三斗坪，控制流域面积约 100 万 km^2。工程已于 2003 年 6 月实现 135m 水位蓄水，2010 年试验性蓄水成功达到正常蓄水位 175m，开始全面发挥防洪、发电、航运、水资源利用等综合效益，工程建成运行极大缓解了长江中下游的洪水威胁，减少了遇大洪水长江中下游蓄滞洪区使用范围和概率，特别是荆江河段防洪能力从十年一遇提高到百年一遇，如遇千年一遇或类似 1870 年洪水，可使枝城流量不超过 80000m^3/s，配合荆江地区的蓄滞洪区运用，可使沙市水位不超过 45.0m，从而保证荆江两岸的防洪安全。三峡工程是一个多目标、多效益的系统工程，涉及因素复杂，在发挥其巨大效益的同时，水库蓄水运行也对库区、中下游地区经济社会发展和生态环境产生一定影响。

三峡工程修建后，由于在相当长的时期内"清水"下泄，引起长江中下游河道长距离的冲刷，对坝下游河道演变带来了深远的影响。近年来，长江中下游河段崩岸险情频度和强度均呈增加态势，部分重点河段河势变化明显，已威胁到堤防和防洪安全，同时也影响到沿江涉水建筑物及取水工程的正常运用。据三峡工程初步设计阶段研究成果，水库冲淤平衡年限 80～100 年，考虑目前三峡入库泥沙大幅减少，加上金沙江下游乌东德、白鹤滩、溪洛渡和向家坝等控制性水库均在 2020 年前陆续投入运用，以及亭子口、锦屏一级等支流水库的进一步建设，三峡入库泥沙将进一步减少，水库实际淤积平衡年限将大幅度延长。与之相应，长江中下游河道来沙将在相当长的时期内大幅减少，河道将长期处于冲刷调整状态，对长江中下游河势稳定、防洪安全、水资源利用和生态环境保护等方面的影响将更趋明显，需认真研究、妥善解决。

开展三峡后续工作是党中央、国务院的重大决策，对于确保三峡工程长期安全运行和持续发挥综合效益，提升其服务国民经济和社会发展能力，造福广大人民群众，意义重大。2011 年 6 月，国务院以《关于三峡后续工作规划的批复》（国函〔2011〕69 号）正式批复国务院三峡办，要求认真组织实施。《三峡后续工作总体规划》从总体上确定了 2011—2020 年 10 年内，开展三峡后续工作的指导思想、基本原则、规划目标、重点内容、规划投资和实施措施。《三峡后续工作总体规划》共分为 6 个分项规划，各分项规划又由若干专题规划组成。《三峡工程对长江中下游河势及岸坡影响的处理专题规划》（以下简称《专题规划》）是分项规划《三峡工程对长江中下游重点影响区影响处理分项规划》中的专题规划之一。《专题规划》确定了 7 个研究课题，其中本书的研究成果部分来自于课题二：三峡工程运用后重点河段河势变化及治理对策研究。

1.2　三峡水库下游河道冲刷研究与河道治理概述

1.2.1　三峡水库下游河道冲刷研究概述

水库下游冲积性平原河道在冲刷作用下是一个长期的复杂过程，在此过程中，水库下泄沙量、支流分汇水沙量、下游河道的挟沙能力以及河床抗冲特性不断变化且互相影响，从水库蓄水到下游冲淤平衡通常需要经历几十年甚至上百年，影响范围达几百甚至千余公里，对未知条件下可能出现情况的分析预测，多以已建水利枢纽下游的冲淤规律为参照，或者基于这些规律，采用河道冲淤数学模型、实体模型试验等技术手段，预测冲淤变化的时空发展过程。

预测长江中下游河道冲淤的变化趋势，是三峡工程泥沙问题的重点之一。在"八五""九五"期间，围绕三峡枢纽下游河道泥沙的问题已开展了系列研究，对中下游各河段的冲淤状况也进行了大量分析和查勘，长江科学院、中国水利水电科学研究院等研究单位计算分析了建库后坝下游长河段冲淤过程[1-4]，两家采用的水文条件都是长江科学院提供的 1961—1970 年系列出库流量、含沙量及级配资料，起始地形均采用 1993 年实测地形，由于计算条件等方面差异，两家计算结果存在一定的差别，但总体冲淤数量和发展过程较为一致。

在"十一五"期间，长江科学院、中国水利水电科学研究院等科研单位利用数学模型和长江防洪实体模型开展坝下游河道冲淤研究，其采用的水文条件为 1991—2000 年系列出库流量、含沙量及级配资料，并进行了三峡水库调蓄计算，起始地形采用 2006 年实测地形，由于三峡水库蓄水初期坝下游河道冲刷呈现了一些规律性的认识，因此本研究计算的成果与以前计算的成果出现了较大差异性[5-6]。

由于三峡水库运用后坝下游河床冲淤呈现新的变化规律，在"十二五"期间，国内有关科研单位提升了三峡水库坝下游河道泥沙数学模拟技术，大幅度提高了模拟精度，分析了三峡水库下游河道一维泥沙数学模型精度的主要影响因素，改进完善了模型，研制了能模拟洞庭湖复杂水网和鄱阳湖的一二维耦合水沙数学模型，构建了二元结构岸滩侧蚀崩塌过程的理论模式，采用的水文条件同样为 1991—2000 年系列出库流量、含沙量及级配资料，预测三峡水库坝下游河道冲淤变化过程[7]。

1.2.2　三峡水库下游河道治理概述

在长江的防洪规划中，河道治理是整个长江防洪体系的组成部分。20 世纪 50—60 年代在荆江河段治理中，为扩大荆江河道泄量，进行了下荆江系统裁弯工程研究，对南线方案和北线方案进行了技术经济论证比较。为了实施南线系统裁弯，长江水利委员会布置了大量的河道地形、弯道水流泥沙运动观测、地质勘探工作和分析研究、水力计算、模型试验工作，并于 20 世纪 60 年代末至 70 年代初成功地实施了中洲子和上车湾裁弯工程[8]。

长江中下游干支流河道治理技术问题一直以来是长江水利委员会重点研究的问题之一。欧阳履泰等[9]根据长江中下游实测资料的对比分析，并结合室内定性的水槽试验研究，认为平顺护岸形式对河岸的形态并未改变，对近岸水流结构的影响小；守点顾线的矶头群护岸形式容易形成大的局部冲刷坑，使矶头之间产生大崩窝；丁坝护岸形式易在水浅流缓，泥沙沉积的河口宽阔段应用，在重要城镇、堤外无滩的确保堤段以及港口码头等采用丁坝护岸，必须慎重对待。余文畴等[10]系统总结了中华人民共和国成立 50 年来河道整治工程的实践，着重介绍了护岸工程的传统技术和新技术的发展；其中传统的护岸技术有抛石护岸、铰链混凝土板沉排、模袋混凝土护岸、土工织物砂枕（排）护岸、梢料护岸、正四面体混凝土块护岸、透水框架式混凝土四面六棱体、钢筋或铁丝石笼等，这些技术均已广泛应用于长江中下游干支流河道堤岸工程中；而在长江口海塘工程中则实施新型护坡试验工程，其形式丰富多彩。卢金友、姚仕明[11]提出了长江中下游护岸工程新材料新技术的研究，发展了砂枕与六边四面透水框架两种新材料护岸工程和宽缝加筋生态混凝土材料结构形式设计[12]。

生态护岸是近些年来比较热门研究方向之一，国外最早从 20 世纪 50 年代就着手研究传统护岸工程对河流自然环境的影响，德国首先建立了"近自然河道整治工程"理念，提出河流的整治应满足生命化和植物化的原理[13]。近期，姚仕明、岳红艳[14]通过对长江中下游干流河道生态护岸工程现状、需求及型式等的分析，认为随着生态文明建设发展，沿江人民对沿岸生态与环境的要求愈来愈高，以往护岸工程在这方面考虑不够，需要研究以往护岸工程的生态修复技术；并发明了新型的生态护岸材料[15]。王越等[16]分析了长江中下游河岸带资源的减少原因和现状各种护岸工程的不足，并基于河流连续体概念及传统的河道整治理论，结合生态水工学的相关理念，认为需对长江中下游河流的水环境、河流湿地资源功能以及生物物种多样性等进行相关修复。

1.3　研究内容和主要成果

1.3.1　研究内容

本书在归纳分析已有成果的基础上，以长江中下游宜昌至大通为研究范围，重点分析研究了以下四大内容：

（1）三峡水库下游河势调整响应规律分析。收集三峡工程运用前、后（蓄水后资料延长至 2017 年），长江干流宜昌至大通河段、汉江尾闾，洞庭湖出口控制站、鄱阳湖出口控制站的水文、地形资料，运用原型观测资料分析、理论分析和类比分析等手段，着重研究了：①三峡水库下游宜昌至大通河段水沙情势变化特性；②三峡水库下游不同类型河段河势变化规律，包括宜昌至枝城河段（卵石夹砂型）、上荆江河段（微弯分汊型河段）、下荆江河段（蜿蜒型）和城陵矶至汉口河段（分汊型）；③三峡水库下游重点河段滩槽冲淤特性对水沙变化的响应过程，包括沙市河段、石首河段、熊家洲至城陵矶河段和武汉河段。

（2）冲刷条件下不同河型河道演变与治理思路研究。依据三峡工程蓄水以来的原型观测资料，综合运用原型观测资料分析、概化模型试验和部分河型三维数学模型计算相结合的技术手段，针对分汊河道和弯曲型河道研究了：①冲刷条件下沙质河床不同河型河道演变特性；②冲刷条件下沙质河床不同河型河道治理思路和治理方案，以及不同治理方案的整治效果。通过分析不同河型河道演变特性、不同河势控制方案的整治效果，为后续重点河段河势控制方案研究提供技术思路。

（3）三峡水库下游重点河段河势变化趋势预测研究。依据三峡工程蓄水以来的原型观测资料，对一维水沙数学模型、平面二维水沙数学模型及四个重点河段实体模型作进一步完善和验证，重点考虑三峡工程蓄水运用以来水沙条件的变化以及向家坝、溪洛渡等控制性水库运用的影响，预测三峡及上游控制性水库运用后2017—2032年间的河势变化趋势：①三峡水库下游宜昌至大通河道冲淤及总体河势变化趋势；②三峡水库下游重点河段包括沙市河段、石首河段、熊家洲至城陵矶河段和武汉河段冲淤及河道演变趋势。

（4）三峡水库下游重点河段治理对策研究。在前三大部分研究内容的基础之上，深入分析宜昌至城陵矶河段近期演变特性，提出针对该段河势进行控制的总体思路和方案；根据沙市河段、石首河段、熊家洲至城陵矶河段和武汉河段四个重点河段的实际情况，综合采用实体模型试验和二维水沙数学模型计算相结合的技术手段，同时兼顾防洪、河势、航运等的要求，研究提出针对这些重点河段河势进行控制的若干工程方案，并进一步研究不同工程方案的治理效果，就可能的不利影响提出相应优化措施。

1.3.2 主要成果

经过系统地研究和分析，本书主要取得了如下成果：

（1）分析了目前长江中下游河道的基本情况。经过多年的河道整治，长江宜昌至大通河段防洪能力得到大幅提高，河势总体上基本稳定。三峡水库及上游干支流控制性水库陆续投入运用，"清水"下泄引起的河床冲刷具有普遍性和长期性，部分河段河势将会出现剧烈调整，主流大幅摆动，滩槽格局发生较大变化，不利于防洪安全、河势及部分河段航道条件的稳定。

（2）分析了三峡水库下游宜昌至大通河段水沙情势变化与不同类型河道演变规律。从下游水沙变化情势来看，三峡水库蓄水后：①长江中下游各站除监利站年均径流量与蓄水前偏多3%外，其他各站年均径流量偏枯4%～7%；②下游输沙量沿程减小，减小幅度为68%～93%，且减幅沿程递减；③绝大部分粗颗粒泥沙被拦截在库内，出库泥沙粒径偏细；④下游河床沿程冲刷，导致悬沙沿程粗化，床沙粒径有不同程度的粗化；⑤长江中下游河道河势总体基本稳定，河道冲刷总体呈现从上游向下游推进的发展态势，由于受入、出库沙量减少和河道采砂等的影响，坝下游河道冲刷的速度较快，范围较大，河道冲刷主要发生在宜昌至城陵矶河段，目前全程冲刷已发展至湖口以下。

从下游三种不同类型河型演变规律来看：①顺直微弯河道近期河势未发生大的调整，但受清水冲刷影响，河道两岸的交错边滩和心滩均发生明显的冲刷后退，部分泥沙在深槽落淤，部分河段呈现"滩冲槽淤"和中枯水时"水流流路取直"的现象，断面形态逐渐向宽浅型发展，为主流摆动提供充足的空间，导致在年内主流摆幅明显加大，对河势稳定性产生不利的影响；②大部分弯曲型河道受上游顺直过渡段流路取直的影响，水流顶冲点逐渐上提，引起弯道进口附近主流逐渐趋近凸岸，凸岸边滩逐渐冲刷崩退，河道展宽，原凹岸深槽逐渐淤积，凸岸附近逐渐冲刷成槽，部分弯顶处河道断面形态由偏 V 形向 W 形转化，"单深槽逐渐向双深槽调整"，对于曲率较大的弯曲河道，其调整是由上至下逐渐发展的，即所谓的"一弯变，弯弯变"，而弯道与弯道之间的顺直过渡段起到水流（主流）传导作用，对相邻弯道间的变化起到至关重要的作用；③对于卵石夹砂型分汊河道，经过三峡工程蓄水以来十余年的清水冲刷，目前主支汊基本冲刷调整完毕，主支汊格局基本稳定，随着三峡及上游控制性水库的联合运用，该类型河道仍将会长期遭受清水冲刷的影响，但由于该类型河床受表层卵石夹砂的保护，且下泄径流量过程将会进一步坦化，大洪水出现的概率大大降低，预计卵石夹砂型分汊河道仍将保持河势稳定，主支汊格局不会大幅调整；④对于砂质型弯曲分汊型河道，由于其抗冲性较差，受清水冲刷作用的影响，主支汊均以冲刷下切发展为主，且分汊段往往出现"汊道冲刷发展，凸岸边滩崩退、凹岸汊道淤积"的现象，但由于上游水库调蓄作用，出现大洪水的概率将会大幅度减少，也大大降低了大洪水对该类型河道的冲刷塑造作用，对该类型河势稳定较为有利，预计沙质型弯曲分汊型河道仍将保持河势稳定，主支汊格局虽有一定调整，但难以出现主支汊易位的现象；⑤对于鹅头分汊河型河道，其上游河势一般较为稳定，在上游河势稳定与径流过程未发生较大调整的前提下，预计该类型河道也基本维持现有格局，但由于在清水冲刷下，可能引起局部洲滩与边滩崩塌，导致汊道河势不稳，因此需针对不利的问题，提前进行工程加固与实施护岸工程等。

（3）分析了 4 个重点河段（沙市、石首、熊家洲至城陵矶及武汉）河床演变规律。

从沙市河段来看：①由于受下荆江裁弯、葛洲坝水利枢纽建成运用、1998 年大洪水以及三峡工程蓄水运用等因素的影响，沙市河段河床发生了不同程度的冲淤变化；②河道内弯道凹岸及水流顶冲部位护岸工程的实施，增强了该河段河岸的抗冲能力，抑制了近岸河床的横向发展，使得该河段总体河势变化较小，但局部河势调整较为剧烈；③河势的调整主要表现为主流的摆动、洲滩的消长及主支汊的兴衰交替变化等，其中主要表现为三八滩汊道、太平口汊道和金成洲汊道的变化——三八滩滩头冲淤变化幅度较小，左汊将逐年淤积萎缩，左汊河床淤积抬高，分流逐年减小；太平口汊道段将维持"两槽一滩"的河势格局，且右槽将持续冲深拓宽；金城洲汊道段右汊窜沟仍将继续刷深扩宽，但左汊为主汊的河势格局基本稳定。

从石首河段来看：①该段多年来河床复杂多变，演变较为剧烈，河势不稳定，主要表现为洲滩冲淤消长交替变化及过渡段主流的频繁摆动；②三峡水库蓄水运用以来，来沙量大幅减少，该段河床将持续发生一定冲刷，边滩和心滩将继续冲刷明显；③该段河岸的抗冲能力随着护岸工程的不断实施得到增强，总体河势变化不大，局部调整剧烈，不同水文年来水来沙情况的变化会导致过渡段主流的摆动，但不会引起整体河势的重大变化。

从熊家洲至城陵矶河段来看：①该段在弯道凹岸未被护岸工程控制以前，河道演变特点主要表现为凹岸不断崩退、凸岸不断淤长、弯顶逐渐下移，该段河身向下游蠕动；②三峡水库蓄水运用以来，水沙条件的变化引起该河段河槽冲刷，河势发生了较大调整，主要表现为主流出熊家洲弯道后不再过渡到右岸而直接沿八姓洲西岸下行、七号岭和观音洲弯道发生"撇弯切滩"，弯道凸岸边滩上游面冲刷、下游面回淤以及洲头切滩撇弯，凹岸深槽上段淤积、下段冲刷并向下游方向延伸，弯道凹岸护岸段下游的未护岸地段岸线崩塌；③该段总体处于持续冲刷阶段，河床沿程呈逐步整体冲刷下切的趋势，深槽有所刷深拓展，过渡段主流下挫，弯道顶冲点下移，主流贴岸距离下延，局部河段主流平面摆动明显，局部河势变化较剧烈，其中以七号岭及观音洲弯道段河势变化较显著；④随着三峡水库以及上游一系列控制性水库陆续蓄水运用，其对长江中下游的河势变化影响程度会愈来愈大，熊家洲至城陵矶河段的河势调整将更加剧烈，八姓洲和七号岭弯道的变化将尤为明显。

从武汉河段来看：①从该段近期演变情况来看，纱帽山至龟山河段主流平面摆动较小，由于沿岸有多处节点控制，两岸的崩岸险工段均已实施护岸工程，该段岸线基本稳定；②三峡水库蓄水运用以来，来沙量大幅减小，该河段内低矮滩体总体呈冲刷萎缩的趋势，河床将发生一定的冲刷；③铁板洲、白沙洲和天兴洲河段持续维持分汊河型，荒五里、汉阳边滩及潜洲洲头等局部河段河势调整幅度较大。

（4）研究了冲刷条件下不同河型河道演变与治理思路。从河道演变特点来看：①冲刷条件下沙质型分汊河道总体河势保持稳定，但分汊河道短汊道发展占优，分汇流区河床冲淤剧烈；②冲刷条件下弯曲型河道弯道段凸岸侧河床的中上段均发生冲刷，凹岸深槽以及凸岸侧河床下段则以淤积为主；③对于深槽与凹岸紧贴、河宽较大的弯道，有发生撇弯切滩的可能性，对于已经发生撇湾切滩的弯道，深槽居于河道中心偏靠凸岸，河道内发育有明显的心滩，心滩的活跃度较高，随着年内主流线的偏移，心滩不同部位均有产生冲刷的可能性，断面形态变化幅度剧烈，深槽平面摆幅较大。

从稳定河势、塑造良好滩槽形态出发，分汊河道治理思路主要为：①强较短汊道及洲体边缘的岸线守护；②维持河道内低矮滩体稳定，适当约束水。

弯曲河道治理思路为：①对于已发生撇弯切滩和自然裁弯现象但曲率适当的平顺弯道，采取护岸工程措施稳定弯道凸凹岸边界；②对于过分弯曲并形成较短狭颈、可能进一步发展成自然裁弯的弯道，需顺应河势发展趋势，在凸岸的中上部可适当布置挑流工程，并在凸凹岸适当位置采取护岸，在保持河势稳定的基础上循序渐进地调整。

（5）开展了三峡水库下游 4 个重点河段河势变化趋势预测。成果表明，随着三峡工程及其上游干支流水库的陆续建设运用，宜昌至大通河段河势仍将保持总体稳定，4 个重点河段未来整体呈长期冲刷下切的趋势，局部河势调整较大，主要表现在弯道段及过渡段主流平面摆动明显，边滩冲刷岸线崩退，分汊河段长汊道萎缩趋势明显，影响到防洪安全、河势稳定及通航条件等。

沙市河段数学模型计算表明：该河段整体冲刷，干流河段断面深槽明显冲深展宽，太平口心滩冲刷萎缩较大，三八滩冲刷后退并且萎缩。沙市河段实体模型试验表明：①该河段上段深槽、洲滩位置与形态均发生较大的变化，但主流走向依旧维持太平口心滩左右两槽并存，至荆 37 附近走三八滩左右汊格局；②随着上游来水来沙及河势变化，太平口心滩目前左右双槽且右槽为主槽的河道形态逐步向双槽转变；③三八滩汊道呈现洲体右侧切割、右汊扩大、左汊进口河床淤积抬高的发展趋势，右汊分流比明显占优，金城洲则是左汉分流比略有增大。

石首河段数学模型计算表明：①全河段整体呈冲刷趋势，其中向家洲边滩沿线中、下段冲刷后退较明显，其余部位则变化不大；②倒口窑心滩和藕池口心滩的滩面、右汊及串沟内有所淤积，且倒口窑心滩滩头前沿、左缘和藕池口心滩左缘下段冲刷后退仍较为明显；③长江干流段深泓趋中摆动，平面摆幅较小，局部位置稍大；④藕池河河段上段河槽略有淤积，中、下段河槽略有冲刷，总体变化较小。石首河段实体模型试验表明：①该段滩槽位置相对稳定，整体呈冲刷下切的趋势，天星洲左缘、向家洲首部至北门口及张城垸一带、北碾子湾等位置深槽有变宽延长冲深的趋势；②向家洲上游焦家铺一带陀阳树边滩存在着切滩撇弯的趋势；③北碾子湾一带持续冲刷崩退、南碾子湾淤长；④藕池口心滩尾端至北门口一带深泓贴岸，藕池口心滩尾端高滩不断崩退，不利于河势稳定，且藕池口口门上游分流道不断淤长，进而可能对藕池口分流造成影响。

熊家洲至城陵矶河段数学模型计算表明：在八姓洲、七姓洲、观音洲等撇弯之后的新槽继续发展，新槽靠近凹岸的浅滩持续淤积抬高。熊家洲至城陵矶河段实体模型试验表明：①河床呈沿程逐步整体冲刷下切的趋势，部分弯道撇弯切滩现象有所放缓，但局部河段主流平面摆动明显，河势变化仍较大；②七号岭弯道上游维持左右双槽形态，但靠凹岸右槽逐渐淤积萎缩，左槽进一步冲刷，心滩尾部冲刷，头部淤积，心滩整体向上游延伸、展宽；③观音洲中部深槽冲刷下切、凹岸进一步淤积。

武汉河段数学模型计算表明：①本河段在 15 年末冲刷量约 9852 万 m³，河床变形主要集中在主河槽局部滩、槽冲淤变化较为明显，但总体河势变化不大；②白沙洲洲头高滩略有淤积，低滩前沿冲刷后退，右汊冲刷发展，潜洲洲头冲刷后退，左右分汊口门冲刷扩展；③天兴洲洲头高滩淤积抬高，左汊淤积、右汊冲刷。武汉河段实体模型试验表明：①试验河段岸线及深泓位置总体上基本稳定，在杨泗矶洲头、白沙洲等附近河段河势调整较为剧烈，深泓线过渡点有一定程度下移；②沌口至龟山河段 5m 等高线以下则呈现冲刷展宽、上下贯通等特点，其中在荒五里边滩、汉阳边滩处冲刷后退较为严重，在白沙洲、潜洲左汊内与潜洲右汊内 5m 等高线已完全贯通，致使枯期部分流量斜插进入潜洲右汊，潜洲尾斜向水流偏角明显，不利于汉阳边滩的冲刷；③天兴洲洲尾—武惠闸河床以冲刷展宽为主。

（6）研究了三峡水库下游 4 个重点河段治理对策。根据沙市、石首、熊家洲至城陵矶及武汉河段河势最新变化特点及趋势预测成果，在《长江中下游干流河道治理规划（2016年修订）》的治理目标与河道变化特性研究的基础上，明晰了 4 个重点河道的基本思路，围绕上述治理思路，提出了多组整治方案，并采用平面二维水流数学模型进行方案效果比选，最终得到每个河段的推荐方案；在此基础上采用实体模型针对推荐方案开展了工程后的效果研究。研究表明，4 个重点河段推荐方案实施后，在保障防洪安全的同时，强化了河势控制，维护了河道河势稳定，同时也改善了航道条件。

参 考 文 献

［1］ 长江科学院. 三峡水库下游宜昌至大通河段冲淤一维数模计算分析（一）［C］//长江三峡工程泥

沙问题研究（第七卷）.北京：知识产权出版社，2002：211-257.

［2］ 长江科学院.三峡水库下游宜昌至大通河段冲淤一维数模计算分析（二）［C］//长江三峡工程泥沙问题研究（第七卷）.北京：知识产权出版社，2002：258-311.

［3］ 中国水利水电科学研究院.三峡水库下游河道（宜昌-大通）冲刷计算研究［C］//长江三峡工程泥沙问题研究（第七卷）.北京：知识产权出版社，2002：115-148.

［4］ 中国水利水电科学研究院.三峡水库下游河道冲淤计算研究［C］//长江三峡工程泥沙问题研究（第七卷）.北京：知识产权出版社，2002：149-210.

［5］ 中国水利水电科学研究院.大型水利枢纽工程下游河型变化机理研究［R］.北京：中国水利水电科学研究院，2010.

［6］ 卢金友，黄悦.三峡工程运用后长江中下游干流冲淤变化对防洪工程的影响研究［C］//纪念98抗洪十周年学术研讨会优秀文集.郑州：黄河水利出版社，2008：147-150.

［7］ 胡春宏，李丹勋，方春明，等.三峡工程泥沙模拟与调控［M］.北京：中国水利水电出版社，2017.

［8］ 余文畴，卢金友.长江河道演变与治理［M］.北京：中国水利水电出版社，2005.

［9］ 欧阳履泰，余文畴.长江中下游护岸形式的分析研究［J］.水利学报，1985（3）：1-9.

［10］ 余文畴，卢金友.长江中下游河道整治和护岸工程实践与展望［J］.人民长江，2002，33（8）：15-17.

［11］ 姚仕明，卢金友，罗恒凯.长江中下游护岸工程新材料新技术试验研究［J］.人民长江，2006，37（4）：79-80.

［12］ 何广水，姚仕明.宽缝加筋生态混凝土河岸护坡技术开发应用［C］//2012年全国河道治理与生态修复技术汇总.南昌：长江出版社，2012：23-28.

［13］ Wirkler H，M Jungwirth. Die Bedeutung der Flussbettstruktur fuer Fischgemeinschaften ［J］. OeWW，1983，35（9/10）：229-234.

［14］ 姚仕明，岳红艳.长江中下游生态护岸工程发展趋势浅析［J］.中国水利，2012（6）：18-21.

［15］ 长江水利委员会长江科学院.一种新型生态护岸材料的制作方法［P］.国家发明专利，CN205171454.

［16］ 王越，范北林，丁艳荣，等.长江中下游护岸生态修复现状与探讨［J］.水利科技与经济，2011，17（10）：25-28.

第2章 基本情况

2.1 河道特点

2.1.1 河道概况

依地理环境及河道特性将宜昌至大通河段划分为6大段，即宜昌至枝城段、枝城至城陵矶段、城陵矶至武汉段、武汉至湖口段、湖口至安庆（皖河口）段、安庆（皖河口）至大通河段。按照《长江中下游干流河道治理规划（2016年修订）》（水规计〔2016〕280号）（以下简称《河道治理规划》），河段内宜枝、上荆江、下荆江、岳阳、武汉、鄂黄、九江、安庆等为重点河段，陆溪口、嘉鱼、簰洲湾、叶家洲、团风、韦源口、田家镇、龙坪、马垱、东流、太子矶、贵池、大通为一般河段（见表2.1）。

表2.1　　　宜昌至大通（皖河口）河段干流河道分段情况

序号	河段名称	起 讫 地 点	长度/km	治理类别	备注
1	宜枝河段	宜昌水尺—枝城（荆3）	60.8	重点	宜昌至枝城河段（60.8km）
2	上荆江河段	枝城（荆3）—藕池口（陀阳树）	171.7	重点	荆江河段（347.2km）
3	下荆江河段	藕池口（陀阳树）—城陵矶	175.5	重点	
4	岳阳河段	城陵矶—赤壁山	77.0	重点	城陵矶至武汉河段（275.1km）
5	陆溪口河段	赤壁山—石矶头	22.4	一般	
6	嘉鱼河段	石矶头—潘家湾	31.6	一般	
7	簰洲湾河段	潘家湾—纱帽山	73.8	一般	
8	武汉河段	纱帽山—阳逻（电塔）	70.3	重点	
9	叶家洲河段	阳逻（电塔）—泥矶	28.2	一般	武汉至湖口段（226.8km）
10	团风河段	泥矶—黄柏山	28.8	一般	
11	鄂黄河段	黄柏山—西塞山	60.8	重点	
12	韦源口河段	西塞山—猴儿矶	33.3	一般	
13	田家镇河段	猴儿矶—码头镇	34.3	一般	
14	龙坪河段	码头镇—大树下	31.6	一般	
15	九江河段	大树下—小孤山	90.7	重点	湖口至安庆河段（208.3km）
16	马垱河段	小孤山—华阳河口	31.4	一般	
17	东流河段	华阳河口—吉阳矶	34.7	一般	
18	安庆河段	吉阳矶—钱江咀	55.3	重点	
19	太子矶河段	钱江咀—新开沟	25.9	一般	安庆至大通河段（71km）
20	贵池河段	新开沟—下江口	23.3	一般	
21	大通河段	下江口—羊山矶	21.8	一般	
合计			1183.2		

（1）宜昌至枝城段。宜昌至枝城段是山区性河流向平原性河流的过渡段，长60.8km，流经湖北省宜昌、宜都、枝江等县市，为顺直微弯河型。受两岸低山丘陵的制约，整个河段的走向为西北-东南向。该段河道抗冲能力强，河床组成较粗，局部有基岩出露，河床稳定性较高。三峡工程运用以来，河床发生冲刷，本河段河道平面形态、主流和河势均保持基本稳定，但枯水位下降对葛洲坝船闸通航水深和芦家河、枝江江口水道的影响是亟须解决的主要问题。

（2）枝城至城陵矶段。枝城至城陵矶为荆江河段，全长347.2km。荆江贯穿于江汉平原与洞庭湖平原之间，流经湖北省的枝江、松滋、江陵、沙市、公安、石首、监利以及湖南省的华容、岳阳等县市。两岸河网纵横，湖泊密布，土地肥沃、气候温和，是我国著名的粮棉产地。荆江南岸的松滋口、太平口、藕池口和调弦口（调弦口于1959年建闸）分泄水流入洞庭湖。洞庭湖接纳四口分流和湘、资、沅、澧四水后与城陵矶汇入长江，构成复杂江湖关系。荆江按河型的不同，以藕池口为界分为上、下荆江。上荆江为弯曲分汊型河道，弯道内有江心洲，属微弯分汊河型。该河段北岸为荆江大堤，堤身高度12～16m，堤外滩地狭窄或无滩，深泓逼岸，防洪形势险要。该河段因河岸上层黏土层较厚，底层卵石层分布较高，抗冲性较好，加上历年来对崩岸段守护与加固，总体河势基本稳定。多年来河道演变主要表现在分汊段的过渡段主流有一定的摆动，相应的成型淤积体有一定的冲淤变化，有的分汊河段呈周期性交替变化。下荆江为典型的蜿蜒型河道，河道迂回曲折，河床演变剧烈，主要表现为：凹岸崩塌速率大，凸岸相应淤长，当河弯发展到一定程度，在一定的水流边界条件下发生自然裁弯、切滩、撇弯。经多年来实施河势控制工程，目前下荆江大部分严重崩岸段得到守护，总体河势得到初步控制。近几十年，下荆江河段的河床仍处于调整阶段，局部河势变化仍很剧烈，如石首河段、监利河段等，新增崩岸段和已护工程段的崩岸险情仍时有发生。三峡水库蓄水运用以来，荆江河段总体河势基本稳定，但局部急弯段出现明显主流撇弯现象，河道冲刷强度有所加剧，主要集中在枯水河槽、低滩及未守护高滩。

（3）城陵矶至武汉河段。城陵矶至武汉河段上起城陵矶，下迄武汉市新洲区阳逻镇，全长275.1km，为宽窄相间的藕节状分汊河型。河段上承荆江和洞庭湖来水，两岸湖泊支流较多，流经湖南省岳阳、临湘和湖北省监利、洪湖、赤壁、嘉鱼、咸宁、武汉、新洲等县市，武汉龟山以下有汉江入汇。河道两岸有疏密不等的节点控制着河段的总体河势。本河段内有分汊型、弯曲型、顺直微弯型三种河型，分别占总河长的63%、25%、12%。该河段中岳阳河段因两岸系列节点控制，呈藕节状顺直分汊河型，河道演变特点是：随着两岸洲滩的消长，主流顶冲点的变化，过渡段航槽上提下移，1994年实施界牌河段综合整治工程以来，航道条件有所改善，但由于界牌河段顺直段过长，主流平面摆幅较大，浅滩过渡段变化频繁，河势仍处于调整之中，导致近年来南门洲左汊分流比变幅较大，左汊发生强烈崩岸；陆溪口河段为典型的鹅头型三汊河道，受赤壁山自然节点和老湾、套口、陆溪口、邱家湾段护岸工程，以及陆溪口航道整治工程的控制作用，陆溪口河段河势较为稳定，河道近期演变主要表现为：左汊逐年淤积，中枯水期断流，汛期过流量不大；簰洲湾河段弯曲系数达15，深泓逼岸形成险工，河道泄洪不畅，航行条件较差。纱帽山至阳逻为武汉河段，上、中、下段均有节点控制，为微弯分汊河型，河道演变的主要特点是洲滩变化较大,特别是天兴洲汉道段,自 20 世纪 50 年代起,主流逐渐南移,天兴洲汉道主支汉随之易位,汉口边滩淤涨,左汉逐渐萎缩;20 世纪 80 年代中期以后,北汉枯水期已基本断流,但汛期分流比仍高达 30%,形成了枯水为单一河道,高、中水期为分汉河道的形势。三峡工程蓄水后,城陵矶至武汉河段总体河势基本稳定,但河道纵向冲刷,从河道冲刷纵向分布来看,该段河床纵向冲刷较大的有嘉鱼、簰洲湾和武汉河段,其余河段冲淤变幅相对较小。

(4)武汉至湖口河段。武汉至湖口段上起阳逻镇,下迄鄱阳湖口,全长 226.8km,流经湖北省武汉、新洲、黄冈、鄂州、浠水、黄石、阳新、武穴、黄梅和江西省瑞昌、九江、湖口以及安徽省宿松等县市。本河段河谷较窄,走向东南,部分山丘直接临江,构成对河道较强的控制。本段两岸湖泊支流较多,河道总体河型为两岸边界条件限制较强的藕节状分汉河型。河床演变主要特点为局部河段的深泓摆动、洲滩的冲淤和主支汉的交替消长。三峡工程蓄水运用后,该河段除黄石河段、韦源口河段和田家镇河段呈淤积状态外,其他河段均表现为冲刷。

(5)湖口至安庆段。湖口至安庆段长 208.3km,为宽窄相间、江心洲发育、汉道众多的藕节状分汉型河段,流经江西省的湖口、彭泽和安徽省的宿松、望江、东至、怀宁、安庆等县市。本河段分汉河道主支汉呈单向变化或周期性冲淤交替变化,洲滩则主要表现为切滩及洲滩兼并等。该段河道演变主要特征为:上三号洲已并入北岸,上三号洲右汉、下三号洲左汉冲刷发展;棉船洲左汉衰退、右汉发展,其右缘受冲后退;棉花洲右汉充分发育,老虎滩左右汉道冲淤交替;官洲尾至广成圩江岸继续维持冲刷趋势,安庆石化码头一带近岸淤积。湖口至安庆段河床冲淤变化,在三峡工程蓄水后与蓄水前不同的是总体表现为"滩槽均冲"。由于各分汉河段的河型和河床边界组成各不相同,不同河段的冲淤变化有所不同。平滩水位下除马垱河段表现为淤积外,其他河段均表现为冲刷。

(6)安庆至大通河段。安庆至大通河段长 71km,为宽窄相间、江心洲发育、汉道众多的藕节状分汉型河段,该河段河道演变主要特性为:太子矶河段多年左右汉分流格局相对稳定,但洲右缘及洲头区域冲淤变化频繁。本河段存在的主要问题为:①铁铜洲头崩退严重,左汉进口淤积,下段冲刷,崩岸向下游发展;②扁担洲、石埠头段近岸有所冲刷崩退;左汉大王庙—将军庙段、大河沟—岳王庙段、长河口段近岸岸坡变陡,局部段已危及已有的护岸工程稳定;③稻床洲心滩及新玉板洲不断扩大,左、右汉汇流后主流右摆,右岸扁担洲冲刷、崩退;④本河段为长江中下游浅险航道之一,礁石碍航和浅滩碍航问题较为突出。贵池河段的兴隆洲洲头发生崩退,右槽冲开、左槽淤积,主槽移至右槽,而且左汉整体分流比增加,导致近期三汉分流格局有较为明显的调整:右汉萎缩、中汉有所衰退、左汉冲刷发展。根据 2016 年 9 月实测资料(流量 26100m³/s),左、中、右汉分流比分别为 50.5%、47.2%、2.3%。池州市位于右汉右岸,右汉的萎缩态势不利于区域经济的可持续发展。由于上游贵池河段左汉分流比继续减少,下江口—乌江矶主流左移,铁板洲头浅滩冲刷后退,主流进入左汉后也随之左摆,下游羊山矶挑流作用减弱。近十年来,铁板洲与和悦洲头及其洲左缘、九华河口—青通河口等段冲刷幅度较大。老洲头—同乐圩段、上下八甲—六百丈段、合作圩段等处近岸岸坡变陡,已危及已有护岸工程稳定。

此外,近年来在上游来沙减少和三峡工程的作用下,中下游来沙显著减少,2003—

2017 年三峡水库年入库泥沙较多年均值偏少 59% 以上，加之水库拦沙，进入坝下游河段的输沙量进一步明显减少，宜昌、汉口、大通 2003—2017 年年均输沙量分别为 0.358 亿 t、1.008 亿 t、1.376 亿 t，分别较蓄水前减少了 92.7%、74.7% 和 67.8%。来沙的减少使得坝下游河道冲刷明显加剧，呈现全线冲深的特点。依据 2002 年 10 月至 2017 年 11 月河道实测地形资料统计，宜昌至湖口河段平滩河槽总冲刷量为 21.24 亿 m³，年均冲刷 1.38 亿 m³，其中宜昌至城陵矶、城陵矶至汉口、汉口至湖口冲刷量分别占宜昌至湖口总冲刷量的 57.3%、18.4% 和 24.3%。

2.1.2 河道边界条件

1. 地质地貌

宜昌至大通河段位于长江流域自西向东地势第三级阶梯，地貌形态为堆积平原、低山丘陵、河流阶地和河床洲滩。汉江—洞庭湖平原及下游左岸广大平原为冲湖积平原，城陵矶至大通段右岸多为狭窄的冲洪积平原。枝城以上低山丘陵较多，石首、岳阳附近还有少数低丘，鄂州—武穴段低山丘陵沿两岸分布，湖口以下沿江南岸山丘断续分布。河道两岸有反映其演变过程的多级阶地，其级数越向下游越少，宜昌附近有 5 级阶地，荆江河段有两级阶地发育，城陵矶以下沿江丘陵有三级阶地发育。该段洲滩较多，两岸滩地一般在长江高水位以下，易发生冲淤变化，江心洲多发育于上下节点间的河道宽阔段。

2. 河床边界条件

宜昌至大通段岸坡按物质组成可分为基岩（砾）质岸坡、砂质岸坡和土质岸坡。基岩（砾）质岸坡为数不多而以后二者为主。砂土质岸坡多具二元结构，一般上部以细粒物质为主，下部为砂卵石或粉细砂等。

（1）基岩（砾）质岸坡。包括基岩丘陵和基座阶地下部基岩、砾质岸坡，其抗冲能力较强，岸坡稳定。主要分布在中游地区，如宜昌下游右岸五龙山、虎牙滩、枝城段，下荆江石首附近，黄石至武穴对岸等段属基岩（砾）质岸坡。节点是长江中下游干流的一种河谷特征，是河床的一种特殊边界条件，可分为天然节点和人工节点两大类，对河势稳定起着重要的控制作用。

（2）砂质岸坡。河谷岸坡中下部以砂层为主，稳定性差。上荆江河岸地层结构上部为黏土层，中部为砂层，下部为卵石层；下荆江河岸上部为黏性土层，下部为粉细砂、中砂层；长江中下游以砂质岸坡较多，以粉土和细砂为主，岸坡不够稳定；洲滩岸段多以粉细砂为主。

（3）土质岸坡。该类河岸组成具二元结构，上部黏土、亚黏土较厚，下部为粉土或细砂，河谷岸坡以上部土层为主。如城陵矶至武汉左岸多数岸坡、下游九江至大通左岸岸坡均为此类岸坡，这种岸坡的稳定与黏土层厚度有极大的关系。

3. 河床组成

宜昌至大埠街为砂卵石河床，河床组成中中细砂与砾卵石占比为 7∶3，中细砂粒径一般为 0.19～0.25mm。大埠街以下为沙质河床，床沙中值粒径一般为 0.12～0.22mm，总体分布是越往下游越细。

2.1.3 堤防及护岸工程

1. 堤防工程

堤防是长江干流防洪的基础设施,目前长江中下游干堤已基本完成达标建设。据统计,宜昌至大通段干流两岸堤防长约 2130km(表 2.2),其中荆江大堤、岳阳长江干堤城区段、武汉市江堤城区段、黄石市堤、安庆江堤为一级堤防,其余绝大多数堤段为二级堤防。

表 2.2　　　　　　　宜昌至大通段长江干流堤防工程

序号	堤防名称	所在县(市)	堤防范围	堤长/km	堤防等级	超高/m	保护范围 面积/km²	保护范围 耕地/万亩	保护范围 人口/万人
1	荆江大堤	江陵、荆州、监利、沙市	荆州枣林岗至监利城南	182.35	1	2	18000	1100	1000
2	松滋江堤	松滋县	松滋老城至浣市隔堤	51.20	2	1.5	2000	250	170
3	下百里洲江堤	枝江县	枝江熊家窑至龙洲横堤	38.35	3	1	240.2	16.8	21.64
4	荆南长江干堤	松滋、公安等县	浣里隔堤至石首五马口	189.32	2	1.5~2.0	2564	173.8	136
5	洪湖监利长江干堤	洪湖市、监利县	监利城南至洪湖市湖家湾	230.00	2	2	2783	133	118
6	岳阳长江干堤	岳阳市、华容县、临湘市	城陵矶至道人矶	12.08	1	2	2096	134.5	158.6
			五马口至穆湖铺、道人矶至铁山嘴	129.97	2	2			
			小计	142.05					
7	咸宁长江干堤	赤壁、嘉鱼等县	赤壁江堤	32.79	3	1.5	1611	159	125.1
			嘉鱼江堤	32.78	3	1.5			
			四邑公堤	40.22	2	1.5			
			小计	105.79					
8	汉南至白庙长江干堤	仙桃市、武汉市	大军山—大垸子 大垸子—中革岭	89.25	2	1.5	4534	265.4	268.2
9	武汉市江堤	武汉市	汉口保护圈城区江堤	12.99	1	2	7755	459.7	794.5
			汉口保护圈城区河堤	15.97	1	2			
			汉口保护圈城区张公堤	23.77	1	2			
			武昌保护圈城区江堤	79.09	1	2			
			汉阳保护圈城区江堤	21.70	1	2			
			汉阳保护圈城区河堤	41.25	1	2			
			武干堤、柴泊湖堤、堵龙堤	53.06	3	1.5			
			郊区其他	100.64	2	1.5			
			小计	349.07					
10	粑铺大堤	鄂州市	鄂州白浒镇沐鹅闸至洋澜闸	43.60	2	1.5	1588	140	160
11	昌大堤	鄂州市、黄石市	洋澜闸至花马湖闸	30.71	2	1.5	231.5	13	50

续表

序号	堤防名称	所在县（市）	堤防范围	堤长/km	堤防等级	超高/m	保护范围 面积/km²	保护范围 耕地/万亩	保护范围 人口/万人
12	黄石长江干堤	黄石市	艾家湾至四顾闸	28.27	1	2	458.3	51.3	85.9
13	阳新长江干堤	阳新县	海口堤	24.30	2	1.5	2000	111.2	138.5
			富池	5.70	3	1.5			
			小计（四顾闸—富池口）	30.00					
14	黄冈长江干堤	黄冈	黄州堤段	45.50	2	1.5	1957	76.3	109.4
			其他堤段	63.10	3	1.5			
			小计（黄冈金锣港—马口）	108.60					
15	黄广大堤	武穴、黄梅	江堤（上起新沟至下止纱帽）	43.717	2	1.5	1957	160	200
			河堤（上起扬林尾至下止新沟）	45.535	2	1.5			
			小计（武穴盘塘至黄梅段窑）	87.34					
16	同马大堤	宿松、望江、怀宁	段窑—官坝头	173.4	2	1.5～2	2310	142	124
17	九江长江干堤	九江市	码头镇至九江赛湖闸	32.70	2	1.5	739.31	80.74	83.84
			九江城防段	20.28	1	2			
			其他堤段	69.91	3～5	1			
			小计（瑞昌码头至彭泽牛矶山）	122.89					
18	安庆市堤	安庆市		18.84	1	2.0	65.6	30.2	24.39
19	广济圩江堤	安庆、桐城、枞阳		24.85	2	1.5	167.5	14.8	13.6
20	枞阳江堤	枞阳		83.95	2	1.5	748	82.5	110
21	池州江堤	池州市	秋江圩、香口圩、有庆圩、丰秋圩、七里湖圩、护城圩、阜康圩、广惠圩、广丰圩、万兴圩、大同圩、同义圩	106.36	3～4	1.0～1.5	811.9	72.12	71.84
			东南圩	2.87	2	1.5			

2. 护岸工程

为了保障河势稳定及防洪安全，自 20 世纪 50 年代以来，开展了一系列以护岸工程为主的中下游河道治理工作。据统计，截至 2010 年，长江干流宜昌至安庆段累计完成护岸工程约 830km，其中湖北省 630km、湖南省 80km、江西省 92km、安徽省 28km。通过护岸工程，基本稳定了河势，保护了堤防安全。

2.1.4　涉河工程及设施

2.1.4.1　港口

宜昌至大通河段沿江主要有宜昌港、荆州港、嘉鱼港、赤壁港、岳阳港、武汉港、鄂州港、黄冈地区港口、黄石港、九江港、安庆港、池州港等 12 个港口，其中宜昌港、荆州港、武汉港、黄石港、安庆港为全国 28 个内河的主要港口。

2.1.4.2 水闸及泵站

宜昌至大通河段沿江水闸及泵站众多，据 2011 年水利普查成果统计，大中型规模水闸及泵站分别为 86 个和 84 个。

2.1.4.3 跨河桥梁（隧道）

宜昌至大通段已建桥梁 22 座，隧道 2 座，在建桥梁 4 座。桥梁通航净空高度为 18～24m，通航净空宽度为 128～1280m，除武汉长江大桥外，其余桥梁通航净空宽度均大于 200m，见表 2.3。

表 2.3　　　　　　　　　已建、在建桥梁（隧道）情况

序号	桥名	所在河段	里程 /km	设计最高通航水位 /m	设计最低通航水位 /m	最大通航孔净宽 /m	通航净高 /m	建成年份	备注
1	夷陵长江大桥	宜枝河段	上游 1.3	51.76	36.38	341	18	2001	
2	宜万铁路宜昌大桥	宜枝河段	中游 622.5	51.51	36.02	275*	18	2008	
3	宜昌长江公路大桥	宜枝河段	中游 611.0	52.18	35.93	960*	18	2001	
4	枝城长江大桥	上荆江河段	中游 568.2	48.25	35.28	152	18	1971	1956 年黄海高程
5	荆州长江大桥	上荆江河段	中游 481.4	42.49	29.98	500*	18	2002	
6	荆岳长江公路大桥	公安河段	中游 217.5	31.92	16.20	816	18	2010	
7	军山长江公路大桥	武汉河段	中游 26.6	27.1	10.32	460*	18	2001	
8	白沙洲大桥	武汉河段	中游 10.8	26.25	10.21	618	18	2000	
9	鹦鹉洲长江大桥	武汉河段	中游 4.6	26.20	10.16	850	18	2014	1985 高程基准
10	武汉长江大桥	武汉河段	中游 2.5	25.91	9.924	128	18	1957	
11	江汉路地铁过江隧道	武汉河段	下游 1042.8	—	—	—	—	2013	
12	武汉长江隧道	武汉河段	下游 1041.8	—	—	—	—	2009	1956 年黄海高程
13	武汉长江二桥	武汉河段	下游 1038.7	25.91	8.87	400	22	1995	
14	武汉二七长江大桥	武汉河段	下游 1035.6	25.81	9.75	618	24	2011	
15	天兴洲长江大桥	武汉河段	下游 1029.5	25.68	9.62	504	24	2009	
16	阳逻长江大桥	武汉河段	下游 1010.0	25.29	9.23	1280	24	2007	
17	黄冈公铁大桥	团风河段	下游 964.4	28.83	9.11	530	24	2012	1985 高程基准
18	鄂黄长江大桥	鄂黄河段	下游 944.0	25.58	7.75	480	24	2002	
19	鄂东长江大桥	鄂黄河段	下游 915.3	23.88	7.30	926	24	2010	1956 年黄海高程
20	黄石长江大桥	鄂黄河段	下游 914.3	23.76	8.27	220	24	1995	
21	九江长江二桥	九江河段	下游 80.0	21.75	5.38	600	24	2013	
22	九江长江大桥	九江河段	下游 782.5	18.11	5.205	204	24	1996	
23	望东长江公路大桥	东流河段	下游 697.5	18.97	3.10	608	24	2016	
24	安庆长江大桥	安庆河段	下游 946.5	16.93	2.48	510	24	2004	1985 高程基准

* 　表示桥跨中到中距离（含桥墩宽度）。

2.1.5　已建及在建航道整治工程

历史上，宜昌至大通段滩多水浅，易发生碍航、断航情况。三峡水库运行后，水沙条件的剧变又进一步加剧了该航段河势及航道变化的复杂程度。因此，宜昌至大通段历来是长江航道建设的重点与难点。自 20 世纪 90 年代以来，长江中下游宜昌至大通河段共实施航道整治工程 44 项，见表 2.4。

表 2.4　　　　　　　　长江宜昌至大通河段航道整治工程建设情况

河段	序号	项目名称	建设年限	建设标准/ （水深 m×航宽 m×弯曲半径 m）
宜昌—城陵矶	1	宜昌—昌门溪航道整治一期工程	2014—2017 年	3.5×150×1000
	2	枝江—江口河段航道整治一期工程	2009—2013 年	2.9×150×1000
	3	沙市河段三八滩应急守护工程	2004—2005 年	2.9×80×750
	4	沙市河段航道整治一期工程	2009—2012 年	2.9×80×750
	5	沙市河段腊林洲守护工程	2010—2013 年	3.2×150×1000
	6	瓦口子水道航道整治控导工程	2008—2011 年	3.2×150×1000
	7	马家咀水道航道整治一期工程	2006—2010 年	2.9×80×750
	8	瓦口子—马家咀河段航道整治工程	2010—2013 年	3.5×150×1000
	9	周天河段清淤应急工程	2001—2006 年	—
	10	周天河段航道整治控导工程	2006—2011 年	2.9×150×1000
	11	藕池口水道航道整治一期工程	2010—2013 年	2.9×80×750
	12	碾子湾水道清淤应急工程	2001—2006 年	—
	13	碾子湾水道航道整治工程	2002—2008 年	3.5×150×1000
	14	窑监河段航道整治一期工程	2009—2012 年	2.9×80×750
	15	窑监河段乌龟洲守护工程	2010—2013 年	2.9×80×750
	16	荆江河段航道整治工程昌门溪至熊家洲段工程	2013—2017 年	3.5×150×1000
城陵矶—武汉	17	杨林岩水道航道整治工程	2013—2016 年	3.7×150×1000
	18	界牌河段综合治理工程	1994—2000 年	3.7×80×1000
	19	界牌河段航道整治二期工程	2011—2013 年	3.7×150×1000
	20	陆溪口水道航道整治工程	2004—2011 年	3.7×150×1000
	21	嘉鱼—燕子窝河段航道整治工程	2006—2010 年	3.7×150×1000
	22	武桥水道航道整治工程	2011—2013 年	3.7×150×1000
武汉—大通	23	天兴洲河段航道整治工程	2013—2016 年	4.5×200×1050
	24	罗湖洲水道航道整治工程	2005—2008 年	4.5×200×1050
	25	湖广—罗湖洲水道航道整治工程	2013—2016 年	4.5×200×1050
	26	戴家洲河段航道整治一期工程	2009—2012 年	4.5×100×1050
	27	戴家洲河段航道整治二期工程	2012—2015 年	4.5×200×1050
	28	戴家洲段右缘中下段守护工程	2010—2013 年	4.5×100×1050
	29	牯牛沙水道航道整治一期工程	2009—2012 年	4.5×150×1050

续表

河段	序号	项目名称	建设年限	建设标准/ （水深 m×航宽 m×弯曲半径 m）
武汉— 大通	30	牯牛沙水道航道整治二期工程	2013—2016 年	4.5×150×1050
	31	武穴水道航道整治工程	2007—2012 年	4.5×150×1050
	32	新洲—九江河段航道整治工程	2012—2015 年	4.5×200×1050
	33	张家洲南港上浅区航道整治工程	2009—2013 年	4.5×200×1050
	34	张家洲水道航道整治工程	2002—2007 年	4.0×120×1050
	35	马当河段沉船打捞工程	2000—2005 年	4.5×200×1050
	36	马当河段航道整治一期工程	2009—2013 年	4.5×200×1050
	37	马当南水道航道整治工程	2011—2013 年	4.5×200×1050
	38	东流水道航道整治工程	2004—2008 年	4.5×200×1050
	39	东流水道航道整治二期工程	2012—2015 年	4.5×200×1050
	40	安庆水道航道整治工程	2010—2014 年	6.0×200×1050
	41	安庆河段航道整治二期工程	2016—2018 年	6.0×200×1050
	42	太子矶水道拦江矶外礁炸礁工程	2009—2011 年	4.5×150×1050
	43	太子矶水道中段航道炸礁工程	2007—2009 年	6.0×200×1050
	44	太子矶水道拦江矶炸礁工程	2009—2011 年	6.0×200×1050

2.2 水文、泥沙特性

2.2.1 水文站基本情况

宜昌至大通河段位于长江中下游，其水沙主要来源于宜昌以上长江干流，并于城陵矶、湖口分别接纳洞庭湖水系的湘、资、沅、澧四水及鄱阳湖水系的修、赣、抚、信、饶五河来水。区间入汇支流左岸有沮漳河、汉江、涢水、倒水、举水、巴河、浠水、蕲水、华阳河、皖河，右岸有清江、洞庭湖水系、陆水、富水、鄱阳湖水系。本河段水沙特征的主要依据站为宜昌、沙市、监利、螺山、汉口、大通水文站。各水文站基本情况见表 2.5，各测站位置见图 2.1。

表 2.5 长江中下游干流主要水文站基本情况

站名	控制面积 /km²	水位实测系列	流量实测系列	泥沙实测系列
宜昌	1005501	1877—1941 年 1946 年至今	1890—1941 年 1946 年至今	1950 年至今
沙市	1032033	1925—1926 年 1936—1938 年 1950 年至今	1991 年至今	1991 年至今
监利	1033274	1950 年至今	1951—1959 年 1967—1969 年 1976 年至今	1951—1959 年 1967—1969 年 1976 年至今

续表

站名	控制面积 /km²	水位实测系列	流量实测系列	泥沙实测系列
螺山	1294911	1953 年至今	1953 年至今	1953 年至今
汉口	1488036	1865—1944 年 1946 年至今	1922—1925 年 1952 年至今	1953 年至今
大通	1705383	1929—1931 年 1935—1937 年 1947—1948 年 1951 年至今	1929—1931 年 1935—1937 年 1947—1948 年 1951 年至今	1951 年至今

图 2.1　长江中下游水系及水文（位）站网示意图

2.2.2　水位

水位是反映径流特征变化的重要标志之一。三峡水库蓄水前后宜昌至大通河段各控制站的水位特征值见表 2.6 和表 2.7。

长江中下游河段一般 7—9 月为高水期，各站历年最高水位一般发生在该时段内；1—3 月为枯水期，各站历年最低水位一般在该时段内出现。三峡水库蓄水前后，水位年内变化规律未有大的改变，但三峡蓄水运用后枯季（1—3 月）月平均水位较蓄水前有所抬高，10—11 月则明显降低。

2.2.3　径流

长江中下游河道径流及其变化主要由上游及区间汇流所决定。三峡水库蓄水前后河段各控制站的流量特征值见表 2.8 和表 2.9。可以看出，三峡水库蓄水以前螺山以下干流的

表 2.6 三峡水库蓄水前各水文站水位特征值

站名	多年平均水位（吴淞）/m	历年最高水位及日期（吴淞）		历年最低水位及日期（吴淞）		统计年份
		水位/m	日期	水位/m	日期	
宜昌	44.14	55.94	1896 - 09 - 04	38.30	1998 - 02 - 14	1890—2002 年（缺 1942—1944 年；1940 年、1945 年不全）
沙市	36.24	45.22	1998 - 08 - 17	30.28	1999 - 03 - 14	1950—2002 年
监利	28.65	38.31	1998 - 08 - 17	22.84	1999 - 03 - 15	1997—2002 年
螺山	23.66	34.95	1998 - 08 - 20	15.56	1960 - 02 - 16	1953—2002 年（1953 年不全）
汉口	19.19	29.73	1954 - 08 - 18	11.70	1961 - 02 - 15	1865—2002 年（缺 1945 年；1944 年不全）
大通	6.82	14.70	1954 - 08 - 01	1.25	1961 - 02 - 03	1950—2002 年

表 2.7 三峡水库蓄水后各水文（位）站水位特征值

站名	多年平均水位（吴淞）/m	历年最高水位及日期（吴淞）		历年最低水位及日期（吴淞）		统计年份
		水位/m	日期	水位/m	日期	
宜昌	42.50	53.98	2004 - 09 - 09	38.41	2005 - 02 - 18	2003—2017 年
沙市	34.60	43.44	2004 - 09 - 09	30.46	2004 - 01 - 31	
监利	28.20	36.46	2003 - 07 - 14	23.54	2004 - 02 - 02	
螺山	23.78	32.57	2003 - 07 - 15	18.18	2004 - 02 - 03	
汉口	18.70	27.31	2010 - 07 - 30	13.54	2004 - 02 - 26	
大通	6.47	15.64	2016 - 07 - 10	3.92	2004 - 02 - 07	

表 2.8 三峡水库蓄水前各水文站径流特征值

站名	历年最大流量及日期		历年最小流量及日期		多年平均径流量/亿 m³	资料年限
	流量/(m³/s)	日期	流量/(m³/s)	日期		
宜昌	71100	1896 - 09 - 04	2770	1937 - 04 - 03	4369	1890—2002 年（缺 1942—1945 年）
监利	46300	1998 - 08 - 17	2650	1952 - 02 - 05	3576	1951—2002 年（缺 1960—1966 年，1970—1974 年）
螺山	78800	1954 - 08 - 07	4060	1963 - 02 - 05	6460	1954—2002 年
汉口	76100	1954 - 08 - 14	4830	1963 - 02 - 07	7111	1922—2002 年（缺 1922 年，1925—1951 年）
大通	92600	1954 - 08 - 01	4620	1979 - 01 - 31	9052	1922—2002 年（缺 1922 年，1925—1929 年，1931—1934 年，1938—1947 年，1949 年）

最大流量均出现在 1954 年。自三峡水库蓄水运用以来，三峡上游来水量较常年略有减少，坝下游宜昌、螺山、汉口、大通站 2003—2017 年年均径流量分别为 4049 亿 m³、6062 亿 m³、6807 亿 m³、8635 亿 m³，较蓄水前分别减少 7%、6%、4%、5%；受荆江三口分流减少影响监利站年均径流量反而略有增加。

表 2.9　　　　　　　　　　三峡水库蓄水后各水文站径流特征值

站名	历年最大流量及日期		历年最小流量及日期		多年平均径流量 /亿 m³	资料年限
	流量 /(m³/s)	日期	流量 /(m³/s)	日期		
宜昌	61100	2004 - 09 - 09	3580	2004 - 01 - 31	4049	2003—2017 年
监利	42500	2004 - 09 - 10	3900	2004 - 02 - 02	3677	
螺山	58000	2003 - 07 - 14	5320	2004 - 02 - 01	6062	
汉口	60400	2003 - 07 - 14	7280	2004 - 02 - 26	6807	
大通	64700	2010 - 06 - 28	8060	2004 - 02 - 08	8635	

2.2.4　泥沙

三峡水库蓄水前后长江中下游干流主要控制站泥沙特征值统计见表 2.10 和表 2.11。由表 2.10 和表 2.11 中可以看出，三峡水库蓄水后长江中下游干流各主要控制站的多年平均输沙量、多年平均含沙量和历年最大含沙量减小均较明显。如宜昌站蓄水前多年平均输沙量和含沙量分别为 4.92 亿 t 和 1.126kg/m³，蓄水后为 0.358 亿 t 和 0.0884kg/m³，年均输沙量减少幅度为 92%。

表 2.10　　　　　　　　　　三峡水库蓄水前各水文站泥沙特征值

站名	多年平均含沙量 /(kg/m³)	历年最大含沙量及日期		多年平均输沙量 /亿 t	历年最大输沙量及年份		历年最小输沙量及年份		资料年限
		含沙量 /(kg/m³)	日期		输沙量 /亿 t	年份	输沙量 /亿 t	年份	
宜昌	1.126	10.5	1959 - 07 - 26	4.92	7.54	1954	2.10	1994	1950—2002 年
监利	1.0	11	1975 - 08 - 11	3.58	5.48	1981	1.98	2002	1951—2002 年 （缺 1960 年 7 月—1966 年 3 月，1970—1974 年）
螺山	0.635	5.66	1975 - 08 - 12	4.09	6.15	1981	2.26	2002	1953—2002 年 （缺 1953 年 1 月—1953 年 7 月）
汉口	0.559	4.42	1975 - 08 - 14	3.98	5.79	1964	2.33	1994	1953—2002 年 （缺 1953 年 1 月、3 月、11 月）
大通	0.473	3.24	1959 - 08 - 06	4.27	6.78	1964	2.37	1994	1950—2002 年（缺 1950 年 1—7 月，1952 年 1—5 月）

表 2.11 三峡水库蓄水后各水文站泥沙特征值

站名	多年平均含沙量/(kg/m³)	历年最大含沙量及日期		多年平均输沙量/亿t	历年最大输沙量及年份		历年最小输沙量及年份		资料年限
		含沙量/(kg/m³)	日期		输沙量/亿t	年份	输沙量/亿t	年份	
宜昌	0.0884	1.58	2004-09-10	0.358	1.10	2005	0.03	2017	
监利	0.1885	1.51	2014-09-12	0.693	1.39	2005	0.29	2017	
螺山	0.1429	1.38	2004-09-12	0.866	1.47	2005	0.45	2011	2003—2017年
汉口	0.1484	1.28	2004-09-13	1.01	1.74	2005	0.57	2006	
大通	0.1587	0.945	2004-09-17	1.37	2.16	2005	0.72	2011	

2.3 相关水利规划及实施安排

2.3.1 三峡工程对长江中下游河势及岸坡影响的处理规划目标

《三峡工程对长江中下游河势及岸坡影响的处理专题规划》的规划目标是，妥善处理三峡工程运行后水文条件变化引起的宜昌至城陵矶干流河段、城陵矶至湖口的部分重点岸段及荆南三口河道重点岸段的河势和岸坡稳定问题，维护堤防安全和河势稳定。

2.3.2 河道治理规划及实施安排

长江中下游干流河道治理的目的是控制和改善河势，稳定岸线，保障堤防安全，扩大泄洪能力，改善航运条件，为沿江地区社会经济发展创造有利条件。根据《河道治理规划》规划目标，到 2020 年，结合三峡水库下游的水沙变化情况，对现有护岸段和重要节点段进行加固和守护，继续发挥其对河势的控制作用，保障防洪安全，防止三峡水库下游河势出现不利变化；基本控制分汊河段的河势，对河势变化较大的河段进行治理，为黄金水道的建设提供坚实的保障。至 2030 年，在近期河道治理的基础上，考虑上游水利枢纽的建设及运用将进一步影响中下游水沙变化的情况，对长江中下游干流河道进行全面综合治理，使有利河势得到有效保持，不利河势得到全面改善，形成河势和岸线稳定，泄流通畅，航道、港域、水生态环境优良的河道，为沿江地区经济社会的进一步发展服务。

2.3.2.1 规划方案

《河道治理规划》按重点河段和一般河段划分，并提出了宜昌至大通段河道治理规划方案。

1. 重点河段

（1）宜枝河段。自宜昌至枝城全长 60.8km，为顺直微弯河型，河段两岸为阶地和丘陵，主流线平面位置多年变化不大，总体河势长期以来基本稳定。三峡水库运用后，由于清水下泄，本河段发生明显冲刷，河段内出现了多处新的崩岸险情，对宜昌市的防洪安全和经济发展极为不利。同时，河道冲刷引起的枯水位下降也直接影响坝下游航道的水深，不利通航安全。本河段应稳定河势，巩固已有护岸工程对河势的控制作用，对崩岸险工段和护岸空白段进行守护,维护河势稳定;尽快采取工程措施缓解和遏制宜昌站枯水位下降趋势,保证葛洲坝三江下游引航道能满足万吨级深吃水船队的最小通航水深要求;治理碍航浅滩,改善通航条件。

(2)上荆江河段。自枝城至藕池口全长 171.7km,为微弯型河道。上荆江北岸地面低于洪水位 12~16m,全靠荆江大堤保护,防洪形势极为严峻。经过长期治理,上荆江河段防洪能力得到一定的提高,总体河势趋于稳定。三峡工程蓄水运用后,本河段防洪形势得到根本性的改善,但河道冲刷明显,局部河段河势变化剧烈,崩岸强度与频度加强,并伴随枯水位下降,影响本河段河势稳定以及两岸地区正常的供水和灌溉。本河段应进一步巩固已有护岸工程建设成果,及时对原有护岸工程进行加固,治理新的崩岸险工,保障防洪安全和河势稳定;守护三八滩,改善航道条件;整治河床冲刷关键部位和节点,抑制枯水位下降;在河势控制的基础上,整治芦家河、枝江、江口、沙市、瓦口子、马家咀及周天等水道的碍航浅滩,改善通航条件,满足沿江地区经济社会发展的要求。

(3)下荆江河段。自藕池口至城陵矶全长约 175.5km,为典型的蜿蜒型河道。三峡水库下游,随着三口分流的进一步减小,下荆江河段遭受持续强烈冲刷,局部河势发生调整,多处弯道发生"撇弯"现象,顶冲段位置变化频繁、冲刷剧烈,水下岸坡普遍变陡,危及岸坡稳定。下荆江熊家洲至城陵矶段长约 35km,河道过于弯曲,存在自然裁弯的可能性,不仅维持现状的困难较大,而且严重影响防洪与航运。

本河段近期应通过弯道护岸段的延护和加固,保持现有河势控制工程的稳定,使其继续发挥控制作用,避免三峡工程建成后河势出现较大变化,保障防洪安全;结合航道整治工程,采取工程措施稳定石首段主流平面位置;维持监利弯道分汊格局,控制主流走乌龟洲右汊,改善窑监水道通航条件;巩固天字一号拓卡成果;熊家洲至城陵矶河段抑制河道的进一步弯曲,防止自然裁弯的发生,为后期开展综合治理创造条件;对碍航水域进行整治,改善航道条件,满足沿江地区经济与社会发展需要;研究抑制河床冲刷方案,减小枯水位下降幅度。远期结合三峡工程投运后江湖关系的调整变化及经济社会发展要求,继续深入研究藕池口口门、熊家洲至城陵矶河段的综合治理问题,根据研究成果确定治理方案及实施时机。

(4)岳阳河段。自城陵矶至赤壁山全长约 77.0 km,为顺直分汊型河道。本河段处于江湖交汇处以下,防洪地位十分重要。三峡工程蓄水运行后,本河段多处地段出现新的崩岸险情,危及堤防安全;界牌河段顺直段过长,主流平面摆幅较大,浅滩过渡段变化频繁,航槽难以稳定,河势仍然处于调整之中,导致已实施的新淤洲头鱼嘴工程、新淤洲和南门洲之间的锁坝工程均发生损毁,同时新堤夹分流比也大幅变化,不利于航道稳定及左岸洪湖港岸线开发利用。本河段城陵矶至杨林山段稳定南阳洲右汊主汊地位,对北尾以上及道人矶稍下空白段岸线进行新护,同时加固已建护岸工程的薄弱段;界牌河段河道治理方案仍采用"枯水双槽方案",在已实施的航道整治工程的基础上,通过对新淤洲前沿过渡段低滩进行守护,并实施必要的护岸工程,进一步改善航道条件,稳定新堤夹分流比;下段石码头至赤壁以稳定现有的河势为目标,对叶王家洲主流贴岸段进行加固。

(5)武汉河段。自纱帽山至阳逻(电塔)全长约 70.3km,分为上、中、下三段,上段自纱帽山至沌口,为铁板洲顺直分汊段,左汊为主汊;中段自沌口至龟、蛇山,为白沙洲顺直分汊段，左汊为主汊；下段自龟、蛇山至阳逻，为天兴洲微弯分汊段，左汊枯季基本断流，洪季分流比仍然达30％左右。本河段上段应采取护岸工程措施，稳定铁板洲汊道分流形势，为中、下段河势稳定创造有利条件；中段整治白沙洲汊道段；下段近期采取工程措施守护天兴洲头，稳定现有河势，开展天兴洲生态绿洲建设。远期，根据三峡水库下游中下游防洪形势的变化，研究天兴洲汊道段综合治理方案。

（6）鄂黄河段。自黄柏山至西塞山全长60.8km，分上、中、下三段。上段黄州河段，自黄柏山至燕矶，为微弯单一型河道；中段戴家洲河段，自燕矶至回龙矶，属微弯分汊型河道，右汊为主汊；下段黄石河段，自回龙矶至西塞山，为微弯单一型河道。本河段的主要问题：一是多处地段发生崩岸，影响防洪安全及河势稳定；二是郑家湾水域受团风河段河道演变的影响，河道在微弯单一型河道与分汊型河道之间来回转化，影响河势稳定。本河段上段黄州河段规划为弯曲单一型河道，近期通过护岸工程防止河道进一步向弯曲型发展。通过德胜洲左汊潜坝工程，遏制其发展态势，远期在合适的时机促使德胜洲并入左岸。开展鄂州、黄石江滩的防洪及环境综合治理；中段戴家洲河段结合航道整治，稳定枯水河槽。对左汊险工段进行治理，保障堤防安全；下段守护黄石河段凹岸的崩岸险工段。

（7）九江河段。自大树下至小孤山全长90.7km。主要问题是近岸河床冲刷，威胁到已护工程的稳定，影响防洪安全。拟通过人民洲头守护工程，稳定人民洲汊道的分流形势；加强张家洲洲头及右缘守护，稳定张家洲右汊的主汊地位，减轻左汊内同马大堤的防洪压力；堵塞张家洲右汊内的新洲夹，改善张家洲右汊航道条件；稳定下三号洲左汊的主汊地位；对右岸江西省长江干堤、左岸湖北黄广大堤、安徽同马大堤的现有护岸段进行全面加固，及时治理新增崩岸段。

（8）安庆河段。自吉阳矶至钱江咀长55.3km，以皖河口为界分为上下两段，上段官洲段为典型的鹅头多分汊型河道，下段安庆段为微弯多分汊型河道。近期，本河段拟守护崩岸险段，保护同马大堤和安庆市的防洪安全；治理官洲分汊河道，适时封堵官洲分汊段中汊，使官洲汊道段向稳定的双分汊河道转化；守护跃进圩、广成圩段岸段，维护官洲汊道汇流段向南微弯的河道形态，为下游河段河势稳定创造有利条件。通过护岸工程稳定鹅眉洲汊道段平面形态，实施潜洲右汊潜坝工程遏制其发展，确保潜洲左汊的主汊地位，为港区建设创造条件。远期，进一步治理官洲汊道段洲滩，使其成为稳定的双分汊河道；进一步实施鹅眉洲汊道段，控制潜洲右汊分流比，适当增加鹅眉洲右汊分流比，以利两岸的岸线开发利用。

2. 一般河段

（1）陆溪口河段。陆溪口河段自赤壁山至石矶头，全长约22.4km，为典型的鹅头分汊型河道，进口段有赤壁山控导主流，中部右岸有陆水汇入。河段内的新洲、中洲将河道分成左、中、右三汊，左汊为鹅头形弯曲支汊，枯季基本断流。受赤壁山自然节点和已有护岸工程以及陆溪口航道整治工程的控制作用，陆溪口河段河势渐趋稳定，但局部主流顶冲段冲刷未得到控制，中洲右缘仍崩塌后退，三峡工程蓄水运用后部分护岸工程的前缘冲刷明显。本河段河道治理规划方案为：近期充分利用自然节点和护岸工程对河势的控制作用，稳定分汊段目前分汊格局，巩固已有护岸工程对河势的控制作用，守护护岸薄弱、空白段，避免河势在清水下泄的长期作用下出现大的变化；封堵左汊，减轻左汊的防洪压力；整治陆溪口水道，改善航道条件。

（2）嘉鱼河段。嘉鱼河段自石矶头至潘家湾，全长 31.6km，为顺直分汊型河段，目前主流走左汊，护县洲右汊、复兴洲右汊枯季断流。近几年来嘉鱼河段河道冲刷调整较为剧烈，冲刷的部位主要分布在左岸的近岸深槽和复兴洲头和左缘，尤其是其左缘尾部边滩被冲刷切割形成燕窝心滩。本河段河道治理规划为：近期守护左岸岸线，巩固已有护岸工程对河势的控制作用，稳定弯道平面形态和主流位置，避免三峡工程蓄水后河势出现大的变化。远期考虑堵塞复兴洲右汊，使本河段逐渐转化为白沙洲左右汊分流的双分汊河段，使嘉鱼河段河势更趋稳定。

（3）簰洲湾河段。簰洲湾河段自潘家湾至纱帽山，全长 73.8km，由肖家洲、簰洲大湾和双窑三个弯道组成，河道蜿蜒，曲折率达 16，是长江中游荆江以下曲折率最大的弯道。堤外滩地狭窄，部分地段甚至无滩，防洪形势极为险要。三峡工程蓄水运用后，河床冲刷明显，岸坡明显变陡，对河势稳定和堤防安全构成严重威胁。本河段的治理规划为：近期继续巩固已有护岸工程对河势的控制作用，适当延长守护范围，避免三峡工程蓄水后河势出现大的变化；抑制弯顶进一步弯曲，稳定河势现状，保护堤防安全。簰洲裁弯在近期不宜实施。远期能否实施，则取决于长江中下游各地区防洪情势不断改善的情况，再权衡各方面的利益后确定。

（4）叶家洲河段。叶家洲河段上起阳逻，下至泥矶，全长 28.2km，为弯曲单一型河道。叶家洲河段两岸均属《武汉新港总体规划》的规划范围，港区的开发建设对河势稳定提出了更高的要求，需要采取工程措施保障滩岸稳定、稳定主流平面位置。近期通过护岸工程，稳定目前相对较优良的河势条件，防止牧鹅洲边滩切滩，保障河势稳定及防洪安全。结合航道治理要求，实施赵家矶边滩守护工程，为港区的开发建设及航道的畅通创造有利条件。远期根据需要对牧鹅洲边滩进行守护。

（5）团风河段。团风河段自泥矶至黄柏山，全长 28.8km，为鹅头型三分汊河段。右汊为主汊，中汊衰退为支汊，左汊出口已由地方百姓实施了封堵工程。团风河段存在的主要问题是右汊河道较宽阔，主流摆动幅度较大，遭遇了不同水文年，右岸凸岸边滩易切滩形成新汊道。同时，叶路洲右缘还未进行防护，岸线还存在后退可能，对下游河段河势有可能造成不利影响。本河段河道治理规划为：维护现有弯曲双分汊河型，适当改善左汊水域条件；稳定主流及滩槽平面位置；守护叶路洲右缘，防止右汊主流进一步坐弯，稳定主流平面位置，为下游鄂黄河段提供相对稳定的入流条件。

（6）韦源口河段。韦源口河段自西塞山至猴儿矶，长约 33.3km，河型较为单一，属典型的微弯分汊型河道。两岸分布有山体和众多的天然山矶，基本控制了河道平面形态。本河段河道治理规划方案为：对现有护岸工程进行加固和延护，稳定现有河势和主流走向，整治牯牛沙水道，改善航道条件。

（7）田家镇河段。田家镇河段自猴儿矶至码头镇，河段全长约 34.3km。河段两岸分布有众多天然山矶，具有对制约河道变化十分有利的边界条件，河势较为稳定。本河段河道治理规划方案为巩固已有护岸工程对河势的控制作用，维持现有河势和主流走向。

（8）龙坪河段。龙坪河段自码头镇至大树下全长 31.6km，属鹅头型双分汊河段，右汉为主汉。目前鹅头弯道段由于护岸工程的实施，基本遏制了弯顶进一步向弯曲方向发展。但由于水流贴岸和弯道环流的作用，护岸段仍时有冲刷崩退。新洲右汉发展，呈现近岸段深槽刷深的特点，威胁梁公堤护岸段的稳定性。新洲洲头横向串沟的发展对河势的稳定产生了不利的影响。近期稳定左汉弯道凹岸及右汉右岸岸线，保障黄广大堤和赤心堤的安全。守护新洲头，封堵鸭儿洲浅滩与新洲头之间的串沟，使龙坪河段成为较稳定的双分汉河段，开展航道整治，改善通航条件。远期根据经济社会发展的需要，对新洲左汉封堵方案需进行进一步研究。

（9）马垱河段。马垱河段自小孤山至华阳河口，干流长 31.4km，为多分汉河道。马垱矶位于右汉右岸，右汉为主汉。本河段规划治理方案为：继续治理新增崩岸段，加固已护工程段，维持右汉的主汉地位，稳定总体河势；研究堵塞瓜字号与棉船洲之间的夹江，使瓜字号与棉船洲连成一体，调整改善马垱矶上下游 S 形急转弯的局部河势；实施航道整治工程，改善航行条件。

（10）东流河段。东流河段自华阳河口至吉阳矶，长约 34.7km，为顺直分汉河型。自上而下有老虎滩、天心洲、玉带洲、棉花洲等洲滩。河段内洲滩变化频繁，主流摆动，航槽不稳，是长江下游著名浅险水道之一。本河段河道治理规划为：在已实施的航道整治工程的基础上，对江心洲右汉右岸、左汉左岸深泓常年贴岸段和水流顶冲段的险工段进行守护，稳定现有河势，保障堤防安全；堵塞棉花洲与玉带洲之间串沟，减少分汉，稳定目前主流在右汉的有利河势格局，改善东流港区水域条件，减轻对同马大堤的压力。

（11）太子矶河段。太子矶河段上起钱江咀，下至新开沟，全长约 25.9km，为鹅头多分汉型河道。本河段河道治理规划方案为：采取工程措施，稳定铁铜洲现有分流格局，控制右汉主流走向，继续治理崩岸段，维护岸线稳定及秋江圩大堤的安全。治理碍航水道，保障航道畅通。

（12）贵池河段。贵池河段自新开沟至下江口，全长 23.3km，属多分汉河型。河段内有碗船洲、凤凰洲、长沙洲、兴隆洲，枯水位时碗船洲和凤凰洲连为一体，分河道为左、中、右三汉，目前中汉为主汉。本河段河道治理规划为：近期实施护岸工程，维护江岸稳定，维持三汉分流格局，且以中汉为主汉，控制左汉发展，采取适当的工程措施以减缓右汉分流比的减少幅度；开展池州江滩的防洪及环境综合治理。远期采取工程措施，减少河道分汉，促使长沙洲与兴隆洲合并，通过河段综合治理适当增加右汉分流比，以利池州市的发展。

（13）大通河段。大通河段自下江口至羊山矶，长约 21.8km，属微弯分汉型河道。河段内有铁板洲和悦洲，左汉分流比长期保持为 89%～94%，河道顺直，深泓紧靠左汉的和悦洲左缘下行。河段左岸系冲积平原，抗冲性能差，右岸多山矶节点，抗冲性能好。本河段河道治理规划为：维持目前两汉分流、左汉为主汉的总体河势，加固已有护岸工程，治理新增崩岸段，保障沿岸堤防的安全。适时采取措施，促使小铁板洲与和悦洲合并。

宜昌至大通河段规划河道整治工程布置详见表 2.12，包括护岸工程 906.71km（其中新护 350.31km），4 处护滩工程，12 处支汉（串沟）封堵工程等。

表 2.12　　　　　　　　　宜昌至大通河段规划河道整治工程情况

河段分类	河段名称	起讫地点	长度/km	护岸工程长度/km		护滩工程/处	封堵工程/处
				新护	加固		
重点河段	宜枝河段	宜昌水尺—枝城	60.8	48.23	0.0		
	上荆江河段	枝城—藕池口	171.7	38.18	77.12		
	下荆江河段	藕池口（陀阳树）—城陵矶	175.5	46.36	94.11		
	岳阳河段	城陵矶—赤壁山	77.0	27.8	40.6		1
	武汉河段	纱帽山—阳逻（电塔）	70.3	13.5	24.3		
	鄂黄河段	黄柏山—西塞山	60.8	5.4	21.16		1
	九江河段	大树下—小孤山	90.7	5.0	93.5	1	1
	安庆河段	吉阳矶—皖河口	55.3	11.5	15.9		2
一般河段	陆溪口河段	赤壁山—石矶头	22.4	8.15	12.95	1	1
	嘉鱼河段	石矶头—潘家湾	31.6	14.02	15.63		1
	簰洲湾河段	潘家湾—纱帽山	73.8	18.29	43.46		
	叶家洲河段	阳逻（电塔）—泥矶	28.2	3.2	3.3		
	团风河段	泥矶—黄柏山	28.8	4.0	6.3	1	
	韦源口河段	西塞山—猴儿矶	33.3	4.8	4.6		1
	田家镇河段	猴儿矶—码头镇	34.3	1.68	1.17		
	龙坪河段	码头镇—大树下	31.6	4.0	19.2		1
	马垱河段	小孤山—华阳河口	31.4	11.0	35.0		1
	东流河段	华阳河口—吉阳矶	34.7	14.7	13.1		1
	太子矶河段	钱江咀—新开沟	25.9	20.5	9.5	1	
	贵池河段	新开沟—下江口	23.3	30	12		1
	大通河段	下江口—羊山矶	21.8	20	13.5		
	合计		1183.2	350.31	556.4	4	12

2.3.2.2　实施安排

　　根据河道的自然演变规律、经济社会发展要求的迫切程度以及前期工作情况，对宜昌至安庆段河道整治工程进行分期实施（见表 2.13 和表 2.14），逐步达到规划的整治目标。

表 2.13　　　　　　　重点河段河道治理近期工程安排（2020 年前）

序号	河段名称	工程类别	主要工程措施	长度/km
1	宜枝河段	近期工程	护岸工程（加固）	
			护岸工程（新护）	48.23
2	上荆江河段	近期工程	护岸工程（加固）	77.12
			护岸工程（新护）	38.18
3	下荆江河段	近期工程	护岸工程（加固）	94.11
			护岸工程（新护）	46.36

序号	河段名称	工 程 类 别		主要工程措施	长度/km
4	岳阳河段	近期工程		护岸工程（加固）	40.6
				护岸工程（新护）	27.8
5	武汉河段	近期工程	河势控制工程	护岸工程（加固）	24.3
				护岸工程（新护）	13.5
6	鄂黄河段	近期工程	河势控制工程	护岸工程（加固）	21.16
				护岸工程（新护）	5.4
			河势调整工程	德胜洲进口左汊潜坝工程	促淤
7	九江河段	近期工程	近期河势控制工程	护岸工程（加固）	93.5
				护岸工程（新护）	5
			近期河势调整工程	新洲夹封堵	
8	安庆河段	近期工程	河势控制工程	护岸工程（加固）	40.9
				护岸工程（新护）	19.9
				潜洲右汊口门护底工程	
			河势调整工程	官洲段新中汊封堵工程	
				余棚洲右汊封堵工程	
				护岸工程（加固）	46.7

表 2.14　　　　　　　一般河段河道治理近期工程安排（2020 年前）

序号	河段名称	主要工程措施	长度/km
1	陆溪口河段	护岸工程（加固）	12.95
		护岸工程（新护）	8.15
		陆溪口左汊封堵工程	
2	嘉鱼河段	护岸工程（加固）	15.63
		护岸工程（新护）	14.02
		复兴洲右汊封堵工程	
3	簰洲湾河段	护岸工程（加固）	43.26
		护岸工程（新护）	18.29
4	叶家洲河段	护岸工程（加固）	3.3
		护岸工程（新护）	3.2
5	团风河段	护岸工程（加固）	6.3
		护岸工程（新护）	4
6	韦源口河段	护岸工程（加固）	4.6
		护岸工程（新护）	4.8
7	田家镇河段	护岸工程（新护）	1.68
		护岸工程（加固）	1.17

序号	河段名称	主要工程措施	长度/km
8	龙坪河段	护岸工程（加固）	19.2
		护岸工程（新护）	4
9	马垱河段	护岸工程（加固）	35
		护岸工程（新护）	11
10	东流河段	护岸工程（加固）	13.1
		护岸工程（新护）	14.7
11	太子矶河段	护岸工程（加固）	9.5
		护岸工程（新护）	20.5
12	贵池河段	护岸工程（加固）	12
		护岸工程（新护）	30
13	大通河段	护岸工程（加固）	13.5
		护岸工程（新护）	20

2.3.3　防洪规划

防洪规划有以下四个方面的内容。

（1）防洪标准。根据长江中下游平原区的政治经济地位及历史洪水和洪灾情况，《长江流域综合规划（2012—2030 年）》确定长江中下游总体防洪标准为防御中华人民共和国成立以来发生的最大洪水，即 1954 年洪水，在发生类似 1954 年洪水时，保证重点保护地区的防洪安全。依据荆江河段的重要性及洪灾严重程度，确定荆江河段的防洪标准为100 年一遇，同时对遭遇类似 1870 年洪水应有可靠的措施保证荆江两岸干堤不发生自然漫溃，防止发生毁灭性灾害。

长江中下游宜昌至大通干流河段沿江的岳阳、武汉、黄冈、鄂州、黄石、九江、安庆等 7 个地级以上城市应达到整体防御 1954 年洪水的标准，宜昌市、荆州市防洪标准为100 年一遇。

（2）规划目标。考虑三峡及其他控制性水利水电工程建成后对长江防洪的作用和影响，逐步完善长江综合防洪体系。到 2020 年，荆江地区防洪能力达到 100 年一遇防洪标准，遭遇类似 1870 年特大洪水时，不发生毁灭性灾害。城陵矶及以下干流河段能防御1954 年洪水，重要蓄滞洪区能适时按量使用。主要城市、洞庭湖区和鄱阳湖区重点圩垸、主要支流基本达到规定的防洪标准。

至 2030 年，进一步完善综合防洪体系，减少蓄滞洪区的运用概率和使用范围，防洪能力进一步提高。遇常遇洪水和较大洪水时，可保障经济发展和社会安全，在遭遇流域性大洪水或特大洪水时，经济社会生活不发生大的动荡，生态环境不遭受严重破坏，灾害损失明显减少，不会对可持续发展进程产生重大影响。

（3）中下游防洪体系及总体布局。长江中下游防洪总体布局为：合理地加高加固堤防，整治河道，安排与建设平原蓄滞洪区，结合兴利修建干支流水库，逐步建成以堤防为基础、三峡水库为骨干，其他干支流水库、蓄滞洪区、河道整治相配合，平垸行洪、退田还湖、水土保持等工程措施与防洪非工程措施相结合的综合防洪体系。

在三峡工程建成前，遇 1954 年洪水，长江中下游需妥善安排 492 亿 m³ 超额洪量，其中荆江地区 54 亿 m³，城陵矶附近 320 亿 m³（洪湖、洞庭湖各分蓄 160 亿 m³），武汉地区 68 亿 m³，湖口地区 50 亿 m³（鄱阳湖区、华容河各 25 亿 m³）。三峡工程建成后，按照三峡工程初步设计的防洪调度方式，遇 1954 年洪水，长江中下游总分蓄洪量减少为 336 亿～398 亿 m³。

（4）中下游防洪安全控制指标。中下游主要控制站防洪控制水位是防洪安全控制指标，即为堤防的设计洪水位，在需运用蓄滞洪区蓄纳超额洪水的长江中下游地区，控制站防洪控制水位一般也是蓄滞洪区的分洪运用水位。根据《长江流域防洪规划》（2008 年），宜昌至大通河段干流主要控制站防洪控制水位见表 2.15。

表 2.15　　　　　　　　　宜昌至大通河段干流堤防设计水位表

站名	设计水位（吴淞）/m	站名	设计水位（吴淞）/m
宜昌	55.73	鄂州	28.10
枝城	51.75	黄石	27.50
沙市	45.00	武穴	24.50
石首	40.38	九江	23.25
监利（城南）	37.28	湖口	22.50
城陵矶（莲花塘）	34.40	安庆	19.34
螺山	34.01	大通	17.10
汉口	29.73		

2.3.4　长江中下游干流河道采砂规划

根据《长江中下游干流河道采砂规划（2016—2020 年）》（水建管〔2016〕409 号）（以下简称《采砂规划》），长江中下游采砂分区规划包括禁采区、可采区和保留区规划。禁采区是指在河道管理范围内禁止采砂的河段或水域。可采区是指在河道管理范围内采砂对河势稳定、防洪安全、通航安全、水生态环境保护以及沿江涉水工程和设施无影响或影响较小，允许进行砂石开采的区域。保留区是指在河道管理范围内采砂具有不确定性，需要对采砂可行性进行进一步论证的区域。其中，《采砂规划》提出的原则是，在维护长江河势稳定、保障防洪和通航安全以及沿江涉水工程和设施正常运用、满足水生态环境保护要求的前提下，兼顾干流中下游地区沿江经济社会发展对江砂的需求，科学合理利用江砂资源。本研究项目中沙市、石首、熊家洲至城陵矶以及武汉河段等重点河段的治理目标与《采砂规划》相一致。

2.3.5　长江岸线保护和开发利用总体规划

《长江岸线保护和开发利用总体规划》（水建管〔2016〕329 号）（以下简称《岸线规划》）的规划范围为长江干流溪洛渡以下，岷江、嘉陵江、乌江、湘江、汉江、赣江等 6

条重要支流的中下游河道，以及洞庭湖入江水道、鄱阳湖湖区，涉及云南、四川、重庆、贵州、湖北、湖南、江西、安徽、江苏、上海等10个省、直辖市。规划范围内长江河道总长度6768km，岸线总长度17394km。《岸线规划》的近期目标为：统筹经济社会发展、防洪、河势、供水、航运及生态环境保护等方面的要求，科学划分岸线功能分区，严格分类管理，满足长江经济带建设需求；依法依规加强岸线保护和开发利用管理，规范岸线开发利用行为；探索建立长江岸线资源有偿使用制度，促进岸线资源有效保护和合理利用。远期目标：根据长江经济带发展需求及河势变化情况，优化调整岸线功能分区；进一步健全岸线资源有偿使用制度，明确岸线资源有偿使用管理责任主体，建立岸线资源使用权登记制度，完善政府对岸线资源有偿使用的调控手段，提高岸线资源节约集约利用水平。本研究项目中沙市、石首、熊家洲至城陵矶以及武汉河段等重点河段的治理目标与《岸线规划》相符合。

2.3.6　航道整治规划及实施情况

2.3.6.1　航道整治规划

2009年3月，由交通运输部会同国家发展改革委、水利部、财政部编制的《长江干线航道总体规划纲要》（以下简称《纲要》）正式获得国务院批复。根据《纲要》，到2020年，宜昌至城陵矶段航道等级由二级提高到一级，航道尺度标准为3.5m×150m×1000m（表2.16），保证率为98%，通航由2000~3000t级驳船组成的0.6万~1万t级的船队；城陵矶至武汉段航道等级维持一级，航道尺度标准为3.7m×150m×1000m，保证率为98%，通航由3500t级油驳船组成的万吨级油运船队、利用自然水深通航3000t级海船；武汉至安庆段航道尺度标准为4.5m×200m×1050m，保证率为98%，通航由2000~5000t级驳船组成的2万~4万t级的船队、利用自然水深通航5000t级海船。

表2.16　　　　《纲要》确定的长江中下游干线航道2020年规划标准

河　段	里程 /km	现状最小维护尺度 /（水深m×航宽m×弯曲半径m）	规划最小维护尺度 /（水深m×航宽m×弯曲半径m）	保证率 /%
宜昌—城陵矶	396	3.2×80×750	3.5×150×1000	98
城陵矶—武汉	227.5	3.5×100×1000	3.7×150×1000	98
武汉—安庆	402.5	4.0×100×1050	4.5×200×1050	98
安庆—芜湖	204.7	5.0×100×1050	6.0×200×1050	98
芜湖—南京	101.3	7.5×100×1050	7.5×200×1050	98

2012年5月，国家发展改革委正式批复《长江干线航道建设规划（2011—2015年）》。根据该规划，"十二五"期间长江干线航道建设的总体目标为：长江干线航道得到系统治理，通航条件明显改善。长江口12.5m深水航道逐步向上游延伸，中游航道通航标准进一步提高并基本畅通，上游航道通航条件全面改善，2015年将提前实现《纲要》确定的2020年规划目标，为长江干线率先实现内河水运现代化总体目标打下具有决定性意义的基础。

2.3.6.2 实施情况

按照《纲要》航道建设总体目标，航道管理部门分步骤推进航道治理，近期宜昌至大通河段已建及在建航道整治工程有 28 项（见表 2.17），对 16 个重点浅水道（河段）进行了治理，航道条件有所改善，最小航道维护水深提高到 3.5～4.5m。随着目前在建航道整治工程效果的发挥，各段航道水深基本能够达到规划标准，仅局部河段存在航道条件不稳定问题。

表 2.17　　　　　　　长江干线宜昌至大通河段已建及在建航道整治工程

整治水道（河段）	建设项目	建设标准 （水深 m×航宽 m×弯曲半径 m）
枝江—江口河段	枝江—江口河段航道整治一期工程	3.5×150×1000
沙市河段	沙市河段航道整治一期工程 沙市河段腊林洲守护工程	3.5×150×1000
瓦口子—马家咀河段	瓦口子水道航道整治控导工程 马家咀水道航道整治一期工程 瓦口子—马家咀河段航道整治工程	3.5×150×1000
周天河段	周天河段航道整治控导工程	3.5×150×1000
藕池口水道	藕池口水道航道整治一期工程	3.5×150×1000
窑监河段	窑监河段航道整治一期工程 窑监河段乌龟洲守护工程	3.5×150×1000
界牌河段	界牌河段航道综合治理工程	3.7×150×1000
嘉鱼—燕子窝河段	嘉鱼—燕子窝河段航道整治工程	3.7×150×1000
湖广—罗湖洲河段	已建罗湖洲水道航道整治工程 在建湖广—罗湖洲河段航道整治工程	4.5×200×1050
戴家洲河段	已建戴家洲河段航道整治一期工程 在建戴家洲右缘下段守护工程	4.5×100×1050
	在建戴家洲河段航道整治二期工程	4.5×200×1050
牯牛沙水道	已建牯牛沙水道航道整治一期工程	4.5×150×1050
	在建牯牛沙水道航道整治二期工程	4.5×200×1050
武穴水道	已建武穴水道航道整治工程	4.5×200×1050
新洲—九江河段	在建新洲—九江河段航道整治工程	4.5×200×1050
张家洲河段	已建张家洲南港下浅区航道整治工程	4.0×120×1050
	已建张家洲南港上浅区航道整治工程	4.5×200×1050
马垱河段	已建马垱河段沉船打捞工程 已建马垱河段航道整治一期工程 在建马南水道航道整治工程	4.5×200×1050
东流水道	已建东流水道航道整治工程 在建东流水道航道整治二期工程	4.5×200×1050

2.3.7　港口规划

根据《全国内河航道与港口布局规划》，全国内河港口划分为三个层次，包括主要港口、地区重要港口和一般港口。根据港口功能、地位、作用等的方面的差异，到 2020 年宜昌至安庆段干流港口分层次布局如下：宜昌港、荆州港、岳阳港、武汉新港、黄石港、九江港、安庆港等 7 个为主要港口；洪湖港、武穴港、鄂州港等一批港口为地区重要港口。

2.4　其他

2.4.1　生态

宜昌至安庆河段设置有 3 处国家级自然保护区，4 处省级自然保护区，2 处市（县）级自然保护区。7 处国家级水产种质资源保护区。1 个四大家鱼原种场。宜昌至安庆长江江段调查共记录浮游植物 8 门 175 种，浮游动物 4 类 122 种。底栖动物 4 门 64 种。高等水生植物 51 种。鱼类 99 种，分布有 19 处四大家鱼产卵场。宜昌至安庆长江江段分布有白鱀豚、江豚、中华鲟、白鲟、胭脂鱼、花鳗鲡等珍稀保护水生动物。其中，一级保护动物有达氏鲟、中华鲟和白鲟等；二级保护动物有江豚、胭脂鱼和花鳗鲡。部分种类濒临灭绝。

2.4.2　水环境

整治工程涉及的长江干流江段水质主要为Ⅱ、Ⅲ类，总体上满足《地表水环境质量标准》（GB 3838—2002）中相应标准。整治工程河段临近河段有 38 处取水口水源地保护区。根据近年来长江中下游江段断面底泥监测资料，整治工程涉及的长江江段底泥总体上满足《土壤环境质量标准》（GB 15618—1995）二级标准。城陵矶河段重金属锌超标，属轻度污染，其他河段无重金属超标。其他河段处于清洁状态。

第3章 三峡水库下游河势调整响应规律分析

3.1 宜昌至大通河段水沙情势变化分析

3.1.1 水沙变化特征

20世纪90年代以来，长江上游径流量变化不大，受水利工程拦沙、降雨时空分布变化、水土保持、河道采砂等因素的综合影响，输沙量明显减少。1991—2002年寸滩站和武隆站年均径流量分别为3339亿 m^3 和532亿 m^3，悬移质输沙量分别为3.37亿 t 和 0.204亿 t，与1990年前相比，径流量均无明显减少，但输沙量分别减小约27%和33%。

三峡蓄水以来，上游来沙减小趋势仍然持续。与1990年前相比，2003—2017年长江上游水量、沙量均有一定程度的减小，且输沙量减小更为明显。其中沱江、嘉陵江减沙最为明显，富顺站和北碚站2003—2017年年均径流量分别为108.7亿 m^3 和632.6亿 m^3，悬移质输沙量分别为420万 t 和2530万 t，与1990年前相比，径流量分别减少约16%和10%，输沙量则分别减小约64%和81%；另外金沙江来水量减少5%，输沙量减小了61%，近年来随着金沙江下游溪洛渡、向家坝水电站相继建成蓄水运用，2013—2017年向家坝站年输沙量仅为170万 t，与2003—2012年均输沙量14200万 t 相比，减少了99%。与1990年前相比，2003—2017年朱沱站、寸滩站和武隆站平均年径流量分别减少5%、7%和11%，年输沙量则分别减小60%、69%和85%。

2003年6月至2017年12月，三峡入库悬移质泥沙21.925亿 t，出库（黄陵庙站）悬移质泥沙5.234亿 t。不考虑三峡库区区间来沙（下同），水库淤积泥沙16.691亿 t，近似年均淤积泥沙1.145亿 t，仅为研究阶段（数学模型采用1961—1970系列年预测成果）的35%，水库排沙比为23.9%。

近几年，受长江上游沙量偏少以及三峡水库蓄水、拦沙等因素影响，坝下游水、沙情势产生了明显的变化。

3.1.1.1 径流量和输沙量变化

1. 年际变化

2003年长江三峡工程蓄水运用后，长江上游来沙仍然持续减小，且大部分来沙被拦截在三峡水库内，葛洲坝枢纽下游输沙量大幅减小。如2003年三峡水库蓄水运用前，坝下游干流主要控制站宜昌、螺山、汉口、大通平均年径流量分别为4369亿 m^3、6460亿 m^3、7111亿 m^3、9052亿 m^3，年输沙量分别为4.92亿 t、4.09亿 t、3.98亿 t、4.27亿 t；2003—2017年三峡水库运用后葛洲坝枢纽下游各主要控制站除监利站径流偏多3%外，其他站表现为不同程度偏少，偏少幅度为4%~7%；但输沙量减小幅度为68%~93%，且减小幅度表现为沿程递减；出库宜昌站含沙量大幅度减小，由蓄水前的1.13kg/m^3减小为

0.0884kg/m^3，减幅为 92%，随着坝下游河道冲刷，水体中泥沙不断由河床得到补给，至大通站含沙量增至为 0.159kg/m^3，较蓄水前减幅减小为 66%。长江中下游主要水文站径流量和输沙量与多年平均对比情况见表 3.1。

表 3.1　　　　　　　长江中下游主要水文站径流量和输沙量与多年平均对比

水　文　站		宜昌	枝城	沙市	监利	螺山	汉口	大通
年径流量	多年平均（2002年前）/亿 m³	4369	4450	3942	3576	6460	7111	9052
	2003—2017 年平均/亿 m³	4049	4146	3798	3677	6062	6807	8635
	距平百分率/%	−7	−7	−4	3	−6	−4	−5
年输沙量	多年平均（2002年前）/万 t	49200	50000	43400	35800	40900	39800	42700
	2003—2017 年平均/万 t	3580	4340	5410	6930	8660	10100	13700
	距平百分率/%	−93	−91	−88	−81	−79	−75	−68
含沙量	多年平均（2002年前）/(kg/m³)	1.13	1.12	1.10	1.00	0.633	0.56	0.472
	2003—2017 年平均/(kg/m³)	0.0884	0.105	0.142	0.188	0.143	0.148	0.159
	距平百分率/%	−92	−91	−87	−81	−77	−74	−66

2003—2017 年洞庭湖（城陵矶站）和鄱阳湖（湖口）入汇长江的水量分别为 2427 亿 m³ 和 1510 亿 m³，与多年均值相比，分别偏小 18% 和 1%；入汇长江的沙量则分别为 1940 万 t 和 1170 万 t，与多年均值相比，洞庭湖出口沙量偏小 51%，但鄱阳湖出口沙量增大了 24%，主要是鄱阳湖湖口采砂影响所致，见表 3.2。

2003—2017 年汉江仙桃站年均径流量和输沙量为 358.6 亿 m³ 和 1220 万 t，较多年均值分别偏少 7% 和 43%，见表 3.2。

表 3.2　　　　　洞庭湖、鄱阳湖和汉江主要水文站径流量和输沙量与多年平均对比

水　文　站		城陵矶	湖口	仙桃
年径流量	多年平均（2002年前）/亿 m³	2964	1520	386.9
	2003—2017 年平均/亿 m³	2427	1510	358.6
	距平百分率/%	−18	−1	−7
年输沙量	多年平均（2002年前）/万 t	3950	945	2150
	2003—2017 年平均/万 t	1940	1170	1220
	距平百分率/%	−51	24	−43

注　城陵矶、湖口站 2002 年前水沙统计年份为 1956—2002 年，仙桃站统计年份为 1972—2002 年。

2. 年内变化

三峡水库蓄水前后长江中下游干流及主要支流控制站宜昌、监利、螺山、汉口、大通等站各月径流量变化见表 3.3。可看出，三峡水库蓄水前干流各控制站的径流量均集中为 5—10 月，占全年的 $71\%\sim79\%$；三峡水库蓄水后干流各控制站的径流量仍集中为 5—10 月，但受水库调度影响，5—10 月径流量占全年的 $68\%\sim74\%$，较蓄水前有所减小；三峡水库蓄水后干流各控制站枯期径流量占全年的 $26\%\sim32\%$，较蓄水前有所增加。

由于长江上游一些大中型水库（水电工程）的陆续建成，这些水库大多采用汛末或汛

后蓄水、汛前消落的调度方式,使得长江上游汛末、汛后 9 月、10 月、11 月流量有所减小,2003 年三峡水库蓄水运用后,这种现象仍然持续。2003—2017 年与三峡蓄水前相比,9—11 月宜昌站来水量的减幅为 9%～30%,特别是 10 月,减幅达到了 30%;1—4 月宜昌站来水量的增幅 23%～44%,见表 3.3。

表 3.3　　　　　三峡水库蓄水前后长江中下游干流各控制站月径流量变化表

项　目		1 月	2 月	3 月	4 月	5 月	6 月	7 月	8 月	9 月	10 月	11 月	12 月
宜昌站	蓄水前/亿 m³	114.3	93.65	115.6	171.3	310.4	466.5	804	734.1	657	483.2	259.7	157.2
	蓄水后/亿 m³	151.4	134.9	164	210.4	336	447.7	711.1	613.4	540.1	339.8	236.7	164.3
	变化率/%	32	44	42	23	8	−4	−12	−16	−18	−30	−9	5
沙市站	蓄水前/亿 m³	131.4	109.4	135.3	181.1	296.6	440.9	719.2	647.7	509.8	407.1	250.9	167
	蓄水后/亿 m³	161.6	142.8	173.4	214.7	322	409.1	615.6	539.4	483.6	325.9	236.4	173.2
	变化率/%	23	31	28	19	9	−7	−14	−17	−5	−20	−6	4
螺山站	蓄水前/亿 m³	195.3	189.3	276.7	397.4	567.4	747.6	1092	922.7	805.3	618.7	382.2	243.2
	蓄水后/亿 m³	247.9	228.2	327	402	597.5	743.5	959.8	801.8	681.2	459.5	357.8	256.2
	变化率/%	27	21	18	1	5	−1	−12	−13	−15	−26	−6	5
汉口站	蓄水前/亿 m³	230.7	218.1	308.3	430.3	616.6	802.6	1188	1017	889.7	696	443.1	287.2
	蓄水后/亿 m³	289.4	262.6	368.4	449.6	645.3	798.4	1051	900.9	770	547.8	416.4	307.2
	变化率/%	25	20	19	4	5	−1	−12	−11	−13	−21	−6	7
大通站	蓄水前/亿 m³	308.1	296.9	455.6	647.3	853.1	1030	1405	1204	1050	857.9	582.9	383.4
	蓄水后/亿 m³	365.5	344.2	519.7	622.2	856.3	1054	1264	1090	904.4	695.7	512	406.9
	变化率/%	19	16	14	−4	0	2	−10	−9	−14	−19	−12	6

　　三峡水库蓄水前后长江中下游干流及主要支流控制站宜昌、监利、螺山、汉口、大通等站的各月输沙量见表 3.4。可以看出,三峡水库蓄水前后长江干流悬移质泥沙均主要集中在 6—10 月。三峡蓄水前,各站 6—10 月的泥沙占全年总量的 82%～92%;三峡蓄水后,各站 6—10 月的泥沙占全年总量的 69%～98%。从蓄水前后各月输沙量变化来看,宜昌站各月的输沙量减幅为 85%～99%,汉口站各月的输沙量减幅为 30%～80%,大通站除 1 月输沙量偏多 7%外,各月输沙量减幅为 7%～76%,见表 3.4。

表 3.4　　　　　三峡水库蓄水前后长江中下游干流各控制站月输沙量变化表

项　目		1 月	2 月	3 月	4 月	5 月	6 月	7 月	8 月	9 月	10 月	11 月	12 月
宜昌站	蓄水前/万 t	55.6	29.3	81.2	449	2110	5230	15500	12400	8630	3450	968	198
	蓄水后/万 t	5.3	4.25	5.51	9.91	34.4	126	1370	1090	839	72.8	12.3	5.95
	变化率/%	−90	−85	−93	−98	−98	−98	−91	−91	−90	−98	−99	−97
沙市站	蓄水前/万 t	115	80.9	124	329	1160	3960	11100	9410	5550	2610	824	208
	蓄水后/万 t	47.8	44.9	63.9	116	211	416	1810	1330	1040	202	83.3	46.1
	变化率/%	−58	−44	−48	−65	−82	−89	−84	−86	−81	−92	−90	−78

续表

项目		1月	2月	3月	4月	5月	6月	7月	8月	9月	10月	11月	12月
螺山站	蓄水前/万 t	448	458	774	1290	2120	4450	10300	8180	6670	3560	1420	600
	蓄水后/万 t	214	214	416	520	711	879	1840	1510	1260	468	381	244
	变化率/%	−52	−53	−46	−60	−66	−80	−82	−82	−81	−87	−73	−59
汉口站	蓄水前/万 t	316	295	537	999	1930	3920	9550	7630	6330	3500	1300	478
	蓄水后/万 t	209	180	377	537	800	987	2100	1860	1650	707	439	247
	变化率/%	−34	−39	−30	−46	−59	−75	−78	−76	−74	−80	−66	−48
大通站	蓄水前/万 t	276	257	667	1290	2110	3890	9660	7540	6620	3850	1450	514
	蓄水后/万 t	294	239	629	839	1280	1790	2700	2260	1830	938	576	373
	变化率/%	7	−7	−6	−35	−39	−54	−72	−70	−72	−76	−60	−27

3.1.1.2　悬沙级配变化

三峡工程蓄水运用前后，坝下游宜昌、枝城、沙市、监利、螺山、汉口、大通各站悬沙级配和悬沙中值粒径变化见表 3.5。由表 3.5 可见，三峡蓄水前，宜昌站悬沙多年平均中值粒径为 0.009mm，至螺山站悬沙多年平均中值粒径变粗为 0.012mm，粒径大于 0.125mm 的泥沙含量由宜昌站的 9.0% 增大至 13.5%；大通站悬沙中值粒径变细为 0.009mm，粒径大于 0.125mm 的泥沙含量减少至 7.8%。

三峡水库蓄水后，首先，大部分粗颗粒泥沙被拦截在库内，2003—2017 年宜昌站悬沙中值粒径为 0.006mm，与蓄水前的 0.009mm 相比，出库泥沙粒径明显偏细；其次，坝下游水流含沙量大幅度减小，河床沿程冲刷，干流各站悬沙明显变粗，粗颗粒泥沙含量明显增多（除大通站有所变细外），其中尤以监利站最为明显，2003—2017 年其中值粒径由蓄水前的 0.009mm 变粗为 0.045mm，粒径大于 0.125mm 的沙重比例由 9.6% 增多至 36.7%；第三，虽然近年来由于长江上游来沙的大幅度减小加之三峡水库的拦沙作用，使得宜昌以下各站输沙量大幅减小，但河床沿程冲刷，除大通站外，导致各站粒径大于 0.125mm 的沙量减小幅度明显小于全沙。

表 3.5　　　　　三峡水库坝下游主要控制站不同粒径级沙重百分数对比表

范围	时段	沙重百分数/%							
		黄陵庙	宜昌	枝城	沙市	监利	螺山	汉口	大通
$d \leqslant 0.031$mm	多年平均	—	73.9	74.5	68.8	71.2	67.5	73.9	73.0
	2003—2017 年	88.4	86.3	73.5	59.8	46.2	63.5	62.3	73.4
0.031mm$<d$ $\leqslant 0.125$mm	多年平均	—	17.1	18.6	21.4	19.2	19.0	18.3	19.3
	2003—2017 年	8.7	8.2	11.3	13.2	17.2	14.5	17.4	18.2
$d>0.125$mm	多年平均		9.0	6.9	9.8	9.6	13.5	7.8	7.8
	2003—2017 年	3.0	5.5	15.2	27.0	36.7	22.0	20.3	8.4
中值粒径/mm	多年平均		0.009	0.009	0.012	0.009	0.012	0.010	0.009
	2003—2017 年	0.006	0.006	0.009	0.016	0.045	0.014	0.015	0.010

注　1. 宜昌、监利站多年平均统计年份为 1986—2002 年；枝城站多年平均统计年份为 1992—2002 年；沙市站多年平均统计年份为 1991—2002 年；螺山、汉口、大通站多年平均统计年份为 1987—2002 年。

　　2. 2010—2017 年长江干流各主要测站的悬移质泥沙颗粒分析均采用激光粒度仪。

3.1.1.3 床沙变化

三峡水库蓄水前宜枝至枝城河段的粒径虽在一定范围变化，总体上属于砂砾河床，局部河段为砾石河床。三峡水库蓄水后，随着河道的冲刷，逐步演变为卵石夹沙河床，宜昌站中值粒径由 2002 年汛后的 0.175mm 变粗为 2017 年汛后的 43.1mm，见图 3.1。

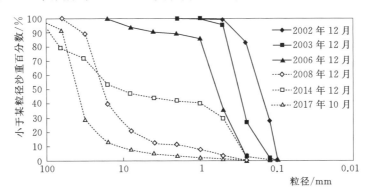

图 3.1　宜昌站汛后床沙颗粒级配曲线图

三峡水库蓄水运用后，枝城、沙市和监利站床沙粒径均有不同程度的粗化，由 2002 年汛后的 0.281mm（2003 年汛后）、0.197mm 和 0.179mm 变粗化为 2017 年汛后的 0.374mm、0.287mm 和 0.194mm；螺山站床沙略有粗化，其床沙中值粒径由蓄水前 2002 年汛后的 0.181mm 变粗化为 2017 年汛后的 0.200mm；汉口站和大通站床沙中值粒径无明显趋势性变化（见图 3.2）。

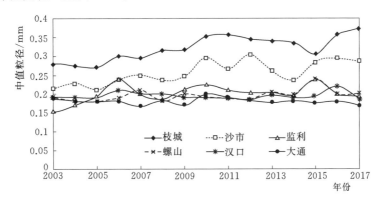

图 3.2　长江干流控制站汛后 10 月床沙中值粒径变化图

3.1.2　宜昌至大通河段冲淤变化分析

3.1.2.1　整体冲淤概况

三峡工程修建前的数十年中，长江中游河床冲淤变化较为频繁，1975—1996 年宜昌至湖口河段总体表现为淤积，平滩河槽总淤积量为 1.793 亿 m³，年均淤积量为 0.0854 亿 m³；1998 年大水期间，长江中下游高水位持续时间长，宜昌至湖口河段总体表现为淤积，1996—1998 年淤积量为 1.987 亿 m³，其中除上荆江和城陵矶至汉口段有所冲刷外，其他各河段泥沙淤积较为明显；1998 年大水后，宜昌以下河段河床冲刷较为剧烈，1998—2002 年（城陵矶至湖口河段为 1998—2001 年），宜昌至湖口河段冲刷量为 5.47 亿 m³，年均冲刷量达 1.562 亿 m³（见表 3.6）。

表 3.6　　　　　　　　不同时期三峡坝下游宜昌至湖口河段冲淤量对比（平滩河槽）

项　目		河　段							
		宜昌—枝城	上荆江	下荆江	荆江	城陵矶—汉口	汉口—湖口	城陵矶—湖口	宜昌—湖口
河段长度/km		60.8	171.7	175.5	347.2	251	295.4	546.4	954.4
总冲淤量/万 m³	1975—1996 年	−13498	−23770	3410	−20360	27380	24408	51788	17930
	1996—1998 年	3448	−2558	3303	745	−9960	25632	15672	19865
	1998—2001 年	−4350	−8352	−1837	−10189	−6694	−33433	−40127	−54666
	2002 年 10 月—2006 年 10 月	−8138	−11683	−21147	−32830	−5990	−14679	−20669	−61637
	2006 年 10 月—2008 年 10 月	−2230	−4247	678	−3569	197	4693	4890	−909
	2008 年 10 月—2017 年 11 月	−6324	−46644	−22043	−68687	−33380	−41439	−74819	−149830
	2002 年 10 月—2017 年 11 月	−16692	−62574	−42512	−105086	−39173	−51425	−90598	−212376
年均冲淤量/(万 m³/a)	1975—1996 年	−643	−1132	162	−970	1304	1162	2466	853
	1996—1998 年	1724	−1279	1652	373	−4980	12816	7836	9933
	1998—2001 年	−1088	−2088	−459	−2547	−2231	−11144	−13375	−17010
	2002 年 10 月—2006 年 10 月	−2035	−2921	−5287	−8208	−1198	−2936	−4134	−14377
	2006 年 10 月—2008 年 10 月	−1115	−2124	339	−1785	99	2347	2446	−454
	2008 年 10 月—2017 年 11 月	−703	−5183	−2449	−7632	−3709	−4604	−8313	−16648
	2002 年 10 月—2017 年 11 月	−1113	−4172	−2834	−7006	−2448	−3214	−5662	−13781
年均冲淤强度/[万 m³/(km·a)]	1975—1996 年	−10.6	−6.6	0.9	−2.8	5.2	3.9	4.5	0.9
	1996—1998 年	28.4	−7.4	9.4	1.1	−19.8	43.4	14.3	10.4
	1998—2001 年	−17.9	−12.2	−2.6	−7.3	−8.9	−37.7	−24.5	−17.8
	2002 年 10 月—2006 年 10 月	−33.5	−17	−30.1	−23.6	−4.8	−9.9	−7.6	−15.1
	2006 年 10 月—2008 年 10 月	−18.3	−12.4	1.9	−5.1	0.4	7.9	4.5	−0.5
	2008 年 10 月—2017 年 11 月	−11.6	−30.2	−14	−22	−14.8	−15.6	−15.2	−17.4
	2002 年 10 月—2017 年 11 月	−18.3	−24.3	−16.1	−20.2	−9.8	−10.9	−10.4	−14.4

　　三峡工程蓄水运用后，上述情况有所改变。2002 年 10 月至 2017 年 11 月，宜昌至湖口河段（城陵矶至湖口河段为 2001 年 10 月至 2016 年 11 月）平滩河槽总冲刷量为 21.24 亿 m³，年均冲刷量为 1.38 亿 m³，年均冲刷强度为 14.4 万 m³/(km·a)。

　　三峡工程蓄水运用以来，坝下游宜昌至湖口河段河道平滩河槽冲刷总量为 21.24 亿 m³，冲刷主要集中在枯水河槽，占总冲刷量的 92%。从冲淤量沿程分布来看，宜昌至城陵矶河段河床冲刷较为剧烈，平滩河槽冲刷量为 12.18 亿 m³，占总冲刷量的 57%；城陵矶至汉口、汉口至湖口河段平滩河槽冲刷量分别为 3.92 亿 m³、5.14 亿 m³，分别占总冲刷量的 19%、24%。

从冲淤量沿时分布来看，三峡水库蓄水后的前三年（2002 年 10 月至 2005 年 10 月）宜昌至湖口河段平滩河槽冲刷量为 6.01 亿 m³，占蓄水以来平滩河槽总冲刷量的 28%，年均冲刷 1.82 亿 m³；之后冲刷强度有所减弱，2005 年 10 月至 2006 年 10 月平滩河槽冲刷泥沙 0.154 亿 m³（主要集中在城陵矶以上，其冲刷量为 0.267 亿 m³）。2006 年 10 月至 2008 年 10 月（三峡工程初期蓄水期），宜昌至湖口河段平滩河槽冲刷泥沙 0.091 亿 m³，年均冲刷泥沙 0.046 亿 m³。三峡工程 175m 试验性蓄水后，宜昌至湖口河段冲刷强度又有所增大，2008 年 10 月至 2017 年 11 月，平滩河槽冲刷泥沙 14.98 亿 m³，占蓄水以来平滩河槽总冲刷量的 71%，年均冲刷泥沙 1.66 亿 m³。

3.1.2.2　宜昌至城陵矶河段

根据表 3.6 可以计算得出，三峡工程蓄水运用以来，2002 年 10 月至 2017 年 11 月，宜昌至城陵矶河段平滩河槽冲刷泥沙 12.2 亿 m³，年均冲刷强度为 19.9 万 m³/(km·a)。

从冲淤量沿时分布来看，宜昌至城陵矶河段河道冲刷主要集中在三峡水库蓄水后的前三年，2002 年 10 月至 2005 年 10 月平滩河槽冲刷量为 3.83 亿 m³，占蓄水以来该河段平滩河槽总冲刷量的 31%，2008 年 10 月至 2017 年 11 月平滩河槽冲刷量为 7.50 亿 m³，占蓄水以来该河段平滩河槽总冲刷量的 61%。

从河道冲刷沿程分布来看，宜枝河段、荆江河段平滩河槽冲刷量分别为 1.67 亿 m³、10.51 亿 m³，分别占全河段冲刷量的 14%、86%，其年均冲刷强度分别为 18.3 万 m³/(km·a) 和 20.2 万 m³/(km·a)。上、下荆江冲刷量分别为 6.26 亿 m³ [年均冲刷强度为 24.3 万 m³/(km·a)] 和 4.25 亿 m³ [年均冲刷强度为 16.1 万 m³/(km·a)]，分别占荆江河段冲刷量的 60% 和 40%。

3.1.2.3　城陵矶至汉口河段

三峡工程建成前，城陵矶至汉口河段（以下简称城汉河段）河床冲淤大致可分两个大的阶段：第一阶段为 1975—1996 年，河床持续淤积，累计淤积泥沙 2.738 亿 m³，年均淤积量 1304 万 m³；第二阶段为 1996—2002 年，河床则表现为持续冲刷，累计冲刷泥沙 1.664 亿 m³，年均冲刷量 0.721 亿 m³，见表 3.6。

三峡工程蓄水运用后，城汉河段年际间河床有冲有淤，总体表现为冲刷。2002 年 10 月至 2017 年 11 月平滩河槽冲刷量为 3.92 亿 m³，其中，枯水河槽冲刷量为 3.69 亿 m³，占比 94%，枯水河槽以上略有冲刷。其中，河床冲刷较大的时段主要为 2013 年 10 月至 2014 年 10 月和 2015 年 11 月至 2016 年 11 月，其平滩河槽冲刷量分别为 1.41 亿 m³ 和 2.19 亿 m³，见表 3.6。

从冲淤量沿程变化来看，2002 年 10 月至 2017 年 11 月，陆溪口以上河段（长约 97.1km）平滩河槽累计冲刷量 1.51 亿 m³，占蓄水以来该河段平滩河槽冲刷总量的 39%，其中：白螺矶、界牌和陆溪口河段平滩河槽分别冲刷 0.247 亿 m³、0.838 亿 m³、0.429 亿 m³；嘉鱼以下河床平滩河槽冲刷量 2.41 亿 m³，占全河段冲刷总量的 61%，其中：嘉鱼、簰洲和武汉河段上段平滩河槽分别冲刷 0.494 亿 m³、0.984 亿 m³、0.924 亿 m³。

3.1.2.4　汉口至湖口河段

三峡工程建成前，汉口至湖口河段河床冲淤也大致可以分两个阶段：第一阶段为 1975—

1998 年，河床持续淤积，累计淤积泥沙 5.00 亿 m³，年均淤积量为 0.217 亿 m³；第二阶段为 1998—2002 年，河床大幅冲刷，冲刷量 3.343 亿 m³，年均冲刷量为 1.114 亿 m³，见表 3.6。

三峡工程蓄水运用后，2002 年 10 月至 2017 年 11 月，汉口至湖口河段河床年际间有冲有淤，总体表现为滩槽均冲，平滩河槽总冲刷量为 5.14 亿 m³，其中枯水河槽冲刷 4.85 亿 m³（见表 3.6），其冲刷量占平滩河槽总冲刷量的 94%。分时段来看，2002 年 10 月至 2006 年 11 月，汉口至湖口河段河床冲刷为 1.47 亿 m³，2006 年 10 月至 2008 年 10 月，该河段出现淤积，淤积量为 0.469 亿 m³，2008 年后，三峡水库进入试验性蓄水阶段，该河段冲刷强度进一步加大，2008 年 10 月至 2017 年 11 月，河段平滩河槽冲刷量达到 4.14 亿 m³，占冲刷总量的 81%。

从沿程分布来看，河床冲刷主要集中在九江至湖口河段（包括九江河段，大树下—锁江楼，长约 20.1km 和张家洲河段，锁江楼—八里江口，干流长约 31km），其平滩河槽冲刷量约为 2.10 亿 m³，占河段总冲刷量的 41%；九江以上河段，除田家镇河段平滩河槽淤积泥沙 0.101 亿 m³ 外，其他河段均为冲刷。

3.1.2.5　湖口至大通河段

三峡水库蓄水运用后 2001—2016 年，湖口至大通河段冲刷量为 3.72 亿 m³，冲刷强度为 10.9 万 m³/(km·a)。由于各分汊河段河型和河床边界组成各不相同，不同河段冲淤变化有所不同。该河段在平滩水位下除太子矶河段年均淤积 25 万 m³ 外，其他河段均出现冲刷，冲刷量最大的是贵池河段，年均冲刷量为 656 万 m³（见表 3.7）。

表 3.7　　　　　　　　不同时期湖口至大通河段冲淤量对比（平滩河槽）

项目	时　段	河　段								
		上下三号河段	马垱河段	东流河段	官洲河段	安庆河段	太子矶河段	贵池河段	大通河段	湖口至大通
河段长度/km		35.6	31.4	34.7	29.6	25.7	25.9	23.3	21.8	228.0
总冲淤量/万 m³	1998 年 10 月—2001 年 10 月	3593	450	837	−914	−2901	−1652	1830	3530	4773
	2001 年 10 月—2006 年 10 月	1144	939	−2541	−516	−1561	−1304	−3778	−369	−7986
	2006 年 10 月—2011 年 10 月	−6492	939	−600	−751	−1306	2509	−1207	−703	−7611
	2011 年 10 月—2016 年 10 月	−3082	−9622	573	−3173	2829	−835	−4861	−3398	−21569
	2001 年 10 月—2016 年 10 月	−8430	−7744	−2568	−4440	−38	370	−9846	−4470	−37166
年均冲淤量/(万 m³/a)	1998 年 10 月—2001 年 10 月	1198	150	279	−305	−967	−551	610	1177	1591
	2001 年 10 月—2006 年 10 月	229	188	−508	−103	−312	−261	−756	−74	−1597
	2006 年 10 月—2011 年 10 月	−1298	188	−120	−150	−261	502	−241	−141	−1522
	2011 年 10 月—2016 年 10 月	−616	−1924	115	−635	566	−167	−972	−680	−4314
	2001 年 10 月—2016 年 10 月	−562	−516	−171	−296	−3	25	−656	−298	−2478
年均冲淤强度/[万 m³/(km·a)]	1998 年 10 月—2001 年 10 月	33.7	4.8	8	−10.3	−37.6	−21.3	26.2	54	7
	2001 年 10 月—2006 年 10 月	6.4	6	−14.6	−3.5	−12.1	−10.1	−32.4	−3.4	−7
	2006 年 10 月—2011 年 10 月	−36.5	6	−3.5	−5.1	−10.2	19.4	−10.3	−6.5	−6.7
	2011 年 10 月—2016 年 10 月	−17.3	−61.3	3.3	−21.5	22	−6.4	−41.7	−31.2	−18.9
	2001 年 10 月—2016 年 10 月	−15.8	−16.4	−4.9	−10	−0.1	1.0	−28.2	−13.7	−10.9

从冲淤量沿时分布来看，三峡蓄水前湖口至大通河段 1998—2001 年平滩河槽年均淤积量为 1591 万 m³/a，三峡工程蓄水运用后河段转为冲刷，2001—2006 年平滩河槽冲刷量为 0.7986 亿 m³，年均冲刷量增加为 1597 万 m³，2006—2011 年平滩河槽冲刷量为 0.7611 亿 m³，年均冲刷量增加为 1522 万 m³，2011 年后该河段冲刷强度有所加大，平滩河槽冲刷量达到了 2.17 亿 m³，年均冲刷量分别增加为 4314 万 m³，见表 3.7。

3.1.3 小结

近几年，受长江上游沙量偏少以及三峡水库蓄水、拦沙等因素影响，坝下游水、沙情势也出现了一些新的变化和特点，同时坝下游河道冲淤态势有所改变，河床冲刷强度有所增大（以枯水河槽冲刷为主），且逐渐向下游发展，河床以纵向冲刷为主，河势总体上尚未发生明显变化。主要分析结论如下：

（1）三峡水库蓄水后，2003—2017 年长江中下游各站除监利站年均径流量与蓄水前偏多 3% 外，其他各站年均径流量偏枯 4%～7%，宜昌、汉口、大通站径流量分别为 4049 亿 m³、6807 亿 m³、8635 亿 m³，分别较蓄水前偏少 7%、4%、5%；输沙量沿程减小幅度则为 93%～68%，且减幅沿程递减，宜昌、汉口、大通站年均输沙量分别为 0.358 亿 t、1.01 亿 t、1.37 亿 t，较蓄水前年均值分别偏少 93%、75%、68%。

三峡水库蓄水后，绝大部分粗颗粒泥沙被拦截在库内，出库泥沙粒径明显偏细；坝下游河床沿程冲刷导致悬沙明显变粗，粗颗粒泥沙含量明显增多。随着坝下游河道不断冲刷，床沙粒径均有不同程度的粗化。

（2）三峡水库蓄水运用以来，长江中下游河道河势总体基本稳定，河道冲刷总体呈现从上游向下游推进的发展态势，由于受入、出库沙量减少和河道采砂等的影响，坝下游河道冲刷的速度较快，范围较大，河道冲刷主要发生在宜昌至城陵矶河段，目前全程冲刷已发展至湖口以下。

2002 年 10 月至 2017 年 11 月，宜昌至湖口河段平滩河槽冲刷泥沙 21.24 亿 m³，年均冲刷量 1.38 亿 m³，明显大于水库蓄水前 1966—2002 年的 0.011 亿 m³。其中，宜昌至城陵矶段河道冲刷强度最大，其冲刷量占宜昌至湖口河段总冲刷量的 57%，城陵矶至汉口、汉口至湖口河段冲刷量分别占宜昌至湖口河段总冲刷量的 19%、24%。此外，湖口—大通河段河床也以冲刷为主，2001—2016 年平滩河槽冲刷泥沙 3.72 亿 m³。

3.2 三峡水库下游不同类型河段河势变化规律分析

3.2.1 宜昌至枝城河段（卵石夹砂型河段）

宜昌至枝城河段（以下简称宜枝河段）为山区河流向平原河流过渡的河段，河道在云池以上为顺直型，云池以下为弯曲型。三峡水库蓄水前，由于受到河岸边界条件的较强控制，该河段河道平面形态稳定，岸线变化不大，深泓摆动较小，年际间滩槽关系相对稳定，交错边滩平面位置和弯曲段洲滩平面形态保持相对稳定。该河段河床总体呈冲刷态势，冲刷部位主要在枯水河槽，断面总体朝窄深发展，河床相对稳定性有所增强。因此宜枝河段在三峡水库蓄水前河势基本稳定。三峡水库蓄水以来，受"清水"下泄影响，宜枝河段产生了累积性冲刷。由于受到地质地貌边界条件的控制，蓄水后岸线和滩槽关系变化不大，河势仍然保持基本稳定。具体变化主要体现为以下几个方面：

（1）河床累积冲刷并呈趋缓趋势。自 2003 年三峡水库蓄水运行以来，坝下游宜枝河段平滩河槽累积冲刷量达到 1.67 亿 m³。其中，宜昌河段约占总冲刷量的 11.3%，而宜都河段约占总冲刷量的 88.7%，可见冲刷主要发生在宜都河段。比较三峡水库 135～139m 运行期、145～156m 运行期及 175m 试验性蓄水运行期，宜枝河段的冲淤分布有明显不同。

1）135～139m 运行期（2002 年 9 月至 2006 年 10 月）。宜枝河段平滩河槽下累积冲刷量达 8138 万 m³，年平均冲刷量达 2035 万 m³/a。其中，宜昌、宜都河段累积冲刷量分别 1391 万 m³、6747 万 m³，冲刷强度分别为 17.9 万 m³/(km·a)、42.6 万 m³/(km·a)。宜都河段的主要冲刷带为白洋至枝城段，其次则为红花套至宜都段。

2）145～156m 运行期（2006 年 10 月至 2008 年 10 月）：该时段宜枝河段平滩河槽下累积冲刷量为 2230 万 m³，年平均冲刷量为 1115 万 m³/a，比上一时段有所减弱。其中，宜昌、宜都河段分别冲刷 107 万 m³ 和 2123 万 m³，冲刷强度分别为 2.8 万 m³/(km·a) 和 26.8 万 m³/(km·a)。可见，主要冲刷带仍在宜都河段。

3）175m 试验性蓄水运行期。2008 年汛后三峡水库进入 175m 试验性蓄水运行期后，宜枝河段平滩河槽下累积冲刷量为 5517 万 m³，年平均冲刷量为 788 万 m³/a，可见该时段河段年平均冲刷量又进一步减小。其中，宜昌河段和宜都河段冲刷量分别为 292 万 m³ 和 5225 万 m³，冲刷强度分别为 2.2 万 m³/(km·a) 和 18.8 万 m³/(km·a)。

4）试验性蓄水运行期之后的最近几年，宜枝河段冲刷量进一步减少。2013—2014 年和 2014—2015 年两个时段，宜昌河段平滩河槽冲刷量分别为 76 万 m³ 和 43 万 m³，宜都河段分别为 1319 万 m³ 和 101 万 m³。可见后一时段冲刷减小很多，而且在河槽内还产生淤积的情况。总之，三峡水库蓄水后 13 年内宜枝河段冲刷速率是明显趋缓的。

宜枝河段上、下段年内河床冲淤特性不同：宜昌河段为枯水期冲刷走沙、汛期泥沙淤积；宜都河段则相反，为枯水期泥沙淤积、汛期冲刷走沙。

（2）岸线变化较小，河势保持基本稳定。宜枝河段两岸受到山丘阶地控制，部分河岸受到护岸工程的防护，三峡水库蓄水前河岸变化不大。三峡水库蓄水后，虽然宜枝河段河床冲刷十分强烈，但平滩河槽内的冲刷主要发生在枯水河槽，枯水位以上的中水河床冲刷变形较小，而且冲刷趋势渐缓。三峡工程蓄水以来，该河段 35m 高程岸线变化不大，云池以上顺直型河道岸线变化很小，云池以下弯曲型河道岸线变化也不大，说明宜枝河段平面形态总体变化较小，河势仍保持基本稳定。

（3）洲滩与边滩冲刷显著。三峡水库蓄水后，2003 年胭脂坝坝体受到明显的冲刷，坝头向下游冲刷后退；2008 年初对胭脂坝洲头实施防护工程后，洲体有所回淤，近年来没有发生明显冲刷。预计今后洲体形态将保持相对稳定，不会出现较为明显的冲刷现象。此外，南阳碛心滩冲刷萎缩，至 2013 年，南阳碛心滩已被冲成一个较大的心滩和一些散乱心滩。三峡工程蓄水以来，临江溪、方家岗、曾家溪等边滩受冲刷影响，整体处于不断萎缩的状态；向家溪及大石坝边滩等变化不大，基本保持稳定。

（4）深槽与深泓线冲刷下切。宜枝河段 25m 等高线以下的深槽从上至下有卷桥河深槽、胭脂坝深槽、艾家镇深槽、虎牙滩深槽、红花套深槽、云池深槽、白洋弯道深槽和狮子脑深槽等。三峡工程蓄水运用以来，宜枝河段深槽面积均表现为逐年增大。

三峡水库正常蓄水以来，宜枝河段深泓普遍下切，主要冲深部位在宜都河段，总体来看，宜都河段深泓以累积性冲刷为主，愈往下游冲深愈大，主要冲刷云池—白洋河段及外河坝至枝城段，最大冲深为 14.2m。

（5）断面形态调整沿程增大。自三峡工程蓄水运行以来，宜昌河段总体上为冲刷，其断面变化有如下特点：两岸边坡一般保持稳定，主要冲刷部位在枯水河槽，枯水流量下过水面积累积扩大。从断面形态来看，宜昌河段变化较小，冲深使得宽深比有所减小，但总体来看断面形态变化不大。宜都河段断面冲刷的主要部位仍在枯水河槽，特别是在深槽内；而边滩和心滩也有冲刷，但幅度很小。断面形态变化较明显，深槽明显冲刷，所以其形态朝窄深方向调整。对比宜昌河段和宜都河段断面的变化可以看出，以深槽冲深为变化特征的形态调整愈往下游愈大。

综合以上分析，可以看出，由于受到地质地貌边界条件的控制，蓄水前河段的河势基本稳定，蓄水后岸线和滩槽关系变化不大，河势仍然保持基本稳定。由于三峡工程兴建后的"清水"下泄，宜枝河段产生了累积性冲刷，其中，宜都河段的冲刷强度显著大于宜昌河段；在蓄水后的 15 年里河床冲刷的速率逐渐趋缓。通过河床的冲刷，大部分边滩和洲滩萎缩变小，也有的表现为渐趋稳定。平滩河槽中冲刷的主要部位是枯水河槽，其中又以深槽部位的冲深和深泓线的下切为著，断面形态的调整沿程增大，河床形态向宽深比减小的方向发展。预计宜枝河段将随着冲刷强度的继续减小，河道将向相对稳定的态势发展，河床的稳定性与蓄水初期相比将相对增强。

3.2.2 上荆江河段（微弯分汊型）

上荆江河段上起枝城，下迄藕池口，长 171.7km，为含洲滩的弯曲型河道，河段内自上而下主要分为枝江河段、沙市河段和公安河段（含公安河弯和郝穴河弯），具体由洋溪、江口、涴市、沙市、公安、郝穴 6 个弯曲段组成。其中，洋溪、涴市、沙市、公安等弯曲型河段内分别有关洲、马羊洲、三八滩与金城洲、突起洲等江心洲，称为江心洲弯曲型；枝江弯曲型河段内，有董市洲、柳条洲、江口洲和芦家河心滩称为含洲滩的弯曲型；郝穴河段南五洲已并岸，其外缘为凸岸边滩，称为边滩弯曲型。

3.2.2.1 近期河段演变特点

三峡水库蓄水之前，枝江河段岸线与深泓线平面变化不大，河势基本稳定；江心洲滩受水流冲刷和切割影响变化较大；汊道分流比受上游河势影响较大，年内呈周期性变化。沙市河段沙市河弯岸线变化不大，但汊道主流摆动较大；江心洲、滩冲淤较大，分流比变化不稳定。公安河段河岸线变化不大，深泓线大部变化不大；洲滩冲淤与水流动力轴线变化密切相关；分流比与上游河势变化关系密切。总体而言，三峡水库蓄水前上荆江河势总体处于基本稳定。三峡工程蓄水以来，上荆江河段主要变化体现在以下几个方面：

（1）受"清水"下泄影响，上荆江河床产生强烈冲刷。上荆江在三峡水库蓄水后的冲刷幅度和强度远大于蓄水前；冲刷分布以沙市河段冲刷量最大，枝江河段次之，公安河段再次之；在平滩河槽内冲刷部位主要在枯水河槽。自三峡工程蓄水运用以来至 2017 年 11 月，上荆江河段平滩河槽累计冲刷泥沙 6.26 亿 m³，平均年冲刷量为 0.417 亿 m³，远大于三峡水库蓄水前 1972—2002 年期间年平均冲刷量（0.137 亿 m³）。三峡水库刚开始蓄水的 2003 年 10 月至 2005 年 10 月围堰发电期间，由于"清水"下泄，上荆江年均冲刷量达 4981 万 m³，之后 3～4 年内年均冲刷量明显减小；到 2009 年三峡 175m 试验性蓄水期以来，上荆江年均冲刷量增大至 5183 万 m³，说明三峡水库蓄水位抬高和优化调度对上荆江河道增强冲刷的作用。三峡水库蓄水后上荆江冲刷强度最大是沙市河段，其次为枝江河段，再次是公安河段，冲刷强度最大可达 30 余万 m³/(km·a)。三峡水库蓄水后，上荆江深泓发生了强烈的冲刷，其中 2002 年 10 月至 2015 年 10 月平均冲刷深度为 2.41m。其中，枝江、沙市、公安河段深泓年均冲深分别为 0.22m、0.26m 和 0.10m，而 2014 年 10 月至 2015 年 10 月冲深分别为 0.44m、0.43m 和 0.33m，显著大于三峡水库蓄水后的平均值，可以认为上荆江河床近期还将较强地持续冲深。

（2）岸线基本稳定，但局部河床形态变化大。三峡水库蓄水后，上荆江两岸岸线基本保持稳定，部分岸段岸线年际间的平面变化幅度较小。洲滩以冲刷萎缩为主，重点集中在滩体的头部及凸岸侧的边缘处。如关洲左缘边滩、马羊洲右缘边滩、太平口心滩、三八滩、金城洲左缘边滩、突起洲洲头及左右缘、青安二圣洲边滩、南五洲边滩等。变化最大的部位是太平口心滩至三八滩汊道段，不仅洲滩冲刷强烈，而且主支汊易位，导致河势不稳定。三峡水库蓄水后的上荆江平均河宽与蓄水前相比略有增大，上荆江两岸岸线平面形态总体上变化不大。

从岸线年际间整体变化来看，在单一河道内基本保持稳定，变化主要在分汊河段的洲滩附近。蓄水后河床冲刷对弯道单一段的影响主要是边滩大幅冲刷；对分汊段影响一般来说是使洲体面积缩小、洲滩高程降低，进口分汊段和出口汇流段主流摆动；河道冲刷厚度最大部位纵向沿程有趋直态势；平均断面积和平均水深显著增大，平均宽深比明显变小；河床平均高程和深泓纵剖面显著降低使河道坡降具有上段变陡下段变缓之势。

三峡水库蓄水后，上荆江深泓线在平面上总体说没有太大的变化。深泓摆动主要集中在分汊河段，较为明显的几处变化有：关洲汊道进口主流左摆，但深泓仍在右汊；芦家河心滩左汊沙泓冲刷，深槽动力有所加大；三八滩右汊主泓不断左移；突起洲公安河弯出口段深泓线左摆；马家寨附近过渡段主泓摆幅相对较大。总之，三峡水库蓄水后，与上荆江弯曲型河道的平面形态相应，深泓贴河弯的态势基本没有变化。

（3）局部河势发生较大调整，河床愈发不稳定。三峡水库蓄水后，上荆江河势以沙市河段的变化最大，其中又以太平口心滩段至三八滩汊道段为著；枝江河段关洲汊道左汊发展，有主、支易位态势，芦家河心滩右汊（石泓）向右岸上百里洲滩岸冲刷拓宽；公安河段末端弯道、自杨家厂至祁家渊过渡段、直至郝穴河弯，主流冲刷都有偏离凹岸之势。三峡蓄水后上荆江河道宽深比虽然也明显减小，但在冲刷的同时河床内洲滩产生急剧的冲淤变化，河床呈现高度的不稳定性。

总体而言，上荆江在三峡水库蓄水后，虽然两岸因其地质条件和历年防护较稳定，但滩槽关系和洲滩变化的部位较多，河势变化较大并处于强烈的调整过程中，今后仍将随"清水"下泄持续的冲刷作用继续调整。蓄水后河道宽深比的减小，并不意味着河床稳定性有所增强，相反，在河床受到强烈冲刷下，平滩河槽内各种地貌正在发生剧烈的变化。可以认为，今后在"清水"下泄持续的条件下，只有在通过不断调整建立新的平衡形态之后，河床才能达到相对稳定。

3.2.2.2 典型河段河势变化分析

上荆江河段为含洲滩的弯曲型河道，这里以关洲分汊段为例分析分汊河道的演变规律。关洲分汊段属卵石夹砂河床的分汊型河段。

1. 河床冲淤变化

为研究三峡工程蓄水前后荆江关洲分汊段河床冲淤变化，采用 2002 年 10 月至 2016 年 11 月典型荆固断面资料分别计算了枯水、多年平均流量、平滩流量下（枝城 5000m³/s、14000m³/s、29000m³/s）整个汊道段的冲淤量及各典型断面的河相关系。

河床冲淤变化的计算结果（见表 3.8）表明，三峡水库 2003 年 6 月蓄水运用以来，受水库"清水"下泄影响，水库下游发生自上而下的沿程冲刷，荆江关洲分汊段位于荆江河段进口，受三峡水库下泄水流冲刷影响较早，2002 年 10 月至 2004 年 11 月，该河段平滩河槽冲刷泥沙 739.6 万 m³，随后至 2006 年 10 月冲刷有所减弱，累积有所淤积，2006 年 10 月以后，特别是 2008 年以来，受三峡水库进一步调蓄影响，该河段进一步冲刷。

表 3.8　　　　　　三峡水库蓄水运用后关洲分汊段（荆 3～董 2）河床冲淤情况　　　　单位：万 m³

时　　段	枯水河槽冲淤 (枝城 $Q=5000m^3/s$)	基本河槽冲淤 (枝城 $Q=14000m^3/s$)	平滩河槽冲淤 (枝城 $Q=29000m^3/s$)
2002 年 10 月—2004 年 11 月	−591.9	−748.7	−739.6
2004 年 11 月—2006 年 10 月	39.9	27.8	37.7
2006 年 10 月—2008 年 10 月	−762.4	−861.3	−723.1
2008 年 10 月—2011 年 11 月	−2638.3	−2779.9	−2973.5
2011 年 11 月—2016 年 11 月	−1499.5	−3221.5	−3344.3
2002 年 10 月—2016 年 11 月	−5452.2	−7583.6	−7742.8

注　"−"表示冲刷，"+"表示淤积。

从沿程冲刷分布来看，关洲分汊段沿程冲刷程度有所不同，且冲刷部位存在差异。分汊段进口，如荆 4 断面，2002 年 10 月至 2016 年 11 月整个断面呈冲刷发展的趋势，平滩面积由 2002 年 10 月的 10841m²，增加至 2016 年 11 月的 15326m²，平均冲深 1.9m，平滩河宽增加约 200m，断面宽深比呈现先减小、近几年基本稳定趋势。由于深槽部位河床基本有卵石出露，制约河床进一步冲深，该断面的冲刷主要以左侧高程 25m 以上滩体的冲刷展宽为主［图 3.3（a）］。

汊道段，如荆 6 断面，2002 年 10 月至 2016 年 11 月整个断面累积呈现冲刷的趋势，平滩面积累积增加近 1.2 倍，平均冲深 4.5m，平滩河宽也有所增大，断面宽深比呈现明显的减小趋势，由 2002 年 10 月的 8.62 减小到 2016 年 11 月的 4.97。关洲汊道段右汊历来是主航道，并且又是低、中水时期的主汊，但由于深槽部位河床基本以卵石为主，因此右汊在三峡水库蓄水运用初期以冲刷展宽为主，近几年冲淤幅度不大，汊道段目前以左汊的刷深并向右展宽为其主要表现形式［图 3.3（b）］。

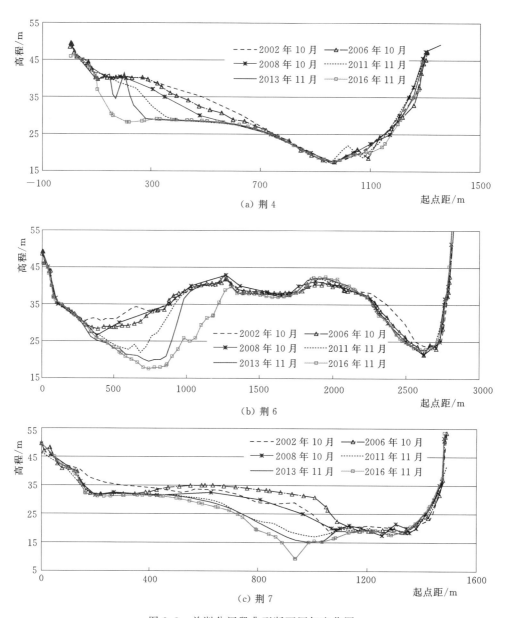

图 3.3 关洲分汊段典型断面历年变化图

汉道汇流段,如荆 7 断面,2002 年 10 月至 2016 年 11 月整个断面有冲有淤,累积呈现冲刷的趋势,且以 2006 年 10 月至 2016 年 11 月冲刷最为剧烈,平滩面积由 12109m² 增大至 19620m²,平均冲深 5.6m,平滩河宽累积变化不大,断面宽深比呈现明显的减小趋势,由 2006 年 10 月的 4.06 减小到 2016 年 11 月的 2.51。汇流段深槽冲刷幅度不大,槽体左侧低滩部分在 2006 年 10 月以前有所淤长、展宽,25m 高程线深槽被缩窄,随后该滩体基本呈现冲刷向左展宽的趋势,25m 高程线深槽向左大幅度扩展 [图 3.3(c)]。

2. 深泓变化

关洲分汊段深泓线基本呈以下走势:自枝城处居中偏右进入关洲分汊段的右汊,随后贴凹岸走关洲右汊下行，至松滋河口以上伍家口附近逐渐向左岸过渡，进入下游芦家河浅滩段。该河段深泓整体较为稳定少变（图3.4），仅在关洲分汊段的分流及汇流部位、出口过渡段等局部位置深泓线略有摆动，仙人洞附近2011年11月、2016年11月深泓线左摆幅度较大，关洲左汊河床冲淤带来的分汊段左右汊分流分沙变化是造成这一变化的主要原因。

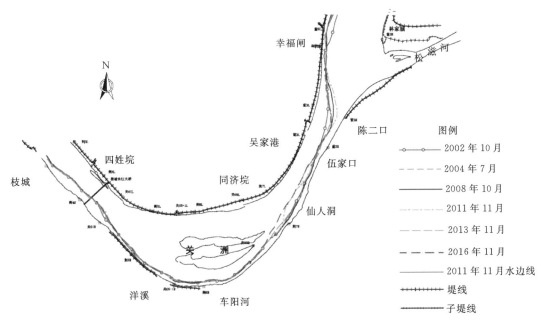

图 3.4　关洲分汊段深泓线历年变化图

3. 滩槽演变

三峡工程蓄水运用以来，低含沙量水流下泄，洲体整体有所萎缩变小，主要表现为洲体左、右缘及尾部冲刷崩退，2011年11月至2016年11月萎缩尤为严重，整个关洲左缘下段向右冲蚀最宽约550m，但洲头冲淤幅度不大。

关洲深槽主要分布在关洲分汊段的凹岸一带，上自枝城，下至松滋河河口，基本均间断分布有25m高程线深槽，关洲右汊2011年11月也有25m高程深槽出现。25m高程深槽年际变化情况显示，由于该河段主深槽基本为卵石河床，多年来冲淤幅度不大，见图3.3（a）和（b），深槽位置及槽形整体较为稳定，但近几年，受关洲左汊不断冲刷发展影响，再加上冲刷逐渐由河槽冲刷转向滩体冲刷，局部位置深槽变化幅度较大［图3.3（c）］，主要以展宽为主。2011年11月，上游枝城近岸25m与下游仙人洞—陈二口一带25m深槽均较2008年10月大幅度向左扩宽，2011年11月以来，这种深槽向左扩宽的趋势有所减缓。另外，陈二口附近深槽槽尾大幅度下延至松滋口附近，2016年11月该深槽较2002年10月累计下延近3070m。官洲分汊段35m高程线历年变化图见图3.5，25m高程线历年变化图见图3.6。

4. 河势变化趋势

近坝段卵石夹砂型分汊河段经过10多年的清水冲刷，左、右汊均发生较大规模的冲刷

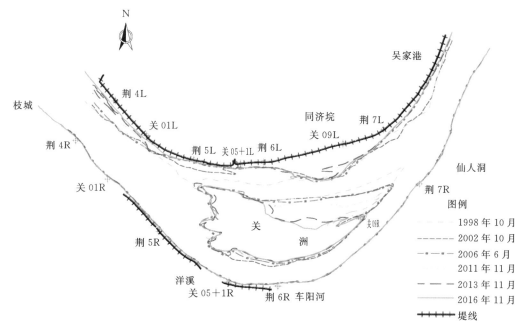

图 3.5　关洲分汊段 35m 高程线历年变化图

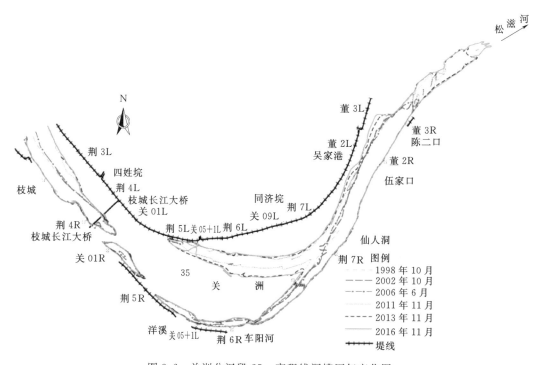

图 3.6　关洲分汊段 25m 高程线深槽历年变化图

下切，边滩局部略有冲淤变形，2015 年以来基本冲刷调整完毕，未出现明显主支汊移位的迹象，该类型河段河势格局基本稳定。随着三峡及上游梯级水库群联合运用，虽然该类型河段仍将在一定时期内继续遭受清水冲刷的影响，但由于河床受表层卵石夹砂的保护，且下泄径流量过程逐步坦化，出现大洪水的概率会大大降低，因此将有利于此类卵石夹砂型分汊河道的河势稳定。此外，三峡蓄水后上荆江枝江、沙市、公安河段平滩河宽变化不大，河床冲刷主要是枯水河槽的拓宽和冲深并以冲深为主，平滩河槽断面形态朝窄深方向发展。

3.2.3 下荆江河段（蜿蜒型河段）

以往不少研究中将上荆江与下荆江统称为弯曲型河道或蜿蜒型河道，或将上荆江称为微弯型而将下荆江称为弯曲型，但确切来说，下荆江属于蜿蜒型河道。下荆江除监利河段有乌龟洲为汊道段外，其他仍均为单一河道，河道平面摆幅较大。该河段可划分为 8 个曲率较大的河弯段（包括石首、调关、监利、荆江门、熊家洲、七弓岭、观音洲和捉鱼洲等河弯）、5 个顺直微弯段（包括古丈堤、北碾子湾、章华港至塔市驿、铺子湾至大马洲和盐船套等）。裁弯后下荆江已成为限制性的蜿蜒性河道，河弯段仍具有单向平面变化和增大河长的趋势，顺直微弯过渡段在裁弯后都保持了平面位置和尺度的相对稳定。至三峡工程蓄水前，局部个别河湾段平面形态特征虽有一定调整，但总的平面形态变化不大。三峡水库蓄水以来的河道演变情况如下。

3.2.3.1 近期河段演变特点

近期河段演变有以下 6 个特点：

（1）下荆江河床产生强烈冲刷，枯水河槽冲刷更为明显。三峡水库蓄水以来的 15 年内（2003—2017 年），下荆江平滩河槽河床冲刷总量为 4.25 亿 m³，年均冲刷量大于蓄水前下荆江的年均冲刷量，也大于裁弯后 21 年（1966—1987 年）的年均冲刷量。三峡水库蓄水后的冲刷是在下荆江系统裁弯已经对河床产生强烈冲刷之后进一步的冲刷。可见，三峡水库蓄水后水沙条件的变异对下荆江的影响之大。

根据三峡蓄水以来 2003—2014 年资料统计，下荆江河段河床枯水河槽冲刷量约占总冲刷量的 81%，枯水河槽以上的中洪水河床冲刷量约总冲刷量的 19%，可以看出，下荆江枯水河槽占的量远多于枯水位以上的中、洪水河槽河床的冲刷量。从冲淤量沿程分布来看，单位河长冲刷量石首河段大于监利河段。下荆江除了枯水河槽冲刷之外，平滩河宽与枯水位以上河槽面积增大，表明枯水位以上河槽也在拓宽。

（2）水流运动趋直特性对下荆江河床冲淤的影响。三峡水库蓄水后，下荆江河道无论弯曲过度的急弯段（如调关、七弓岭）、一般弯道段（如中洲子裁弯新河、荆江门、观音洲）、还是长微弯段（如芦席湾、五码口—塔市驿）、反向弯段之间的顺直过渡段（如中洲子—鹅公凸、铺子湾—天字一号）和同向弯段之间的顺直段（盐船套），水流都有趋直和顶冲下移之势，以致造成凸岸边滩的冲刷和凹岸河槽的淤积，以及微弯段和顺直段河槽的拓宽刷深。这是三峡水库蓄水后下荆江河道演变普遍的特征。

（3）弯道段刷滩、切滩和撇弯现象较为明显。水流运动趋直特性产生的刷滩、切滩和撇弯，一般都表现在凸岸边滩上半段（即上游侧）较大幅度的冲刷，即枯水、中水河槽向边滩一侧拓宽，而凹岸槽部产生淤积，形成依岸或傍岸的狭长边滩或小心江洲。其中，七弓岭急弯段的变化又有其特殊性，其边滩冲刷形式是由低滩上的倒套溯源冲刷发展，切割之后形成心滩并转化为江心洲，遂演变成双汊河道。此外，北碛子湾段也是由切滩形成了汊道。三峡水库蓄水后，北碛子湾凸岸边滩冲刷并受到来自上游水流顶冲下移的切割，于 2011 年形成 25m 江心洲及其右侧上段 20m 的冲槽，该汊道形成与七号岭弯道段溯源冲刷产生的边滩切割不同，北碛子湾段冲槽的形成有来自上游河势变化的持续效应。

（4）微弯段基本保持原平面形态，在河槽拓宽同时也有取直趋向。下荆江有两处典型的长微弯段，即大马洲段和五码口—塔市驿段，它们都是略向右岸凹进的较长微弯段，其凹岸地质条件好，河岸抗冲性强，又受到一定的护岸工程控制，平面形态长期较稳定。三峡水库蓄水后，凹岸岸线没有变化，深槽仍然贴凹岸分布，这是下荆江河道平面形态相对稳定的两个微弯段；由于中、枯水河槽受冲刷，深槽下端也有所延伸，消除了下游弯段进口处的浅滩，并与下游深槽相衔接。另一方面，20m 河槽拓宽，15m 深槽冲刷并延长，平面上都有一定的趋直之势。

（5）长顺直过渡段河床冲淤变化较为复杂。三峡水库蓄水后清水下泄枯水河槽的冲刷对顺直过渡段的影响是显著的：有的表现为随着中、枯水河槽拓宽，顺直过渡段和深槽也冲深拓宽（如中洲子—鹅公凸段）；有的表现为对深槽之间的浅滩直接冲刷，以致在浅滩部位形成深槽（如盐船套段），在中水河槽拓宽段形成心滩；还有的表现为心滩散乱的过渡段随着中、枯水河槽拓宽而淤积成完整的潜心滩（如大马洲段），其两侧为深槽，成为局部的分汊段。以上变化的共性是，中、枯水河槽的冲刷拓宽是前提，伴随这一冲刷拓宽的过程，形成了边滩乃至岸滩的冲刷、心滩的形成、深槽的冲深、拓宽，以及浅滩的冲刷成深槽（或淤积成心滩）。总之，下荆江河道内这类长顺直过渡段在三峡水库蓄水前冲淤演变就较为复杂，形态相对不稳定，蓄水后河床变化的空间相对较大，河床地貌形态转化的形式较多。

（6）有发生河漫滩的冲刷与切割现象。从金鱼沟以上左岸边滩成槽的过程来看，先是在上边滩内侧有 25m 槽，再是上、下边滩分别有 25m 槽和 30m 槽，最后在 2013 年上边滩 25m 槽连通，而下边滩内侧 30m 槽贯通，槽内还有 25m 的间断槽，这不能不认为是水流冲刷的结果，而且滩面淤积成 2 个江心洲也是水流冲槽淤滩的结果。这与陀阳树边滩成为江心洲有类似方面，即边滩滩面通过淤积转化为江心洲，不同之处在于，金鱼沟边滩内侧成槽是冲刷的过程，而陀阳树边滩形成江心洲以及向下延伸的沙嘴与倒套都是处于淤积的过程。此外，还有河漫滩相的支汊受到冲刷。监利河段乌龟洲左汊、倒口窑右小汊和熊家洲右小汊基本上都是由河漫滩相泥沙淤积的小支汊，在三峡水库蓄水后受到明显冲刷。

根据以上对三峡水库蓄水后清水下泄河床地貌的变化分析，可见来水来沙的变化（特别是含沙量的减小）对中、枯水河床地貌以至河漫滩地貌都产生了深刻的影响，下荆江河道中、枯水河槽总体上向相对顺直形态发展：弯道段普遍发生凸岸边滩冲刷切割、凹岸槽部撇弯淤积并新生依岸或傍岸的窄长心滩和小洲，中水河槽和枯水河槽变得相对趋直；长微弯段保持了相对稳定的深槽靠凹岸的微弯形态，向凸岸冲刷拓宽的同时也有趋直之势；顺直过渡段在拓宽和刷深的同时也冲刷浅滩，有的使上、下游深槽衔接较好，但有的顶冲下移则使上、下深槽趋于交错。中水、枯水河槽的平面形态都处于调整中，江心洲的支汊和河漫滩上的小支汊也产生了相应的冲刷。

3.2.3.2 典型段河势变化分析

下荆江为蜿蜒型河段，主要有曲率较大的河弯段（包括石首、调关、监利、荆江门、熊家洲、七弓岭、观音洲和捉鱼洲等河弯）和5个顺直微弯段（包括古丈堤、北碾子湾、章华港至塔市驿、铺子湾至大马洲和盐船套等）组成，这里以大马洲河段、调关河段及监利河段为例，分析顺直微弯型、单一弯曲型和弯曲分汊型河道的演变规律。

1. 大马洲河段（顺直微弯型）

以大马洲河段为例分析顺直微弯河道的演变规律。大马洲河段位于下荆江中部，上起顺尖村，下至集成，全长10.5km。

（1）冲淤变化规律。下面统计了大马洲河段枯水流量、多年平均流量及平滩流量下河床冲淤变化规律，统计结果见表3.9。可以看出，三峡工程蓄水运用以来，下荆江大马洲河段枯水流量、多年平均流量及平滩流量下河床整体均表现为冲刷，河床冲淤量分别为−1266.4万 m³、−1914.3万 m³、−2528.5万 m³，其中枯水河槽、低滩及高滩均表现为冲刷，且深槽和高滩冲刷量较为接近。从时间分布来看，下荆江大马洲河段整体表现为冲淤交替，其中，2002—2004年期间表现为微淤，2004—2006年表现为微冲，2006—2008年冲刷幅度较大，冲刷量达到1513.6万 m³，2008—2011年又表现为微淤，2013年以后，河段整体表现为冲刷。从不同流量条件下冲淤分布特点来看，不同年份间枯水河槽表现为冲淤交替，而低滩及高滩则始终表现为冲刷。

表 3.9　　　　　　　　三峡工程蓄水后大马洲河段冲淤量变化情况

时段	冲淤量/万 m³		
	枯水流量（$Q=5000\text{m}^3/\text{s}$）	多年平均流量（$Q=11400\text{m}^3/\text{s}$）	平滩流量（$Q=22000\text{m}^3/\text{s}$）
2002—2004 年	585.5	448.3	360.2
2004—2006 年	−135.4	−276.0	−441.4
2006—2008 年	−1218.2	−1432.0	−1513.6
2008—2011 年	228.5	163.6	138.8
2011—2013 年	−362.8	−463.2	−526.8
2013—2016 年	−363.9	−354.9	−545.7
2002—2016 年	−1266.4	−1914.3	−2528.5

注　"−"表示冲刷，"+"表示淤积（"+"常省略）。

（2）深泓线历年变化。对于少控制节点的顺直河段，上游进口深泓变化往往引起下游边滩、深泓等一连串的变化，进而引起河势的调整。三峡水库蓄水后，特别是乌龟洲相关航道整治工程实施以来，乌龟洲主支汊关系较为稳定，为大马洲河道提供了一个相对稳定的来流条件，2012年以来河道深泓平面位置较平顺，摆幅也变小，但过渡段深泓摆动依然较频繁，丙寅洲、大马洲边滩的变化也相对复杂，这些都为未来河势调整提供了不稳定的因素，同时也对航道条件产生不利影响。大马洲河段历年深泓线变化情况见图3.7。

（3）典型等高线变化。统计了2002—2016年不同等高线变化情况，以10m等高线代表深槽变化，20m等高线代表浅滩变化（见图3.8及图3.9）。由此可见，10m等高线变化主要集中在三个区域：①太和岭一带，深槽走向原先由沿左岸上下分布，到后来深槽中

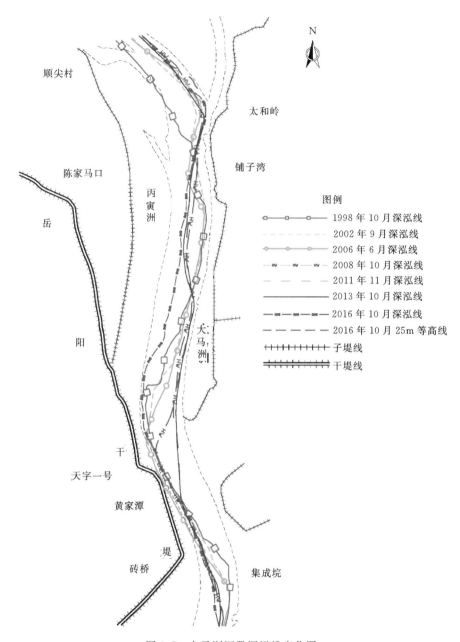

图 3.7　大马洲河段深泓线变化图

下部逐渐右偏，分析原因是左岸顶冲点逐年上提导致下游主流逐年偏右，冲刷河槽，造成河槽中下部右偏；②丙寅洲边滩对岸深槽近年消失，分析原因与丙寅洲冲刷，深泓右偏，深槽高程与水流不相适应，造成深槽淤积，河床向宽浅方向发展；③天字一号至砖桥烟右岸深槽淤积、面积减小，主要与近年来大马洲边滩冲刷，下游主流右岸顶冲点持续下移有关。20m 等高线变化主要集中在两个区域：①丙寅洲边滩，表现为等高线逐年向右移动；②大马洲边滩，表现为等高线逐年向左移动。

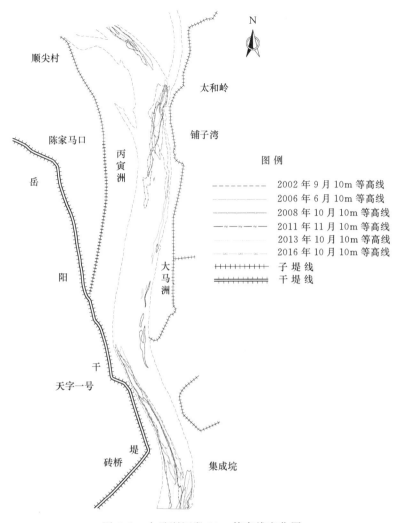

图 3.8　大马洲河段 10m 等高线变化图

（4）典型断面变化。为研究大马洲河段不同区段河道条件变化情况，统计了 1998—2016 年期间大马洲边滩典型断面高程变化情况（如图 3.10）。由图 3.10 可见：断面左侧边滩较 1998 年各年份均发生不同程度的冲刷，其中 2008—2016 年冲刷幅度最大；断面右侧深槽逐年淤积，最深点有逐年抬高，整个断面形态由偏 V 形向较为宽浅的 U 形转化。在枯水流量下水面宽、宽深比逐年增大，平均水深有减小的趋势。

（5）河道演变趋势。在大马洲河段进口来流不发生大变化的前提下，预计该河段滩槽变化将继续呈现滩冲槽淤的规律，河道沿程将发生不同程度的展宽，其中有边滩河段河宽增加大，无边滩河段河宽增加小，河道河床将向较宽浅的 U 形河道发展。同时由于汛后退水速度明显加快，可能导致本河段高滩崩塌，从而增加主流摆动的空间，不利于本河段河槽稳定。

由上述分析可知，坝下游顺直微弯河段在上游河势稳定的前提下，该类型的滩槽格局近期内将不会发生大的调整，但在清水冲刷下，该类型边滩与高滩将不可避免地发生冲

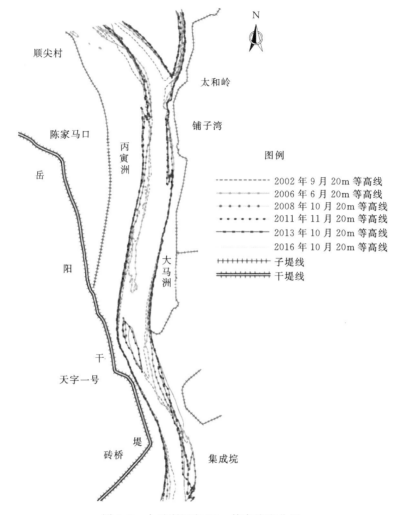

图 3.9 大马洲河段 20m 等高线变化图

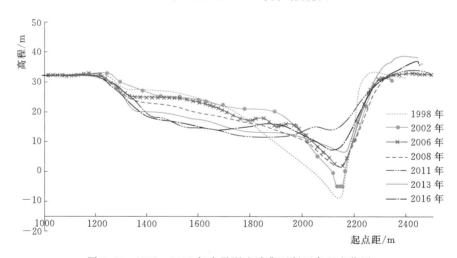

图 3.10 1998—2016 年大马洲边滩典型断面高程变化图

刷，同时边滩与高滩的冲刷导致部分泥沙淤积在深槽处，从而导致该类型断面形态由偏 V 形向较为宽浅的 U 形转化，从而对河槽产生不利的影响；在汛期，由于三峡及上游梯级水库的运用，在一定程度上大大降低大洪水发生的频率，这种情况有利于维持该类型河段河势稳定，但汛后退水过程明显加快，不利汛后退水期刷深航槽，同时也增加了边滩与高滩等崩塌的概率，一旦发生崩岸，导致大量泥沙堆积在河槽中，进一步加剧了主流摆动的空间，从而对河势稳定性产生一定不利的影响。因此在现阶段有必要抓住有利时机，对该类型河段边滩与高滩等进行守护，维护现有河势稳定。

2. 调关弯道段（弯曲型）

自然条件下弯曲河道的基本演变特点主要表现为：凹岸不断崩退和凸岸相应淤长，河弯在平面上不断发生位移并且随弯顶向下游蠕动而不断改变其平面形状，使得弯道曲折度不断加剧、河长增加，曲折系数也随之增大。当河弯发展成曲率半径很小的急弯后，遇到较大洪水，水流漫滩，便可发生裁弯、切滩或者撇弯等突变，从而引起上下游河势的剧烈调整。三峡工程蓄水运用后，受水库拦沙作用下荆江河道输沙量大幅减少，加之水库调节作用使下荆江河道中水期时长增加而洪水期时长相对减小。这两方面的变化已引起弯道河势发生新的调整。

（1）滩槽变化。随着上游河段来沙量大幅度减少，调关弯道凸岸洲头边滩汛后落水期泥沙淤积量不足以抵消洲头边滩泥沙冲刷量，该河段出现了较明显的冲刷调整现象，主要表现为，弯道凹岸淤积和凸岸边滩冲刷，在弯顶段河道展宽，对流速的横向分布也产生一定影响，由此引起部分泥沙在江心淤积成为潜洲，使原有的弯道单一深槽断面，逐渐发展成为双槽中间夹滩的断面结构。

（2）典型断面变化。调关弯道 2002—2016 年 15m 高程等高线变化情况见图 3.11，进口横断面 30m 高程变化情况见图 3.12。

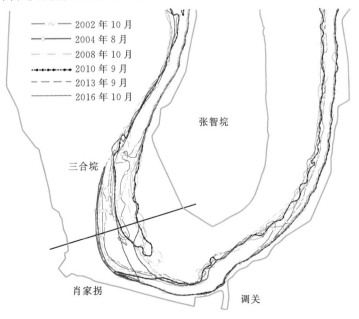

图 3.11 调关弯道等高线变化（黄海高程 15m）

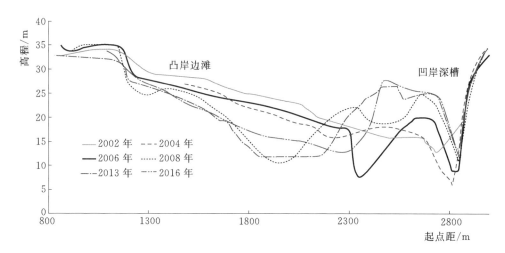

图 3.12　调关弯道进口横断面变化（黄海高程 30m）

由图 3.12 可见，近年来调关弯道凸岸边滩明显冲刷后退，弯道断面由 2002 年 10 月的偏 V 形，逐渐向双槽（凹岸一槽、凸岸一槽）的 W 形转化，断面最深点明显向凸岸偏移，心滩高程也逐渐抬高、面积相应增大；与此同时，凸岸边滩则逐渐冲刷后退，附近深槽逐渐刷深，断面在 2013 年 9 月形成稳定的 W 形双槽后，近期凸岸深槽仍继续发展扩大，凹岸深槽则持续淤积萎缩，目前调关弯道凸岸边滩附近的深槽已发展成为断面的主槽，断面形态相对三峡建库前已发生明显再造调整。

（3）深泓线变化。三峡建库后调关弯道深泓线摆动明显。三峡蓄水前（2002 年 9 月），调关弯道深泓沿凹岸下行，符合一般弯道水流运动规律；但自 2004 年 9 月开始主流逐渐向凸岸方向有偏移的趋势，至 2008 年 6 月偏移的幅度最为明显，此时与 2002 年相比主流向凸岸最大摆动达 730m；2008 年后主流向凸岸方向摆动的趋势有所减缓，其中 2016 年与 2008 年相比深泓线向凹岸回摆 245m。但总体来看，弯道内深泓平面上向凸岸摆动的趋势仍未改变，调关弯道深泓线变化如图 3.13 所示。

（4）河道演变趋势。三峡工程蓄水运用以来，长江中下游河道径流条件发生较大改变，其河道来沙量呈急剧减少的趋势，水沙条件的明显变化已引起坝下游河段河床的剧烈持续冲刷，河势也相应发生较大调整。水库调蓄后坝下游枯水期径流量明显增加，不利于弯曲河道水流"小水坐弯"，并使弯道主流长期偏于凸岸，引起凸岸边滩的大幅冲刷，这也是近期调关弯道发生"撤弯切滩"的主要原因之一；同时由于水库调蓄作用，进入坝下游河段大洪水的概率减小，这种变化有利于河道河势稳定，在一定程度上减少了弯曲河道自然裁弯的可能性。预计在近期水沙条件不发生大的变化前提下，随三峡及上游水库的陆续建成运用，调关弯道将长期处于冲刷段，河床仍呈单向冲刷下切趋势，弯顶段主流平面摆动仍将较大，弯道顶冲点也将相应下移，导致主流贴岸距离进一步下延，引起河道岸线的崩退，未来一段时期局部河势变化仍较为明显。因此现阶段有必要抓住有利时机，对该类弯曲河段未护的岸滩（特别是凸岸）进行守护，以维护现有河势的稳定。

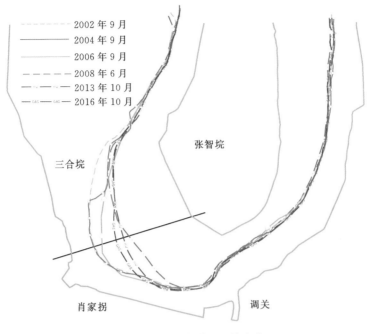

图 3.13 调关弯道深泓线变化

3. 监利河段（弯曲分汊型）

（1）河床冲淤变化。表 3.10 统计了枯水流量、多年平均流量及平滩流量下监利河段河床冲淤变化。

表 3.10　　　　　　　　三峡工程蓄水运用后监利河段冲淤量变化情况

时段	冲淤量/万 m³		
	枯水流量 （$Q=5000\text{m}^3/\text{s}$）	多年平均流量 （$Q=11400\text{m}^3/\text{s}$）	平滩流量 （$Q=22000\text{m}^3/\text{s}$）
2002—2004 年	−1632.2	−2143.7	−2323.2
2004—2006 年	107.0	−180.3	−586.2
2006—2008 年	596.4	1033.2	1105.0
2008—2011 年	−1303.7	−981.1	−944.4
2011—2016 年	−316.2	−289.9	−302.6
2002—2016 年	−2548.8	−2561.8	−3291.1

由表 3.10 可以看出，三峡工程蓄水运用以来，下荆江监利河段枯水流量、多年平均流量及平滩流量下河床均表现为冲刷，枯水河槽主要表现为冲刷，低滩及高滩表现为微冲，其冲刷幅度远不及枯水河槽。从时间分布来看，下荆江监利河段不同年份间表现为冲淤交替，其中 2002—2004 年期间冲刷量最大，2004—2006 年表现为冲滩淤槽，但幅度较小，2006—2008 年滩槽均表现为淤积，2008—2016 年又表现为冲槽淤滩。

（2）典型断面变化。1998—2016 年新河口典型断面变化情况如图 3.14 所示。自 1998 年起乌龟洲右缘逐年崩退，其中，1998—2002 年崩退较快，2004—2016 年速度有所放缓。

随着右缘崩退，过水面积、河宽也大幅增加，其中枯水流量下 1998—2004 年过水面积、河宽分别增加了 2500m² 和 450m，2006—2016 年过水面积、河宽逐渐减少，至 2016 年过水面积、河宽分别减少为 3833m² 和 885m；断面宽深比不同年份变化较大，其中 2002 年最大为 11.97，2011 年最小为 6.09。

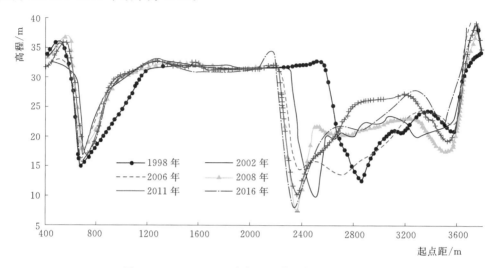

图 3.14 1998—2016 年新河口典型断面年变化图

（3）深泓线历年变化。由图 3.15 可看出，1998 年以来监利河段在西山至新河口深泓沿程走向没发生大的变化，主流贴右岸下行，河势基本稳定，乌龟洲洲头低滩冲散后，造成分汊口门过于放宽，使深泓在口门处摆幅较大，最大达 900m，并且由于口门放宽，引起枯水季节乌龟夹进口段滩型散乱，水流分散，易形成多槽争流的不利航道条件。随着洲头的崩退和来沙条件的改变，乌龟洲右缘也逐年崩退，右汊河宽大幅增加，使主流逐年左移，引起乌龟洲尾部主流顶冲点也逐年上移至太和岭，使乌龟夹出口太和岭一带受水流顶冲崩退，造成矶头崩塌切割，原护坡石崩塌后堆积于主流区，形成水下碍航物，危害航行安全。航道整治工程实施以后，监利河段深泓基本保持稳定。

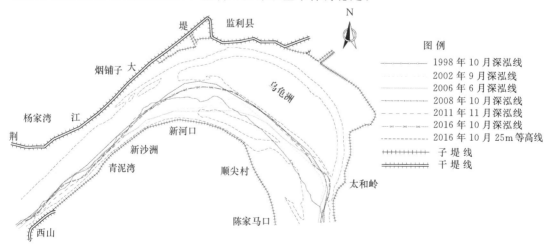

图 3.15 监利河段深泓变化图

（4）典型等高线变化。统计了 2002—2016 年不同等高线变化情况，以 15m 等高线代表深槽变化，20m 等高线代表浅滩变化，如图 3.16 所示。

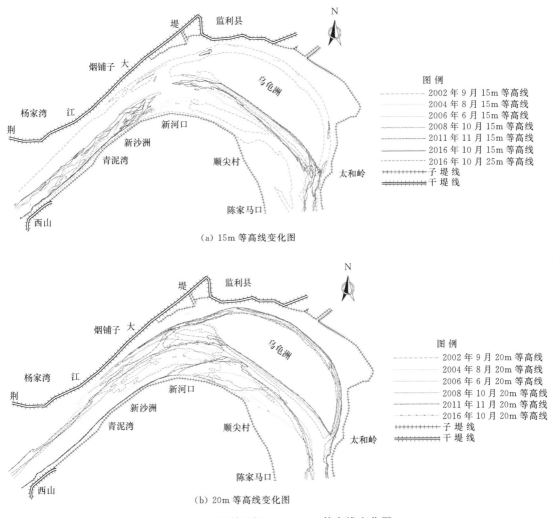

（a）15m 等高线变化图

（b）20m 等高线变化图

图 3.16　监利河段 15m、20m 等高线变化图

由图 3.16（a）可知，历年来 15m 深槽分布相对稳定，变化主要集中在以下三个位置：①水道进口西山至新河口一带，2002 年以来该段河势较稳定，深槽位置没有发生大的调整，只是随着河槽冲刷下切，深槽的长度及宽度均有所扩大；②乌龟洲右缘，2002 年以来随着乌龟洲右缘的大幅崩退，深槽逐年向左移动，历年来深槽均紧贴乌龟洲右缘；③水道出口乌龟洲尾部至太和岭一带，历年来深槽位置变化不大，但随着顶冲点逐年上移至太和岭，造成太和岭以下河段主流右偏，2002—2004 年深槽走向为沿太和岭向下直行，但从 2006 年开始深槽中下部逐渐右偏，至 2011 年走向逐渐变为深槽头部为左岸太和岭，尾部则在右岸。

由图 3.16（b）可知，20m 边滩主要有以下几个位置发生变化：①新河口凸岸周期性冲刷切割，并有零星心滩存在，2002 年新河口凸岸边滩面积较大，2004 年凸岸边滩大幅冲刷后退几近消失，随着乌龟洲洲头崩退，口门放宽，2006 年凸岸边滩有所淤积，并在口门形成零星的心滩，2008 年滩体减小，2011 年滩体面积又大幅增加；②乌龟洲右缘逐年崩退，其中中下段崩退幅度略大于中上段，2006 年以来右缘崩退速度有所减缓，但年均崩退速度也接近 30m/a。

（5）汊道分流分沙比变化。20 世纪 80 年代 4—9 月乌龟洲左右汊平均分流、分沙比分别为 79.4％和 82％，即左汊分流分沙比明显大于右汊，且左汊的分沙比大于分流比，这样有利于左汊淤积，右汊冲刷；20 世纪 90 年代初 3—9 月左右汊平均分流分沙比分别为 50.1％和 48.6％，左汊逐渐萎缩，右汊冲刷发育，左右汊分流分沙比逐渐演变成为比较接近的状态；2001—2008 年右汊已发展成为主汊，左汊相应已萎缩成支汊，这一时段左汊平均分流分沙比分别为 8.6％和 8.4％，明显小于多年平均值 25.8％和 27.6％，左汊分流分沙比变化范围分别为 2.0％～14.1％和 0.9％～13.3％。

由水沙分配关系可见，自 20 世纪 80 年代以来乌龟洲左汊逐渐萎缩，目前已相对稳定，总体来说左汊正处于缓慢萎缩阶段。

（6）河道演变趋势。沙质型弯曲分汊型河道受上游主流摆动影响而出现汊道周期性兴衰交替的特点，坝下游河段经过长期治理，该类型河段上游河势一般较为稳定，三峡水库下游，在清水长期冲刷下，主支汊均出现不同程度的冲刷状态，其中主汊冲刷幅度较大，而支汊冲刷幅度相对较小，由于江心洲一般实施护岸工程较少，因此洲头、洲尾及靠近主汊侧的边滩一般会处于冲刷崩退状态，但近期有关部门对该类型河段的江心洲洲头、洲尾及左右缘等均实施了大量的整治工程，在一定程度上稳定了江心洲，有利于该类型河段的河势稳定。随着三峡及上游梯级水库群联合运用，该类型河段将会长期遭受清水冲刷的影响，在上游河势稳定的前提下，预计该类型河道基本维持现有格局，但主支汊将会长期处于冲刷状态，无形中加大横比降，可能引起局部边滩或者高滩等发生不同程度的崩塌，对该类型已实施的整治工程可能造成一定的不利影响，需要抓住有利时机，对出现不利的局面进行提前加固处理。在汛期，由于水库拦洪削峰的作用，出现大洪水的概率将会大幅度的减少，也大大降低了大洪水对该类型河段的冲刷塑造作用，从而对稳定河势较为有利；在汛后蓄水期，由于三峡及上游梯级水库蓄水，导致汛后退水时间大大提前，退水过程加快，在一定程度上不利于河槽的冲刷。

3.2.4　城陵矶至汉口河段（分汊河段）

城陵矶至武汉河段历史演变阶段通过江心洲不断并岸、并洲形成了宽窄相间的分汊河道，继而又通过并岸、并洲过程形成了由节点分隔的平面形态基本有序的分汊河型亚类单元，即形成顺直型、弯曲型和鹅头型分汊河段。经过 20 世纪 60—80 年代实施护岸工程及 90 年代整治后的调整，至三峡工程蓄水之前，长江中游河道两岸基本稳定，大多数分汊河段平面形态总体相对稳定，河道进一步朝稳定性增强的方向发展。三峡工程蓄水以来该河段河道演变特点如下。

3.2.4.1　近期城陵矶至汉口河段演变特点

1. 来水来沙条件及河床冲淤变化分析

根据三峡工程蓄水前后螺山站和汉口站水沙系列资料（表 3.1），三峡工程蓄水后，平均年径流量有一定的减小。受三峡水库蓄水调节的影响，洪峰流量削减，中水历时延长，汛后蓄水导致长江中下游流量出现明显减小，枯水期水库补水使流量增加。洪水期径流总量占全年径流量比例有一定减小，枯水期径流总量占比增大。输沙方面，三峡工程蓄水初期，螺山、汉口站的平均年输沙量，洪、枯水期输沙量和平均含沙量，洪、枯水期含沙量均大幅度减小，这与上游入库泥沙数量减小有关，但主要是三峡水库拦沙的作用。随着上游干支流水库的兴建，今后三峡入库泥沙将进一步减少，进入城陵矶以下的泥沙也将相应减少。

三峡水库蓄水后，长江中下游由于输沙量和含沙量大幅度减小，不仅宜枝河段和荆江河段受到强烈的冲刷，城陵矶以下的分汊河道也发生了明显的冲刷。根据表 3.6 数据，从 2002 年至 2017 年平滩河槽河床冲刷了 3.92 亿 m³，期间 2002—2006 年、2006—2008 年和 2008—2017 年的冲刷量分别占 15.3%、0.5%（淤）和 85.2%。可见，最近一个时段冲刷量很大。从年均冲刷强度来看，城汉段为 9.8 万 m³/(km·a)，明显小于荆江河段 [20.2 万 m³/(km·a)] 和宜枝河段 [18.3 万 m³/(km·a)]。从不同时期冲淤部位来看，2002—2006 年（第一时段）是枯水河槽和枯水位以上河槽均有冲刷，但冲刷量均不大，2006—2011 年（第二时段）则为枯水河床冲刷，枯水位以上河床淤积，2011—2017 年（第三时段）则主要为枯水位河床显著冲刷、枯水位以上河床冲淤变化不大。

2. 各分汊河段河床演变特点

城汉河段汊道较多，三峡蓄水以来各分汊河段河床演变具有如下特点：

（1）原来具有并岸趋势的江心洲，其衰退的支汊虽然继续淤积但速率很小，可以认为实际上已基本并岸。如陆溪口河段和团风河段鹅头型左汊已经被"边缘化"了，基本上不参与该河段的演变过程；嘉鱼河段的护县洲继续处于并右岸的趋势。

（2）继续按其单向演变趋势而发展的双汊河段，如南阳洲汊道、天兴洲汊道等都继续呈左（支汊）衰右（支汊）兴趋势，沿袭了双汊河段单向变化的规律。

（3）洲头的心滩是双汊河段在进口段由横向水流冲刷切割而产生，是一个必然的现象。天兴洲汊道和戴家洲汊道洲头心滩和串沟通过整治已基本稳定；陆溪口河段新洲洲头虽然也进行了整治，但滩头较高部位又产生新的串沟可能形成新的切割。

（4）汊道受上游河势变化的影响产生的新变化值得注意，如嘉鱼河段上段白沙洲右汊的发展，下段嘉鱼心滩变成江心洲与其左、右汊的冲淤变化，武汉河段白沙洲洲头冲淤及其左汊与潜洲右汊之间过渡衔接的变化。

以上几个方面的变化都体现了原分汊河段演变的特性，遵循了江心洲并岸、江心洲横向平移周期性变化、双汊河道单向冲淤兴衰变化、洲头切割形成心滩以及受上游动力轴线变化影响等规律。然而，在河床内一些尺度较小、高程较低的地貌，如边滩、心滩、小江心洲等也出现一些新的变化，表现如下：①急弯段的边滩受到冲刷，如簰洲湾尾端急弯段的大咀边滩和牧鹅洲急弯段边滩因水流撤弯产生的冲刷；②切割边滩成为心滩或小江心洲，如土地洲外边滩受水流切割成为心滩，仙峰洲边滩冲淤交替，近期切割形成傍岸的小江心洲；③由边滩淤积成小江心洲，如儒溪边滩先由两个小心滩变为一个大心滩，然后形成小江心洲，如内槽冲深则将成为分汊段；④由长顺直段边滩发展成沙嘴和倒套，切割后成为长心滩。如铁板洲汊道以上左侧纱帽洲长边滩和人民洲汊道以下左侧的长边滩都有切割成为心滩之势；⑤单一段边滩切割成分汊段，如石码头至赤壁段由右边滩切割成心滩再形成小江心洲，邱家湾段则随河宽增大形成潜心滩。以上五个方面的洲滩冲淤变化，是否与三峡水库蓄水后"清水"下泄含沙量减小有关尚待进一步深入研究。尽管由于各江心洲的稳定性程度和各汊的冲淤发展态势不同，长江中下游各分汊河段表现出不同的稳定性。但由于城陵矶至汉口河段受两岸节点控制，加上经过半个多世纪的治理，河道两岸岸线基本稳定。

3.2.4.2　典型段河势变化分析

长江中下游城陵矶以下为分汊河道，与荆江河段相比，以鹅头型分汊河段较为典型。这里选择陆溪口分汊河道为例分析分汊河道的演变规律，该河段属沙质河床的鹅头型分汊河道。

1. 河势变化特征

自河段发展成为鹅头型分汊河段以来，经历了以下三个演变周期（以新洲窜沟出现为新一轮周期开端）：

（1）1957—1968 年（见图 3.17）。经过 1957—1959 年的冲刷发展，新中汊已基本形成，分流量逐年增加。而左汊分流量逐渐减小，老中汊继续走向衰亡。新中汊同样为微弯河段，受弯道环流的影响，汊道内横向输沙不平衡，汊道的左侧沙洲不断崩塌，深泓线随之向下摆动，在水位回落的过程中，上深槽冲刷下移，挟沙水流受右汊汇流的顶托，汊道

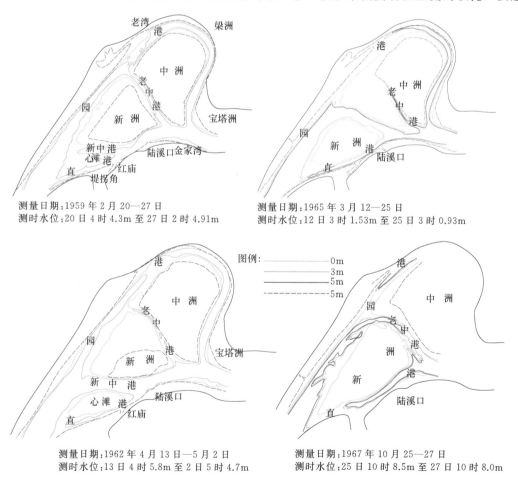

测量日期：1959 年 2 月 20—27 日
测时水位：20 日 4 时 4.3m 至 27 日 2 时 4.91m

测量日期：1965 年 3 月 12—25 日
测时水位：12 日 3 时 1.53m 至 25 日 3 时 0.93m

图例：
———— 0m
———— 3m
———— 5m
------ -5m

测量日期：1962 年 4 月 13 日—5 月 2 日
测时水位：13 日 4 时 5.8m 至 2 日 5 时 4.7m

测量日期：1967 年 10 月 25—27 日
测时水位：25 日 10 时 8.5m 至 27 日 10 时 8.0m

图 3.17　1957—1968 年陆溪口河段演变周期图

冲刷起的部分泥沙在新洲洲尾落淤，使新洲洲尾下移。

1965 年新中汊处于新洲中间位置，中枯水期，经赤壁山挑流后的主流自河中折回后，正好落在新中汊的口门附近，在当时的陆溪口四汊中，新中汊处于退水过程中主流所归的有利位置，而老中汊淤积变浅，走向衰亡，左汊凹岸崩退向东蠕动，弯道顶冲点下移。

1967 年新中汊出口下摆至老中汊的历史位置，至 1968 年新中汊已基本上回到了老中汊的故道，新淤的心洲也基本占据了新洲相应的平面位置。1968 年汛后新洲洲头又冲开了一条窜沟，以后演变为新的新中汊，新中汊、新洲又开始了新一轮的演变。

（2）1969—1983 年（见图 3.18）。1968 年新中汊基本形成后，经历几年的冲刷下移，1974—1975 年枯水期，新中汊运行至新洲的中部，1977 年新中汊的下口与老中汊重合，随着新中汊继续弯曲下摆，汊道进口下移。在 1979 年汛后，新中汊下段回归到老中汊故道，汇流区新旧两槽并存，枯季两槽的 3.0m 水深深槽线均不贯通，左汊进口淤塞，河床高程在 15.0m 以上。

1980 年 1 月枯期，新洲洲头部普遍刷低 1～2.0m，水流扩散，漫滩水流范围较大，

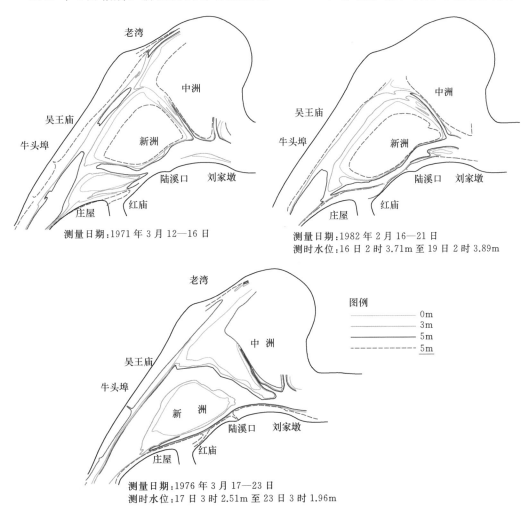

图 3.18 1968—1984 年陆溪口河段演变周期变化图

将滩头泥沙带入右汊深槽内，引起 1979—1980 年枯水期陆溪口河段碍航历时较长。1981 年 11 月陆溪口河段上游河势发生调整，界牌河段的主流走南门洲左汊（新堤夹河段），主流顶冲点由叶王家洲一带下移至胡家洲一带，过渡到赤壁山的下方，由于主流不再在赤壁山上游坐湾，矶头挑流作用有所减弱，高中水期进入右汊的流量相应增多，流速也随之增大，在这一期间内，右汊冲刷。受赤壁山地节点约束，右汊平面位置相对稳定。而中汊则因进流条件的恶化，汛期淤积，中枯水期冲刷量较小，趋向萎缩；左汊由于过渡弯曲，泄流不畅，年际间淤积量大于冲刷量，而汊道内因横向输沙不平衡，凹岸冲刷，凸岸淤积。在 1983 年汛后枯水期，在中洲的头部再次出现分流汊道，于是新洲头部再次出现新中汊，又形成了一个完整的演变周期。

（3）1983—2001 年（见图 3.19）。1984 年汛后，在 1983 年汛后形成的分流汊道（新中汊）南侧又冲刷形成了称之为新洲头汊道的一条分流深槽。新洲头汊道与新中汊之间隔一座近百米宽的心滩，这二汊道在陆溪口附近汇入右汊。1984 年汛后陆溪口水道呈现五汊（右汊、新洲头汊道、新中汊、中汊、左汊）并存的格局，主流走新洲头汊道。到 1986 年汛后，新洲头汊道与新中汊之间的心滩已冲刷消失，二汊合流。

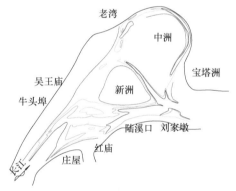

测量日期：1985 年 3 月 17 日—4 月 1 日
测时水位：17 日 3 时 7.19m 至 1 日 4 时 4.85m

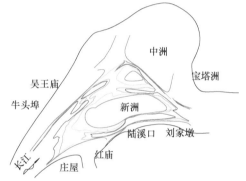

测量日期：1992 年 1 月 14—15 日
测时水位：14 日 1 时 2.86m 至 15 日 1 时 2.83m

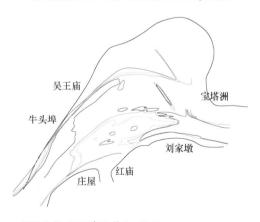

测量日期：1987 年 9 月 9—15 日
测量水位：9 日 9 时 12.45m 至 19 日 5 时 11.4m

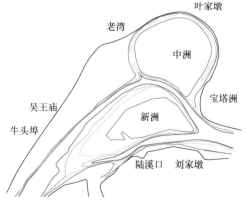

测量日期：2000 年 3 月 27—28 日
测时水位：27 日 3 时 3.07m 至 18 日 12 时 3.06m

图 3.19　1983—2001 年陆溪口河段演变周期图

1987 年汛后，陆溪口汊道进口段深泓北移，右汊出现淤积，新淤的新洲淤高增大。由新洲头汊道，新中汊合流形成的汊道的下口下移至中汊、左汊的汇流处，原新洲逐渐冲刷消失，主泓右侧新淤新洲逐年增大，并向左淤宽，主流继续向左发展。到 1995 年新中汊完全回到了中汊的故道。1995 年汛后至今，陆溪口河段形势较为稳定，没有出现主流切滩现象，主流稳定在中汊。左汊的弯道顶冲点下移，弯道进一步弯曲，在宝塔洲附近，左汊主流过渡到中洲方向，冲刷中洲尾部，引起左汊汇流点上移，1995 年至今上移约200m。中汊的平面位置逐年向东移动，1995 年以来，中汊向东移动近 500m，右汊也较为稳定。

2. 滩槽演变规律

1998—2016 年陆溪口河段洲滩（20m）变化情况见图 3.20。

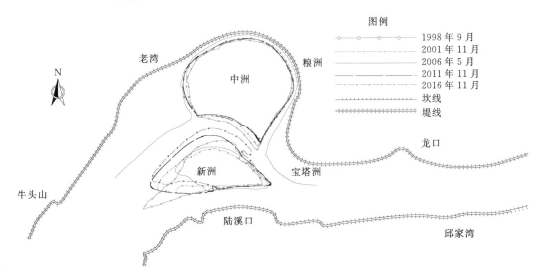

图 3.20　陆溪口河段洲滩（20m）变化示意图

"两洲三汊"情况下，中汊河道微弯，受弯道水流运动离心力影响，中汊左侧弯顶处中洲不断崩塌，泥沙输移至对岸和出口处，促使新洲向左岸和下游逐渐淤长；中汊弯曲半径逐渐减小，弯道阻力增加，适宜的条件下，漫滩横流冲刷新洲头部，形成窜沟，窜沟进一步刷深扩宽，新中汊形成，呈现"两洲四汊"的形态。

新中汊同样为微弯形态，受弯道水流运动离心力影响，左侧原新洲不断崩塌，深泓线随之向下摆动。在水位回落过程中，上深槽冲刷下窜，泥沙向下移动，下口受直港汇流的顶托，泥沙不能顺畅下泻形成下口浅区，也促使新洲洲尾逐步下移，直至新老中汊重合。随着新中汊的左下摆动，心滩也逐渐淤大形成新的新洲。深泓北移，新淤积的新洲淤高增大，新中汊下口下移至老中汊、左汊出口处后，原新洲逐渐消失，主泓右侧新淤新洲逐年增大，并向左淤宽，主流继续向左发展。中汊继续弯曲左摆，原新洲衰退为中汊弯顶处的心滩，水流分成两股汇入中汊下段，之后中汊中段分汊消失，新老中汊完全重合，又呈现"两洲四汊"的平面形态。

3. 断面形态变化

本研究项目统计了陆溪口河段典型断面的年际变化（断面具体位置如图 3.21 所示），

各断面形态特征如图 3.22 所示。

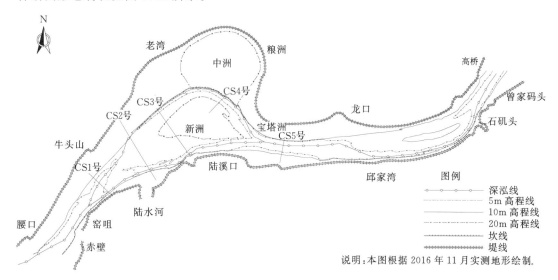

说明:本图根据 2016 年 11 月实测地形绘制。

图 3.21　陆溪口河段河势图

CS1 号断面位于陆溪口河段进口、赤壁山节点下游。断面呈 U 形,总体来说断面形态较为稳定,深泓高程稳定在 5m 左右。左右岸岸坡较稳定,无明显后退或淤进趋势。1998 年后左岸近岸河床略有淤积,累积淤积幅度为 8.5m。

CS2 号断面位于陆溪口河段新洲头部。断面内有新洲头部低滩将断面分为双槽,右槽深泓略低于左槽,但左槽过水面积较大。断面两岸岸坡无大的崩退趋势,低水河床冲淤变化明显:1998—2004 年滩面有明显冲刷趋势,高程累积降低约 10m;2004 年过后略有所回淤;右槽近年来逐年冲刷发展,深泓高程降低;断面过水面积逐渐增加;左槽河床冲淤交替,无趋势性变化。

CS3 号断面位于新洲中部。该断面有明显的左右两汊,右汊河床冲淤变化较小,深泓高程稳定在 −7m 左右;左汊河槽及新洲滩面年际冲淤幅度较大:1998 年后左汊深槽冲刷

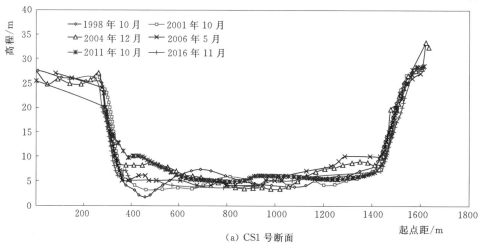

(a) CS1 号断面

图 3.22(一)　陆溪口河段典型横断面变化

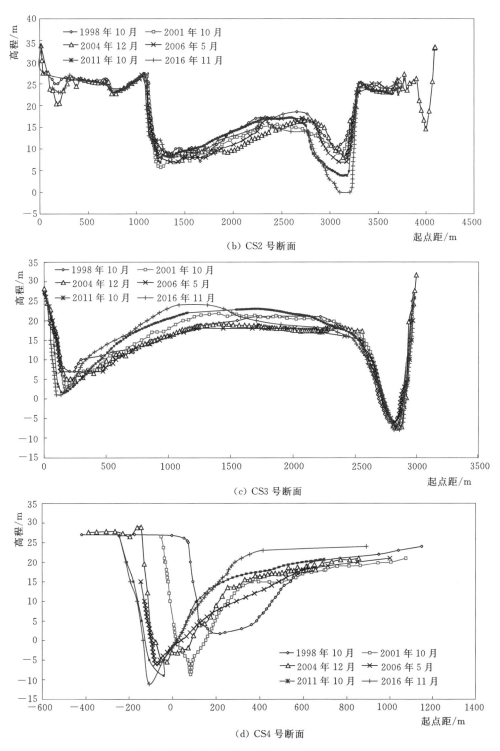

(b) CS2 号断面

(c) CS3 号断面

(d) CS4 号断面

图 3.22（二） 陆溪口河段典型横断面变化

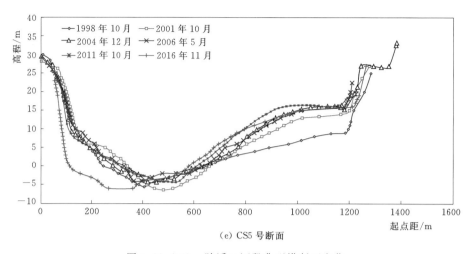

(e) CS5 号断面

图 3.22（三）　陆溪口河段典型横断面变化

降低，至 2016 年 11 月河床高程累积降低约 8m；新洲滩面高程约为 20m，近年来滩体右缘有所冲刷降低，左侧略有淤积抬升。

CS4 号断面位于中汊弯顶下游。该断面呈偏 V 形，深槽贴左岸。1998 年至今深槽有明显的逐年左移趋势，至 2016 年累积左移约 310m；在平面位置左移的过程中，河槽高程有所冲刷，断面窄深化发展。1998—2016 年深槽高程降低 12.8m。

CS5 号断面位于汊道汇流区茅草岭附近。该断面为单一河槽，河床冲淤变化主要集中在右侧水下岸坡处：1998 年后右侧水下河床呈逐年淤积抬高的趋势，至 2016 年 11 月河床高程累积抬升约 10m；左侧岸坡自 2001 年后略有后退趋势，至 2016 年 20m 等高线后退近 60m；且左侧近岸河床 2001 年后冲刷下切明显，至 2016 年 11 月高程最大降低 11m。

4. 河道演变趋势

坝下游河段经过长期治理，该类型河段上游河势一般较为稳定，三峡水库下游，在清水长期冲刷下，该类型河段左、中、右三汊均出现不同程度的冲刷下切，局部边滩出现不同程度的崩塌，受已建护岸与航道整治工程等影响，该类型河段河势格局将维持目前的特征，在同一水文年的不同时期，上游河势通过调整进口主流走向改变节点挑流作用，从而对下游汊道的演变产生影响。一般在中大水流情况下，在上游节点挑流作用下主流走中汊；而在中小水流条件下，节点挑流作用减弱，主流坐弯走右汊道。随着三峡及上游梯级水库群联合运用，该类型河段也将会长期遭受清水冲刷的影响，在上游河势稳定与径流过程未发生较大调整的前提下，预计该类型河道也基本维持现有格局，但由于在清水冲刷下，可能引起局部洲滩与边滩崩塌，导致汊道河势不稳，因此需在出现不利的迹象状况时，提前进行工程加固与实施护岸工程等。

3.2.5　小结

本节首先分析了三峡工程运用以来坝下游河段宜枝河段、上荆江、下荆江及城汉河段近期演变特点，然后分别选择关洲分汊段（卵石夹砂河床的分汊型）、大马洲河段（顺直微弯型）、调关弯道段（弯曲型）、监利河段（砂质河床弯曲分汊型）、陆溪口河段（鹅头分汊型）等典型河段，探明了不同类型河道的河道演变规律，得到如下结论：

（1）坝下游顺直微弯河道冲淤演变规律。顺直微弯河道近期河势未发生大的调整，但受清水冲刷影响，河道两岸的交错边滩和心滩均发生明显的冲刷后退，部分泥沙在深槽落淤，部分河段呈现"滩冲槽淤"和中枯水时"水流流路取直"的现象，断面形态逐渐向宽浅型发展，为主流摆动提供充足的空间，导致在年内主流摆幅明显加大，对河势稳定性产生不利的影响。

（2）坝下游弯曲型河道冲淤演变规律。大部分弯曲型河道受上游顺直过渡段流路取直的影响，水流顶冲点逐渐上提，引起弯道进口附近主流逐渐趋近凸岸，凸岸边滩逐渐冲刷崩退，河道展宽，原凹岸深槽逐渐淤积，凸岸附近逐渐冲刷成槽，部分弯顶处河道断面形态由偏 V 形向 W 形转化，"单深槽逐渐向双深槽调整"。对于曲率较大的弯曲河道，其调整是由上至下逐渐发展的，即所谓的"一弯变，弯弯变"，而弯道与弯道之间的顺直过渡段起到水流（主流）传导作用，对相邻弯道间的变化起到至关重要的作用。

（3）卵石夹砂型分汊河道冲淤演变规律。对于卵石夹砂型分汊河道，经过三峡工程蓄水以来 10 余年的清水冲刷，目前主支汊基本冲刷调整完毕，主支汊格局基本稳定，随着三峡及上游控制性水库的联合运用，该类型河道仍将会长期遭受清水冲刷的影响，但由于该类型河床受表层卵石夹砂的保护，且下泄径流量过程将会进一步坦化，大洪水出现的概率大大降低，预计卵石夹砂型分汊河道仍将保持河势稳定，主支汊格局不会大幅调整。

（4）沙质型弯曲分汊型河道冲淤演变规律。沙质型弯曲分汊型河道由于抗冲性较差，受清水冲刷作用的影响，主支汊均以冲刷下切发展为主，且分汊段往往出现"汊道冲刷发展，凸岸边滩崩退、凹岸汊道淤积"的现象。但由于上游水库调蓄作用，出现大洪水的概率将会大幅度减少，也大大降低了大洪水对该类型河道的冲刷塑造作用，对该类型河势稳定较为有利，预计沙质型弯曲分汊型河道仍将保持河势稳定，主支汊格局虽有一定调整，但难以出现主支汊易位的现象。

（5）鹅头分汊河型河道冲淤演变规律。坝下游河段经过长期治理，该类型河段上游河势一般较为稳定，在上游河势稳定与径流过程未发生较大调整的前提下，预计该类型河道也基本维持现有格局，但由于在清水冲刷下，可能引起局部洲滩与边滩崩塌，导致汊道河势不稳，因此需针对不利的现象，提前进行工程加固与实施护岸工程等。

3.3 重点河段滩槽冲淤特性对水沙变化的响应过程分析

3.3.1 沙市河段

3.3.1.1 河床冲淤变化分析

采用 2002 年 10 月至 2016 年 10 月的实测水道地形资料，采用地形法计算的沙市河段河床冲淤结果见表 3.11，其中平滩河槽计算水位为 38.52m。可以看出，沙市河段在三峡工程蓄水运用以来（2002 年 10 月至 2016 年 10 月）河床均表现为冲刷，累计冲刷 2.12

亿 m³，平均冲深 3.25m，年均冲刷 0.14 亿 m³，冲深 0.22m。另外，从各时段的河床冲刷幅度来看，冲刷主要集中在 2011 年 11 月至 2016 年 10 月这一时段内，冲刷幅度最大，该时段冲刷量占总河段（2002 年 10 月至 2016 年 10 月）冲刷量的 73.1%。

表 3.11　　　　　　　　　　　　沙市河段近期冲淤量分段统计表

河　段	时　段	冲淤量/亿 m³	冲淤厚/m
荆 25+1—荆 29 （长 16.9km）	2002 年 10 月—2004 年 7 月	−0.01	−0.06
	2004 年 7 月—2006 年 5 月	+0.02	+0.09
	2006 年 5 月—2008 年 10 月	−0.06	−0.28
	2008 年 10 月—2011 年 11 月	−0.03	−0.14
	2011 年 11 月—2013 年 11 月	−0.25	−1.19
	2013 年 11 月—2016 年 10 月	−0.37	−1.76
	2002 年 10 月—2016 年 10 月	−0.70	−3.33
荆 29—荆 52 （长 31.8km）	2002 年 10 月—2004 年 7 月	−0.13	−0.29
	2004 年 7 月—2006 年 5 月	+0.02	+0.04
	2006 年 5 月—2008 年 10 月	−0.30	−0.68
	2008 年 10 月—2011 年 11 月	−0.08	−0.18
	2011 年 11 月—2013 年 11 月	−0.31	−0.69
	2013 年 11 月—2016 年 10 月	−0.62	−1.38
	2002 年 10 月—2016 年 10 月	−1.42	−3.16

注　"−"表示冲刷，"+"表示淤积。

3.3.1.2　河道平面和深泓线变化分析

1. 平面（岸线、洲滩、边滩与深槽）变化

分析河段全长约 48km，河道内河弯处分布有江心洲，整个河段属微弯分汊型河道。下面主要分析沙市河段岸线、洲滩、边滩与深槽变化。

（1）岸线变化。该河段两岸水流顶冲的部位大都已实施了护岸工程，基本上抑制了河道两岸岸线的崩塌，多年来，河段内的岸线整体变化不大。但由于河道冲刷调整引起主流摆动以及弯道顶冲点上提或下移，近岸河床冲刷的部位发生变动，已护岸线局部岸段仍时有崩岸险情发生，沙市河岸线的变化如图 3.23 所示。

（2）太平口心滩变化。多年来，太平口心滩冲淤变化幅度比较大，但基本遵循"小滩相并呈大滩，大滩冲刷切割呈小滩"的变化规律。近几年来，由于边滩冲淤变化幅度较小，所以心滩尾部也相对较为稳定。三峡工程蓄水后太平口高程 30m 心滩呈现周期性淤长和冲退，滩顶高程则逐渐淤高；且右槽累积呈冲刷趋势，高程降低；左槽则冲淤交替，近年来呈冲刷变化的趋势。

（3）太平口边滩变化（见图 3.24）。自 20 世纪 50 年代以来，太平口边滩（30m 等高线）就一直存在并依附于沙市河段右岸的太平口—腊林洲一带，该边滩受太平口过渡段主流摆动及太平口心滩冲淤变化影响较大。三峡工程蓄水后，边滩中上段冲淤变幅较小；中段略有冲刷后退；滩尾冲淤变幅较大。

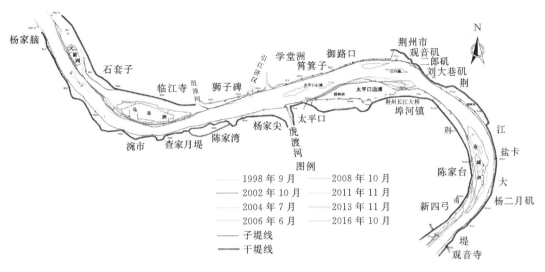

图 3.23　沙市河段岸线变化图

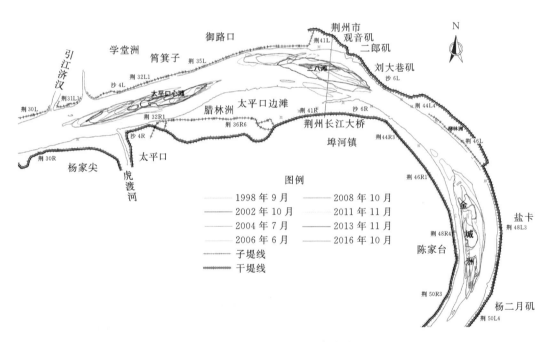

图 3.24　沙市河段洲滩历年变化图

（4）三八滩。三八滩与上游太平口边滩相互作用，此消彼长，从而对该汉道段深泓摆动产生一定的影响。三峡工程蓄水运用以来，三八滩先淤长后冲刷缩小，2002 年 7 月至 2004 年 7 月，新三八滩逐渐淤长增高。2004 年 7 月至 2013 年 11 月，新三八滩冲刷萎缩的较为严重，滩顶最大高程也有所刷低。2006 年 6 月在新三八滩右汉内又形成一个新的心滩，使荆州长江大桥附近水流流路成为三股，至 2008 年该心滩与太平口边滩合并，至 2016 年 10 月一直维持现有格局，见表 3.12。

表 3.12　三八滩 33m 等高线历年变化

时间	滩长/m	最大滩宽/m	面积/万 m²	滩顶最大高程/m
1998 年 9 月	1753	358	38.7	40.7
2000 年 4 月	2000	850	99.8	40.7
2002 年 7 月	1250	350	36.6	34.5
2002 年 10 月	2678	378	58.9	35.2
2003 年 10 月	564（上）1643（下）	280（上）570（下）	11.8（上）63.8（下）	34.2（上）36.8（下）
2004 年 2 月	546（上）1596（下）	230（上）477（下）	10.4（上）58.5（下）	34.2（上）37（下）
2004 年 7 月	2090	507	59.8	36.0
2005 年 11 月	2273	320	45.7	34.8
2006 年 6 月	2226	290	41.3	33.8
2008 年 10 月	541	75	2.24	33.7
2010 年 3 月	565	80	3.07	33.8
2011 年 11 月	669	97	3.90	34.3
2013 年 11 月	593	118	4.40	34.1
2016 年 10 月	485	66	2.42	33.5

（5）陈家湾 20m 高程深槽（见图 3.25）。陈家湾 20m 高程深槽在三峡工程蓄水运用以前，其规模还比较小。三峡工程蓄水运用后，低水河槽遭受冲刷，相邻的深槽逐渐贯通，呈现冲深刷长的趋势。

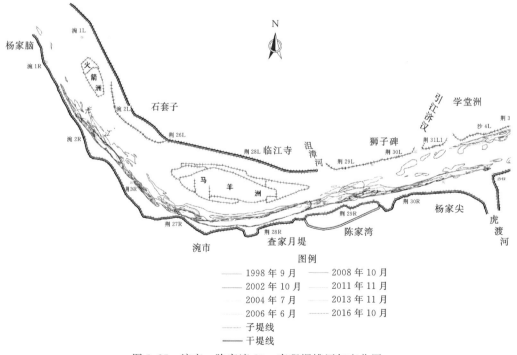

图 3.25　浣市、陈家湾 20m 高程深槽历年变化图

（6）腊林洲 20m 高程深槽（见图 3.26）。腊林洲 20m 高程深槽位于沙市河段太平口过渡段右槽的出口处，即目前太平口边滩滩首附近，1998 年大水后，腊林洲深槽处不断冲刷延长，且横向有所右移；2002 年 10 月过后，该深槽进一步刷深刷长，至 2013 年 11 月，20m 高程深槽在太平口心滩尾部断开，与三八滩右汊深槽形成两个独立的 20m 高程深槽。另外，该深槽横向上也有所展宽，并且呈现逐步冲刷靠岸的趋势。

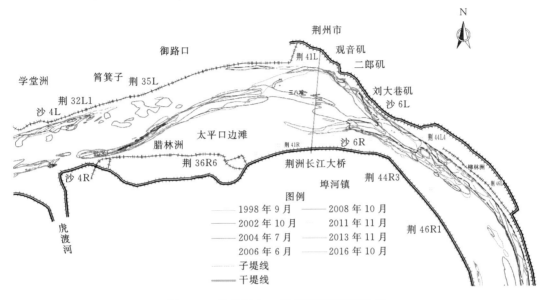

图 3.26　腊林洲 20m 高程深槽历年变化图

2. 深泓线变化

三峡工程蓄水运用以来，荆 29～沙 4 之间的过渡段上下段冲淤交替变化，太平口心滩左侧深泓左右摆动较大，2002 年 10 月至 2006 年 6 月深泓累积有所左摆，2006 年以后，至 2013 年 11 月，深泓又呈现左摆的趋势，2006 年 6 月至 2013 年 11 月，该段深泓累积最大左摆约 540m（荆 31）；沙 4～御路口之间的岸线在 2002 年 10 月至 2006 年 6 月期间累计稍有崩退，主流线也相应地有所左移，累积左移 150m（荆 36）；2006 年 6 月至 2010 年 3 月，深泓又有所右摆，累积最大右摆 400m（荆 36），至 2013 年 11 月，深泓再次左摆至 2006 年位置。受太平口心滩左槽累计冲刷影响，太平口心滩左槽深泓不断右摆，至 2013 年 11 月，太平口心滩左右槽深泓交汇于荆 37 附近，并在三八滩头部（荆 40 附近）深泓分南北两汊。右河槽深泓线平面位置相对较为稳定，太平口分流口附近略有摆动，但幅度不大；2002—2016 年荆 32 至荆 38 之间右槽深泓逐年右移，最大累计移约 210m；2002—2016 年荆 38 至三八滩头部之间右槽深泓逐年左摆，多年来累计最大摆幅约 400m，沙市河段深泓线历年变化如图 3.27 所示。

3.3.1.3　汊道分流分沙比变化

从近几年的实测资料（表 3.13）来看，1998 年、1999 年两年大洪水后至三峡工程蓄水前，太平口心滩左槽处于主导地位，其分流比为 55%～68%；其分沙比高达 67%～95%，左槽是泥沙输移的主要通道。

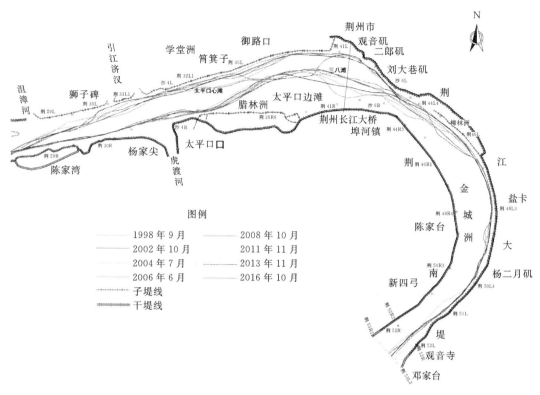

图 3.27　沙市河段深泓线历年变化图

表 3.13　　　　　　　太平口心滩左、右两槽年际分流分沙比变化

日　　期	流量/(m³/s)	分流比/%		分沙比/%	
		左槽	右槽	左槽	右槽
2001－02－18	4370	68	32	95	5
2002－01－20	4560	59	41	90	10
2003－03－02	3728	55	45	85	15
2003－05－28	10060	65	35	67	33
2003－08－25	19913	60	40	71	29
2003－10－10	14904	60	40	60	40
2003－12－12	5474	56	44	60	40
2004－01－26	4842	52	48	51	49
2004－11－18	10157	48	52	42	58
2005－11－25	8703	45	55	33	67
2006－09－18	10300	57	43	53	47
2007－03－16	4955	47	53	45	55
2007－09－10	19959	56	44		
2008－09－19	18974	53	47		
2009－02－19	6907	38	62		
2015－03－23	7400	39	61		

三峡工程蓄水后，同流量下左槽分流比有所减少，右槽相应增加，相比而言，中洪水左槽分流比减少较少，枯水期分流比减少较多。目前中洪水期主流仍在左槽，流量在20000 m³/s 左右，左槽的分流比约为 56%；枯水期分流比自 2004 年起，主流由左槽转移至右槽，且右槽枯水期分流比呈逐年增加的趋势。2009 年 2 月，右槽分流比高达 62%，2015 年 3 月，右槽分流比也维持在 60.8%。分流比的这一变化规律与左、右槽的地形变化是相适应的，一方面，虽然左槽在蓄水后变化不大，甚至局部还有所冲深，但是由于筲箕子边滩的存在，出口深泓纵剖面基本保持稳定，而右槽则逐渐冲深展宽，得到明显发展，所以中枯水情况下，右槽分流比明显增大；另一方面，由于近期滩槽形态的变化对洪水流路的影响有限，所有在较大的流量级下，左槽仍有一定的优势。2001—2007 年的统计资料显示，太平口心滩左、右槽分沙比的变化规律与分流比类似，三峡工程蓄水运用以来，左槽的分沙比呈现减少的趋势，相应的右槽的分沙比则有所增大，至 2007 年 3 月，右槽分沙比增大为 53%。

沙市河段三八滩分汊段 1991 年以前左汊发育，其分流分沙比明显大于右汊，自 1998年大洪水以后，左汊萎缩，右汊发育，由原来的支汊发展成为主汊；另外左汊的分沙比明显大于分流比，而右汊的分沙比却小于分流比，这样有利于左汊淤积，右汊冲刷。三峡工程蓄水后，三八滩汊道在沙市流量 5000～15000 m³/s 时左汊分流比基本稳定为 32%～46%，即左汊为支汊，右汊则为主汊；近 5 年来，左汊分流比基本稳定为 15%～22%，见表 3.14。

表 3.14   沙市三八滩汊道分流分沙变化

日 期	流量/(m³/s)	分流比/%		分沙比/%	
		北汊	南汊	北汊	南汊
2000 年 11 月 23 日	7256	48	52	46	54
2001 年 2 月 25 日	4350	43	57	69	31
2001 年 11 月 1 日	12600	30	70	40	60
2002 年 1 月 20 日	4560	35	65	29	71
2002 年 11 月 3 日	7469	28	72	34	66
2003 年 3 月 2 日	3728	27	73	59	41
2003 年 5 月 28 日	10060	42	58	41	59
2003 年 8 月 25 日	19913	56	44	66	34
2003 年 10 月 10 日	14904	36	64	34	66
2003 年 12 月 22 日	5474	34	66	44	56
2004 年 1 月 26 日	4842	32	68	44	56
2004 年 11 月 18 日	10159	35	65	31	69
2005 年 11 月 25 日	8789	45	55		
2007 年 3 月 16 日	4946	46	54		
2009 年 2 月 19 日	6954	43	57		
2010 年 3 月 4 日	6000	41	59		

日　期	流量/(m³/s)	分流比/%		分沙比/%	
		北汊	南汊	北汊	南汊
2011 年 2 月 16 日	5933	59.4	40.6		
2012 年 2 月	6233	67.8	32.2		
2013 年 2 月	6130	61	39		
2014 年 2 月	6200	36	64		
2014 年 12 月	7000	15.1	84.9		
2015 年 12 月	6650	15.1	84.9		
2016 年 11 月	8100	21.3	78.7		
2017 年 3 月	7300	21.7	78.3		
2018 年 7 月	33740	21.8	78.2		

3.3.1.4　水沙变化对滩槽冲淤特性影响及趋势分析

沙市河段为弯曲分汊型河段，由太平口过渡段、三八滩汊道段及金城洲汊道段组成，多年来该河段河势调整较为剧烈，主要表现为过渡段主流的摆动及三八滩、金城洲汊道段主、支汊的交替易位变化。三峡工程蓄水运用以来，太平口汊道段呈现"两槽一滩"的河势格局，左右两槽均有所冲刷发展，右槽冲刷较为严重，主泓目前稳定在右槽，随着右槽的不断冲刷发展，右槽太平口以下岸线逐年崩退。三八滩汊道段由于汊道不稳定，多年来主流摆动、洲滩消长、汊道兴衰较为频繁，枯水期左右航槽交替使用，随着三八滩洲头航道整治工程的进一步实施，三八滩洲头冲淤变化幅度较小，滩尾则大幅度冲刷上提，右汊深泓相应的有所左移，致使汇流点整体有所左移上提，右汊累积有所冲刷发展，枯季主航槽仍在左右汊之间交替变化。三峡工程蓄水运用以来，金城洲汊道段左汊为主汊的河势格局基本没有发生变化，左汊进一步冲刷下切，右汊河床呈现冲淤交替的格局，以微冲为主，金城洲面积基本变化不大。

随着本河段两岸护岸工程及航道整治工程的进一步实施，本河段总体河势不会发生大的变化，但随着三峡工程运行年限延长河床呈沿程逐步整体冲刷下切的趋势，深槽刷深拓展，过渡段主流整体会有所下移，过渡段间主流平面摆动将比较大，局部区域江心洲滩及汊道段变化仍将较为剧烈。预计沙市河段上段主流走向将依旧维持太平口心滩左右两槽并存、至荆 37 附近呈三八滩左右汊的河势格局，但深槽、洲滩位置与形态将会发生较大的变化。随着上游来水来沙及河势变化，太平口心滩目前左右双槽且右槽为主槽的河道形态逐步向双槽转变，右槽冲刷幅度逐渐减缓，但仍将继续维持右槽为主槽的格局；三八滩汊道呈现洲体右侧切割、右汊发展扩大，左汊进口淤积、出口淤积体逐年淤长，左汊逐年萎缩的趋势。沙市河段下段金城洲汊道段右汊窜沟仍将继续刷深扩宽，但左汊为主汊的河势格局基本不变。

3.3.1.5　小结

近几十年来，由于受下荆江裁弯、葛洲坝水利枢纽建成运用、1998 年大洪水以及三峡工程蓄水运用等因素的影响，沙市河段河床发生了不同程度的冲淤变化，随着河道内弯道凹岸及水流顶冲部位护岸工程的实施，河岸的抗冲能力得到增强，较大程度地抑制了近岸河床的横向发展，该河段总体河势没有发生大的改变，但局部河势调整仍较为剧烈，主要表现为过渡段主流的摆动、洲滩的消长及主支汊的兴衰交替变化等，以沙市河段三八滩汊道段河势调整尤为突出。

随着上游来水来沙及河势变化，沙市河段河势调整主要表现为过渡段主流的摆动及三八滩汊道段主支汊的变化。太平口汊道段将继续维持"两槽一滩"的河势格局，且右槽将持续冲深拓宽；三八滩滩头冲淤变化幅度较小，左汊将逐年淤积萎缩，左汊河床淤积抬高，分流逐年减小；金城洲汊道段右汊窜沟仍将继续刷深扩宽，但左汊为主汊的河势格局基本不变。

3.3.2 石首河段

3.3.2.1 河床冲淤变化分析

石首弯道进口放宽段右岸有藕池口分流，藕池口附近淤积形成天星洲，石首弯道放宽段分布有倒口窑心滩、藕池口心滩，弯顶左岸侧为向家洲边滩。

三峡水库蓄水运用前，该河段整体表现为淤积，冲刷淤积厚度变化较大处主要集中在弯道段，受人类活动影响以及上游来水来沙变化等影响，石首市近岸处不断淤积。基于地形法计算的石首河段高程 34m 以下河床冲淤量见表 3.15，1998 年 10 月至 2002 年 10 月，该河段总体淤积量 133 万 m^3，河床平均淤积厚度 0.03m；三峡水库蓄水运用后 2002—2016 年，受三峡水库清水下泄影响，该河段来沙大为减少，该河段整体表现为冲刷，河床整体冲刷量－5614 万 m^3，平均冲刷深度达－1.37m。河床冲淤方面，三峡蓄水运用以来，藕池口口门、陀阳树至古长堤一带淤积较明显。天星洲左缘、倒口窑心滩左缘、向家洲边滩头部冲刷较明显。

表 3.15 石首河段河床冲淤量表（其中平滩河槽计算水位取高程 34m）

河段范围	长度/km	时 段	冲淤量/万 m^3	平均冲淤厚度/m
新厂至北碾子湾	28	1998 年 10 月—2002 年 10 月	133	0.03
		2002 年 10 月—2008 年 10 月	－2481	－0.61
		2008 年 10 月—2012 年 10 月	－1875	－0.46
		2012 年 10 月—2016 年 10 月	－1258	－0.31
		2002 年 10 月—2016 年 10 月	－5614	－1.37

3.3.2.2 河道平面和深泓线变化分析

1. 平面（岸线、洲滩、边滩与深槽）变化

（1）岸线变化。石首河段两岸水流顶冲的部位大多已实施了护岸工程，护岸工程的实施，基本上抑制了河道两岸岸线的崩塌，多年来，河段内的岸线整体变化不大。但是，由于河道冲刷调整引起主流摆动以及弯道顶冲点上提或下移，近岸河床冲刷的部位发生变动，已护岸线局部岸段仍时有崩岸险情发生。该河段高程 30m 岸线近期变化图见图 3.28。

（2）滩槽变化。石首弯道段洲滩分布较多，自上而下有天星洲、倒口窑心滩、藕池口

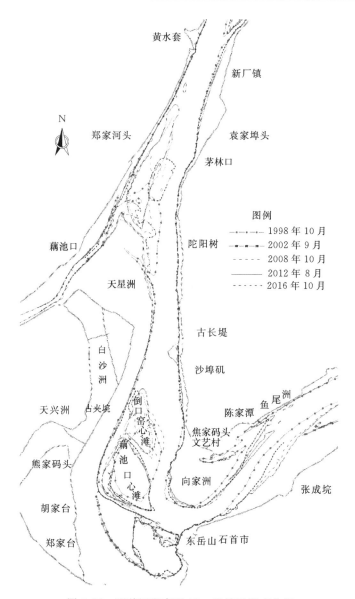

图 3.28　石首河段高程 30m 岸线近期变化图

心滩，以及陀阳树边滩、向家洲边滩等，深槽有北门口高程 0m 深槽、北碾子湾高程 10m 深槽等。各滩槽演变相互联系、相互影响，演变特点分述如下：

1）天星洲。天星洲位于石首河段进口藕池口口门附近。多年来在不同的水文条件下，天星洲洲体呈现受水流切割而出现心滩、心滩与原天星洲合并交替发展的演变特点。目前天星洲与洲头心滩独立开来，且位置相对较为稳定。20 世纪 90 年代以后天星洲心滩不断下移，至 1998 年 9 月，心滩并入天星洲形成一较大的淤积体，30m 高程线封闭藕池口口门，2002 年因天星洲头部边滩遭受水流切割，洲头高程 30m 边滩后退，其上游形成新的高程 30m 心滩，2002—2016 年心滩总体呈现淤长特点。

2）陀阳树边滩。陀阳树边滩位于石首河段进口左岸陀阳树至古丈堤一带，多年统计资料（图 3.29）显示，陀阳树边滩的总体演变规律为发育形成下移长大，再生成再下移再长大，这种周期性变化过程（陀阳树边滩周期性变化）对于顺直段的主流摆动有着非常重要的影响。2002—2016 年边滩总体淤长扩大明显。

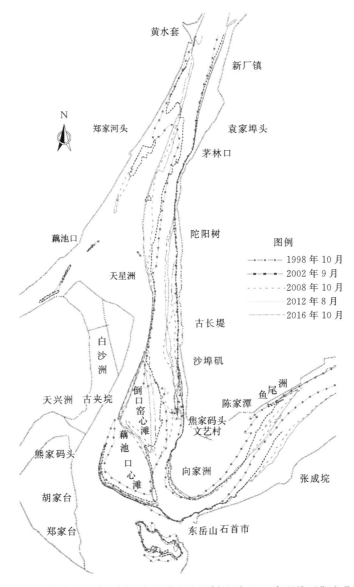

图 3.29　藕池口心滩、倒口窑心滩和陀阳树边滩 25m 高程线近期变化图

3）藕池口心滩和倒口窑心滩。藕池口心滩（新生滩）是随着石首河弯左岸崩岸、河道扩宽而形成的江心滩。此滩随着主流的摆动而发生消长变化，时为边滩，时为心滩。2002 年分成上、中、下三个心滩，2004 年上心滩下移与下心滩合并，致使藕池口心滩右汊进口口门淤积。随着心滩以上过渡段主流的不断下移，2006 年藕池口心滩头部冲刷后退，左汊江面扩大，淤积形成新的倒口窑心滩，从而形成目前石首河弯在枯水期呈现三汊分流的局面，2006—2016 年该藕池口心滩平面位置和形态变化不大，洲头有所冲刷后退，

见表 3.16。总体来看，三峡蓄水运用以来倒口窑心滩淤积抬高，特别是心滩上航道整治工程实施后，洲体变得较为完整。此外，在倒口窑心滩形成和发展过程中藕池口心滩左缘的滩头和中部逐年崩退。崩退幅度逐年减小，至 2016 年藕池口心滩左缘变化不大。

表 3.16　　　　　　　　　藕池口心滩滩体特征值近年变化（30m 高程以下）

时间	最大滩长/km	最大滩宽/km	面积/km²	滩顶高程/m
1998 年 10 月	3.2	1.67	3.8	34.3
2002 年 10 月	1.1(上)/1.1(中)/ 3.0(下)	0.37(上)/0.55(中)/ 1.3(下)	0.27(上)/0.36(中)/ 3.0(下)	34.9
2004 年 7 月	4.0	1.84	4.6	34.4
2006 年 6 月	3.74	1.72	3.6	34.8
2008 年 10 月	3.27	1.51	3.3	—
2011 年 11 月	3.07	1.86	3.6	35.1
2013 年 11 月	3.31	1.85	3.5	34.9
2016 年 10 月	3.07	1.84	3.4	34.9

2. 深泓线变化

石首河段 1998 年以来深泓线变化如图 3.30 所示，可以看出，该河段不同位置主流的变化特点不同。新厂至茅林口段主流贴左岸下行，陀阳树至古丈堤段主流呈两次过渡，在陀阳树深泓从左岸过渡到右岸天星洲滩体左侧，下行一定距离后又在古丈堤附近过渡到左岸一侧，不同年份，过渡段的顶冲点出现上提下移。其中茅林口至陀阳树段、沙埠矶至文艺村段历年深泓摆幅较大。

3.3.2.3　汊道分流分沙比变化分析

倒口窑心滩是于 2006 年藕池口心滩头部冲刷后退，左汊江面扩大，淤积形成新的滩体，从而形成目前石首河弯在枯水期呈现三汊分流的局面。2006 年以来，藕池口心滩平面位置和形态变化不大，左汊为主汊，表 3.17 统计了近年左汊汊道分流比。近年在倒口窑心滩上实施了航道整治工程，进一步稳固了倒口窑心滩左汊为主汊的河势格局。

表 3.17　　　　　　　　　　　　左汊汊道分流比统计

汊道名称	汊道类型	施测时间	全断面流量/(m³/s)	主汊分流比/%
倒口窑汊道	微弯分汊	2006 年 9 月	8580	98.4
		2009 年 3 月	6010	96.5

3.3.2.4　水沙变化对洲滩冲淤特性的影响及趋势分析

三峡水库下游长江中游河段水沙条件发生显著变化，上游来沙量大大减少。根据荆江河段水沙资料统计，三峡工程蓄水运用以来，石首河段上游沙市站年均径流量较蓄水前多年平均值均有所偏枯，减小幅度在 5% 左右；三峡水库蓄水以来沙市站的年均输沙量较蓄水之前大幅度减少，减小幅度达 80% 以上。三峡工程运用和上游来沙条件变化使得该河段进口含沙量急剧减少，河段处于冲刷状态，特别是边滩和心滩冲刷明显。但受年际来水来沙条件的影响，局部河段深泓摆动和冲淤变化较为明显。由于该河段实施了大量的航道

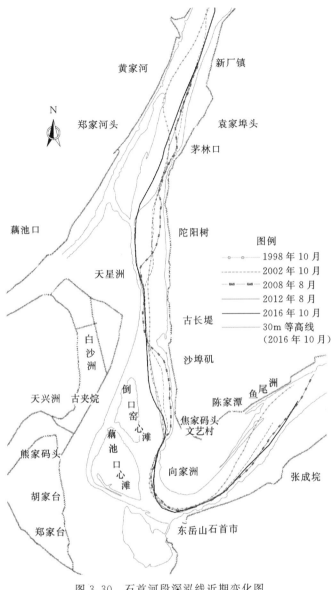

图 3.30　石首河段深泓线近期变化图

整治工程与护岸工程，河段河势总体比较稳定。

3.3.2.5　小结

近几十年来，由于受下荆江裁弯、葛洲坝水利枢纽建成运用、1998 年大洪水以及三峡工程蓄水运用等因素的影响，石首河段河床发生了不同程度的冲淤变化。石首河段多年来河床演变较为剧烈，河势不稳定，主要表现为洲滩冲淤消长交替变化及过渡段主流的频繁摆动。近年来，随着天星洲左缘持续崩退并向下游延伸，陀阳树—古丈堤过渡段主流左右摆动频繁，过渡段的顶冲点出现上提下移。古丈堤—向家洲段主流位于左侧下行，但因左汊较宽与冲淤变化较大，主流摆幅较大。三峡工程蓄水运用以来，向家洲持续崩退，深泓左移，石首河弯有发生"切滩撇弯"的趋势，北门口顶冲点部位变化不大，但下游贴流段明显增长，冲刷范围逐渐下延；鱼尾洲段随着北门口岸线的崩退，顶冲点大幅度下移，北碾子湾的顶冲点因北门口贴流段的延长而下移，导致北碾子湾岸线的不断崩退。

三峡水库建成运用以来，石首河段来沙量大幅度减小，河床发生了一定冲刷，特别是边滩和心滩冲刷明显。目前石首河段已建和在建了大量的航道整治工程与护岸工程，河岸的抗冲能力得到增强，较大程度地抑制了近岸河床的横向发展，总体河势没有发生大的改变，但局部河势调整仍较为剧烈。不同水文年的来水来沙条件变化，会导致过渡段主流的摆动、洲滩的消长等，但不至于引起整体河势发生重大变化。

3.3.3　熊家洲至城陵矶河段

3.3.3.1　河床冲淤变化分析

根据实测资料，2002—2016 年熊家洲至城陵矶河段河床冲淤量情况见表 3.18。从表 3.18 可知，三峡水库下游 2002—2016 年下荆江出口熊家洲至城陵矶河段主要表现为冲刷，累计冲刷 8642 万 m³，平均冲深 1.38m，而冲刷集中发生在三峡水库蓄水的前两年，即 2002—2004 年冲刷量达 3873 万 m³，平均冲深 0.62m，2004—2008 年冲刷量明显减小，2008 年后冲刷量又明显增大，其中 2008—2011 年冲刷量达 1958 万 m³，平均冲深 0.32m。

表 3.18　　　　三峡工程蓄水运用初期熊家洲至城陵矶河段河床冲淤量变化

河段	距离/km	2002—2004 年		2004—2006 年		2006—2008 年		2008—2011 年		2011—2013 年		2013—2016 年		2002—2016 年	
		冲淤量/万 m³	平均冲深/m	冲淤量/万 m³	平均冲深/m	冲淤量/万 m³	平均冲深/m	冲淤量/万 m³	平均冲深/m	冲淤量/万 m³	平均冲深/m	冲淤量/万 m³	平均冲深/m	冲淤量/万 m³	平均冲深/m
荆江门河段 (利 5~J175)	12.3	45.1	0.03	−332.4	−0.24	−678.1	−0.50	−488.5	−0.37	314.4	0.24	−188.8	−0.14	−1328.3	−0.97
熊家洲河段 (J175~J179)	13.9	−671.7	−0.48	−500.7	−0.35	787.2	0.56	−913.3	−0.67	−234.3	−0.17	−553.2	−0.36	−2086.0	−1.35
七弓岭河段 (J179~J181)	17.0	−3024.1	−1.49	880.9	0.43	−166	−0.08	−920.3	−0.43	−208.9	−0.09	120.9	0.06	−3317.5	−1.75
观音洲河段 (J181~利 11)	12.9	−222.8	−0.15	−681.9	−0.46	−342.2	−0.23	364.5	0.26	−825.1	−0.55	−202.8	−0.14	−1910.3	−1.33
下荆江出口合计 (利 5~利 11)	56.1	−3873.5	−0.62	−634.1	−0.10	−399.1	−0.06	−1957.7	−0.32	−953.9	−0.13	−823.9	−0.13	−8642.2	−1.38

注　1. 计算条件为监利 11400m³/s，洞庭湖 8900m³/s 相应河段水位。
　　2. 表中"−"表示冲刷，"+"（省略）表示淤积。

3.3.3.2　河道平面和深泓线变化分析

1. 河道岸线变化

影响熊家洲至城陵矶河段河道岸线变化因素主要有该河段的平面形态、河道岸坡地质条件、护岸工程实施情况、来水来沙情况以及其上下游河段的河势变化等，见图 3.31。

2002 年以来八姓洲西侧 25m 岸线以冲刷为主，累积最大冲刷后退约 150m，东侧

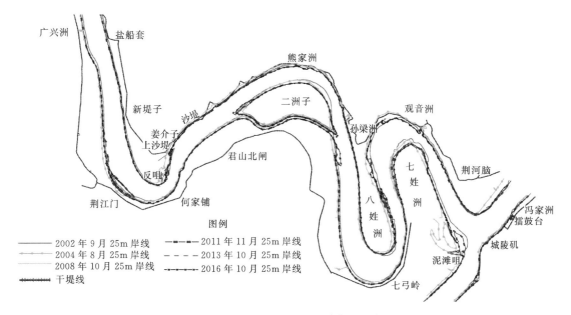

图 3.31　熊家洲至城陵矶河段河道典型岸线变化图

25m 岸线以淤积为主,累积最大淤长外延约 320m；七姓洲西侧 25m 岸线累积最大冲刷约为 220m；2002 年以来观音洲弯顶附近累积最大冲刷后退约 160m。对八姓洲狭颈最窄部位的统计表明,25m 岸线 2002—2008 年累积缩窄约 100m,2008—2016 年狭颈缩窄有所趋缓,但仍有缩窄发展的趋势。

2. 深泓线变化

熊家洲至城陵矶河段深泓线平面位置变化受下荆江河势控制工程的影响较明显,见图 3.32。2002 年汛后,主流由原贴八姓洲西侧近岸河床下行改变为自熊家洲下弯段的梁家门向对岸七弓岭弯道进口段过渡,并沿七弓岭弯道凹岸近岸河床下行,从而引起了七弓岭弯道顶冲点大幅度上提；熊家洲弯道—七弓岭弯道主流线平面位置基本格局一直维持到 2008 年 11 月。2008 年 12 月长江上游地区出现了历史罕见的冬汛,当时江湖汇流区水位较低,熊家洲至城陵矶段的出流受洞庭湖的顶托作用影响较小,在水位较高、相对较大水力比降、水流含沙量较少等多重因素的作用下,七弓岭弯道的八姓洲洲头出现了撇弯切滩现象,七弓岭弯道顶冲点由桩号 8+500 大幅度下移到桩号 10+500,由此引起了熊家洲、七弓岭两反向弯道间的过渡段主流线平面位置由右岸近岸河床摆动到左岸(八姓洲西侧)近岸河床。七弓岭弯道入口凸岸出现冲刷、弯道中上部形成左、右双槽平面形态。2010 年主流出熊家洲弯道后不再向右岸过渡,而直接贴八姓洲左岸狭颈西侧下行至七弓岭弯道,深泓线相对于 2008 年最大向左摆幅达到 1330m,七弓岭弯道主流顶冲点下移至弯顶中下段,下移约 4600m。七弓岭弯道上段右槽萎缩,左槽不断冲刷发育,弯道上段深泓与左槽贯通,发生了“撇弯切滩”现象。2011 年七弓岭弯道发生“撇弯切滩”的现象更加明显,弯顶附近深泓线相对于 2010 年最大向左摆幅达到 280m,七弓岭弯道主流顶冲点下移约 360m。2013 年以来,七弓岭弯道发生“撇弯切滩”的趋势逐渐减弱,主流顶冲点逐年上提,弯顶附近深泓线逐渐向弯道凹岸摆动。

83

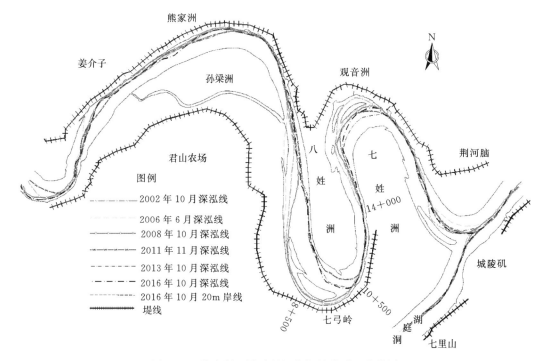

图 3.32   熊家洲至城陵矶河段深泓线平面变化图

受七弓岭弯道凹岸下段岸线崩塌和七弓岭弯道主流线平面变化的影响，七弓岭、观音洲两反向弯道间的过渡段和观音洲弯道段的主流线平面位置持续向下游摆动，观音洲弯道顶冲点逐渐下移。2006 年前主流出七弓岭弯道后，于桩号 14＋000 附近向左岸过渡，进入观音洲弯道后主流贴弯道凹岸下行；2006 年七弓岭弯道出口段深泓逐渐下挫；2006 年以后由于七弓岭弯道顶冲点下移，凹岸出口段主流贴岸距离下延，致使观音洲过渡段下移，七姓洲护岸段以下岸线持续崩退，其中 2008 年七弓岭凹岸出口主流贴岸段下延至桩号 16＋000 附近；至 2011 年主流出七弓岭弯道后直接贴七姓洲西侧下行至观音洲弯道，深泓线相对于 2008 年向右摆幅最大达到 250m，随着七姓洲狭颈左侧岸线持续崩退，观音洲弯道也开始发生"撇弯切滩"现象；2013 年观音洲弯道发生"撇弯切滩"的现象更加明显。2016 年观音洲弯道发生"撇弯切滩"的趋势有所减弱，弯顶附近深泓线逐渐向弯道凹岸摆动，主流顶冲点有所上提。

3.3.3.3   水沙变化对洲滩冲淤特性的影响及趋势分析

下荆江熊家洲至城陵矶段的洲滩自上而下有熊家洲、八姓洲、七姓洲。这些洲滩的变化与各自所在河弯岸线的变化和本河段水沙条件的变化密切相关，洲头或洲身淤长的方向与河弯岸线崩塌后退的方向始终保持一致，弯道凹岸护岸工程的兴建一定程度上抑制了洲头或洲身淤长变化。在水文年内，弯道段的主流线平面位置的变化具有"高水趋中走直、低水落弯贴岸"的特点，凸岸洲头边滩汛期涨水冲刷，汛后落水期淤积。由于三峡工程蓄水运用后，熊家洲至城陵矶段的来沙量大幅度减少，凸岸洲头边滩汛后落水期泥沙淤积量不足以抵消洲头边滩泥沙冲刷量，该河段出现了较明显的冲刷调整现象，主要表现为：二洲子左缘边滩上部冲刷、下部回淤，洲体平面形态变化不大；八姓洲和七姓洲的洲体西侧岸线出现了明显的崩塌，洲体东侧近岸河床出现了明显的回淤，八姓洲和七姓洲的洲头发生了"撇弯切滩"现象。

3.3.3.4 小结

长江中游熊家洲至城陵矶河段为典型的蜿蜒型河道，在弯道凹岸未被护岸工程控制以前，该段的河道演变特点主要表现为凹岸不断崩退、凸岸不断淤长、弯顶逐渐下移，该段河身向下游蠕动。三峡工程蓄水运用以来，径流条件发生变化，上游来沙量急剧减少（监利站年输沙量已由蓄水前的 3.58 亿 t 减少到 2017 年的 0.29 亿 t），水沙条件的变化引起该河段河槽冲刷，河势发生了较大调整。该段的河道演变特点主要表现为主流出熊家洲弯道后不再过渡到右岸而直接沿八姓洲西岸下行、七弓岭和观音洲弯道发生"撇弯切滩"，即弯道凹岸深槽上段淤积、下段冲刷并向下游方向延伸；凸岸边滩上游面冲刷、下游面回淤以及洲头切滩撇弯；弯道凹岸护岸段下游的未护岸地段岸线崩塌。

预计在近期水沙条件不发生较大变化的前提下，随三峡工程运行年限的增加，熊家洲至城陵矶河段总体处于持续冲刷阶段，河床呈沿程逐步整体冲刷下切的趋势，深槽有所刷深拓展，过渡段主流下挫，弯道顶冲点下移，主流贴岸距离下延，局部河段主流平面摆动明显，局部河势变化较剧烈，其中以七弓岭及观音洲弯道段河势变化较显著。随着三峡水库以及上游一系列控制性水库陆续蓄水运用，其对长江中下游的河势变化影响程度会愈来愈大，熊家洲至城陵矶河段的河势调整将更加剧烈，八姓洲岸线将持续崩退且崩退的速度会愈来愈快，将导致七弓岭弯道弯曲半径继续减小，水流条件恶化，主流顶冲七弓岭凹岸，严重威胁岸坡稳定。若遇特殊不利水文年，即长江干流下荆江河段遭遇大洪峰流量，而同时洞庭湖来流量较小时，洞庭湖对长江干流的顶托作用较小，下荆江出口段形成较大的水面比降，与此同时，下荆江出口段水位较高，使八姓洲及七姓洲漫滩并保持滩面一定水深，在较大水面比降和一定滩面水深的综合作用下漫滩流速明显增大，滩面冲刷致使有可能发生自然裁弯，进而引起上下游河势和江湖关系的巨大变化，给长江中下游的防洪、航运带来重大影响，给区域经济发展和人民生命财产带来重大损失。

3.3.4 武汉河段

3.3.4.1 河床冲淤变化分析

采用 1981 年 9 月至 2016 年 11 月年实测水道地形资料，用地形法计算武汉河段河床冲淤结果见表 3.19，其中平滩河槽计算水位为 20m。

三峡水库蓄水前武汉河段河床冲淤变化以 1998 年为分界，1998 年以前河段呈淤积状态，其中在 1981 年 9 月至 1998 年 9 月期间河段累计淤积约 6057 万 m³，河床平均淤高约 0.49m。1998 年大洪水后，本河段呈冲刷趋势。三峡水库蓄水后，除 2010 年 6 月至 2011 年 10 月期间河床淤积外，其他时段河床均以冲刷为主，特别是 2011 年 10 月至 2016 年 11 月河床冲刷明显，累计冲刷约 13488 万 m³，河床平均冲刷下降约 1.1m。

表 3.19   武汉河段河床冲淤量表

河段范围	长度/km	时　　段	冲淤量/万 m³	平均冲淤厚度/m
武汉河段 （铁板洲至 阳逻）	70	1981 年 9 月—1993 年 9 月	2681	0.22
		1993 年 9 月—1998 年 9 月	3376	0.27
		1998 年 9 月—2001 年 9 月	−4534	−0.37
		2001 年 9 月—2008 年 10 月	−4266	−0.35
		2008 年 10 月—2010 年 6 月	−1525	−0.12
		2010 年 6 月—2011 年 10 月	11143	0.91
		2011 年 10 月—2014 年 2 月	−3810	−0.31
		2014 年 2 月—2016 年 5 月	−8208	−0.67
		2016 年 5 月—2016 年 11 月	−1470	−0.12
		2011 年 10 月—2016 年 11 月	−13488	−1.1
		2001 年 6 月—2016 年 11 月	−8136	−0.66

3.3.4.2　河道平面和深泓线变化分析

1. 武汉河段平面（洲滩、边滩与深槽）变化

武汉河段由于沿江两岸受节点控制与护岸工程的实施，自 20 世纪 30 年代至今河道平面外形基本稳定，沿江两岸岸线变化相对较小。下面主要分析武汉河段典型洲滩、边滩与深槽变化。

（1）杨泗矶潜洲。杨泗矶潜洲（10m 等高线）位于龙船矶至石咀之间放宽段的右侧，洲头低洲尾高，多年来，一直未露出水面。2009 年前该 10m 潜洲除 1998 年冲刷消失殆尽外，多年来冲淤交替变化，2009—2011 年明显冲刷变小甚至消失，2011—2016 年有所回淤，见图 3.33。

（2）白沙洲、潜洲变化。白沙洲、潜洲多年（1959—2016 年）来平面位置较稳定，其形态和洲顶高程随水文年不同表现为冲淤交替变化。2002 年 2 月至 2016 年 11 月白沙洲洲顶最大高程有所增大，但洲体（黄海 10m 高程）整体冲刷缩小明显。潜洲洲体长度和宽度有所增大，洲顶最大高程增大 3.2m，见表 3.20。

表 3.20   白沙洲、潜洲多年变化的特征值

时间	白　沙　洲			潜　　洲		
	轴线长度 /m	最大宽度 /m	滩顶高程 /m	轴线长度 /m	最大宽度 /m	滩顶高程 /m
1959 年 3 月	4780	760	26.1	4900	680	12.1
1965 年 7 月	5375	750	23.8	3375	575	10.8
1976 年 6 月	6450	830	23.4	4000	650	11.2
1986 年 9 月	7800	860	18.8	3540	1100	10.7
1993 年 9 月	7600	980	24.8	3600	950	10.8
1998 年 9 月	8100	1000	23.9	3850	970	10.8
2002 年 2 月	7000	900	24.9	3900	480	9.5

时间	白 沙 洲			潜 洲		
	轴线长度/m	最大宽度/m	滩顶高程/m	轴线长度/m	最大宽度/m	滩顶高程/m
2002 年 8 月	6900	750	22.7	3540	600	9.9
2004 年 7 月	6500	790	25.5	3640	760	11.4
2005 年 3 月	5440	710	25.3	4050	840	10.5
2006 年 4 月	5600	600	25.5	3810	970	10.6
2007 年 11 月	5490	700	25.1	3170	890	10.7
2008 年 10 月	5548	678	25.1	3515	716	10.1
2010 年 4 月	4830	680	25.5	3330	640	10.3
2011 年 10 月	4200	650	25.5	3730	820	11.0
2016 年 5 月	3630	440	25.5	3800	800	14.1
2016 年 11 月	3719	434	25.5	3622	685	12.7

注 白沙洲、潜洲分别以 10m 等高线和 8m 等高线范围比较（高程为黄海高程），洲顶高程指最大值。

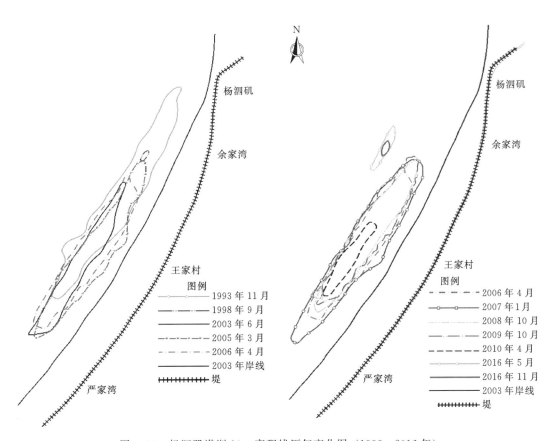

图 3.33 杨泗矶潜洲 10m 高程线历年变化图（1993—2016 年）

（3）荒五里边滩和汉阳边滩变化。从荒五里边滩 6m 等高线历年变化图（见图 3.34）可知，荒五里边滩年际间变化幅度较大。2002—2016 年最大滩宽随来水来沙条件不断上提下移，其中 2011—2016 年边滩变化较小。荒五里边滩年内变化为枯季上游东风闸至老关一带近岸淤积，汛前随流量、水位增大，泥沙逐渐下移至荒五里边滩附近，汛期荒五里边滩淤积，汛后边滩冲刷，次年又重复此过程。

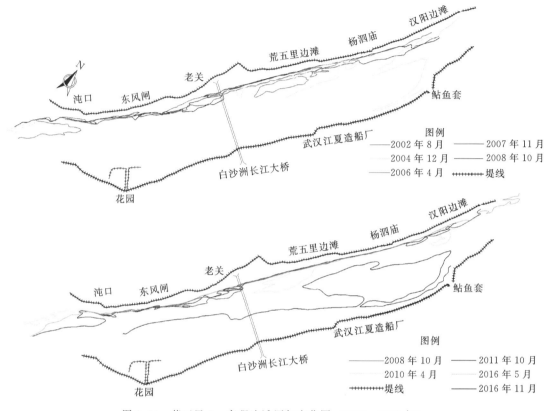

图 3.34 荒五里 6m 高程边滩历年变化图（2002—2016 年）

汉阳边滩（6m 高程等高线）年际间变化幅度较大，1998 年 9 月至 2004 年 12 月 6m 高程边滩最大宽度展宽约 200m，2004 年至 2016 年 11 月 6m 高程边滩最大宽度展宽约 500m，累积有所冲刷后退（见图 3.35）。汉阳边滩年内变化过程与荒五里边滩相反，一般枯季 1—2 月边滩淤长至最宽，汛前涨水期，边滩冲刷后退，汛期汉阳边滩冲刷至最窄，汛后开始回淤，至次年水位最低时又淤长最宽，此后往返循环。

2. 武汉河道深泓线变化

上段纱帽山至沌口河段为铁板洲顺直分汊河段。两岸节点间距较短，节点对河势的控制作用较强，两岸岸线基本无变化。深泓线整体而言平面摆动较小，仅局部随其所处位置的不同而发生变化。其中从金口镇至龙船矶的深泓线多年来较为稳定，仅铁板洲汇流区深泓线略有摆动，其汇流点也随水来沙条件的不同而发生上提下移。从龙船矶至上黄堤河段河宽较窄且变化不大，一般情况下，深泓线平面摆动较小。从上黄堤至石咀附近河道逐渐变宽，河岸边界对水流的约束作用减弱，导致深泓线左右有所摆动，2011—2016 年受杨泗矶潜洲冲刷影响，该段深泓线右移明显。因河道逐渐放宽、通顺河入汇以及何坡山附近边滩的冲淤变化等因素的影响，石咀至蛤蟆矶段深泓线逐渐由右岸过渡到左岸，在通顺

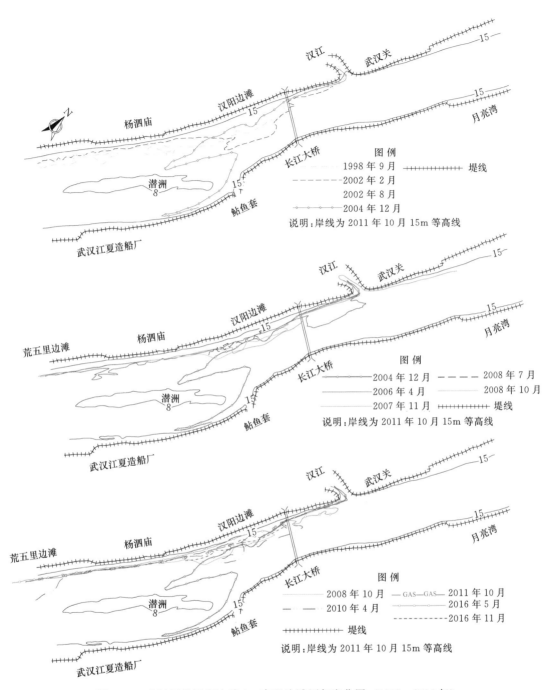

图 3.35 武汉河段汉阳边滩 6m 高程边滩历年变化图（1998—2016 年）

河出口附近，年际间深泓线左右有所摆动（见图 3.36）。

中段沌口至龟山河段为顺直分汊河段。多年来（1993—2016 年）深泓平面位置随白沙洲与潜洲左缘、荒五里边滩以及汉阳边滩的冲淤变化而有所摆动，其中潜洲左槽深泓线大水年变幅相对较大，中、枯水年变化较小。分流点 1993—2016 年变化情况为枯水年上

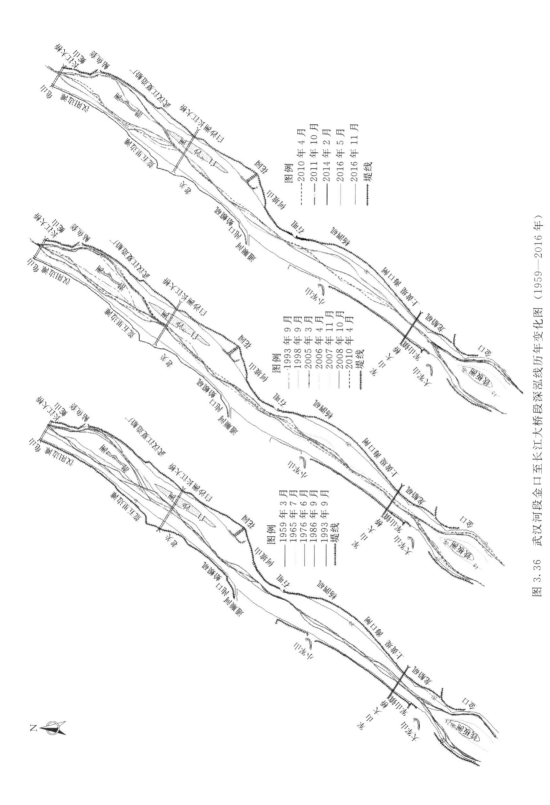

图 3.36　武汉河段金口至长江大桥段深泓线历年变化图（1959—2016 年）

提、丰水年下移。分流点年内变化为汛前上提、汛期下移、汛后还原。受龟山蛇山节点控制，中段出口汇流点上提下移变化较小（见图 3.36）。

下段龟山至阳逻河道逐渐放宽，天兴洲汊道分流区以上历年深泓偏靠右岸，平面摆幅较小，见图 3.37。

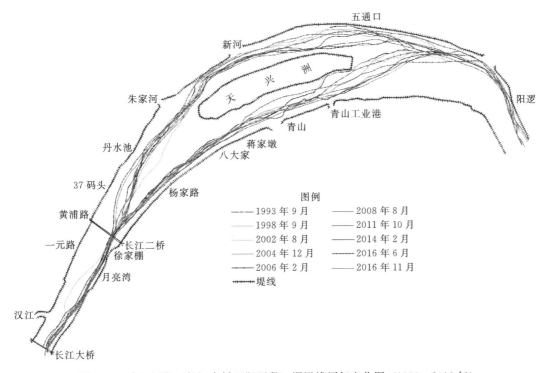

图 3.37　武汉河段（长江大桥至阳逻段）深泓线历年变化图（1993—2016 年）

3.3.4.3　汊道分流分沙比变化分析

根据 20 世纪 70 年代实测资料统计可看出，白沙洲左右汊分流分沙比相对稳定。右汊分流分沙比一般为 5%～15%，当流量大于 20000m³/s 时，右汊分流比基本稳定在 15% 左右，左汊约占 85%，随流量的增加，分流分沙比仍保持在 15% 左右，当流量减小时，右汊分流分沙比也随着减小，直至减到 5% 左右。2008 年 7 月 14 日流量为 26169m³/s 时，白沙洲左汊分流比为 89%。2008 年 11 月 27 日流量为 19920m³/s 时，白沙洲左汊分流比为 90.9%，左汊分沙比 95.5%。2009 年 12 月 31 日流量为 7430m³/s 时，白沙洲左汊分流比为 95%。与 20 世纪 70 年代实测资料相比，右汊分流分沙比略有减小，但仍在自然状态下的变化范围内。

20 世纪 50 年代天兴洲左汊为主汊，枯水期分流比约为 60%，分沙比约为 63%，此后随着上游河势的变化与天兴洲汊道自身的冲淤变化，左汊逐渐萎缩，分流分沙比减小，南汊逐渐发展，分流分沙比增大；20 世纪 60 年代末 70 年代初，右汊分流比已大于 50% 成为主汊，分沙比约为 50%。至 70 年代后期，当枯水流量小于 10000m³/s 时，分流比达 90% 以上，分沙比也在 85% 以上。20 世纪 80 年代中期至今，左汊枯水期小流量时已基本断流，但汛期分流比仍占 30% 以上。2009 年 6 月流量为 24800m³/s 时，左汊分流比为

19.4%，2008 年 10 月流量为 21200m³/s 时，左汊分沙比约为 11.1%。

3.3.4.4　水沙变化对洲滩冲淤特性影响及趋势分析

三峡水库建成后，特别是近几年汉口站含沙量减小明显，武汉河段河床发生一定冲刷，其中 2011—2016 年受杨泗矶潜洲冲刷影响，武汉河段上段杨泗矶潜洲长约 3km 范围深泓线右移明显。武汉河段沿江两岸受石咀和蛤蟆矶节点等多对节点的控制与护岸工程的兴建，目前铁板洲、白沙洲和天兴洲河段仍将维持分汊河型。随着河床冲刷，中枯水位降低，以及水沙过程的改变，预计武汉河段局部滩槽冲刷变幅较大但不至于引起整体河势发生重大变化。

同时，河势的变化还受到人类活动的影响，武汉市的发展需要维持稳定的河势，目前汉江入汇口位置已固定，加上沿江两岸的护岸、码头、港埠等工程，将河道平面摆动限制在很小的范围，所以武汉河段不太可能发生大的河势变化。

3.3.4.5　小结

从武汉河段近期演变情况来看，纱帽山至龟山河段主流平面摆动较小；由于沿岸有多处节点控制，两岸的崩岸险工段均已实施护岸工程，因此岸线基本稳定；铁板洲和白沙洲汊道分流分沙比相对稳定，没有单向变化的趋势，河势相对稳定，但荒五里、汉阳边滩及洲滩等仍将随不同水文年来水来沙条件的变化而有所冲淤变化；龟山至阳逻河段，汉口边滩已处于相对稳定，天兴洲汊道自 20 世纪 70 年代完成了主支汊交替转化后南汊成为主汊；20 世纪 70 年代后，天兴洲逐渐萎缩；洲头崩退，洲尾下延；北汊持续淤积；洲滩左缘延伸，右缘崩退。武汉河段多年来河床冲淤交替变化但近年冲刷明显，除局部断面形态变化较大外，其余断面形态基本无明显变化。

三峡水库建成后，来沙量大幅度减小，特别是主要参与边滩形态塑造的中细颗粒泥沙减幅达 70% 以上，河段内低矮滩体总体呈冲刷萎缩的趋势。武汉河段河床将发生一定冲刷，铁板洲、白沙洲和天兴洲河段仍将维持分汊河型，但荒五里、汉阳边滩及潜洲洲头等局部河段河势调整幅度较大。由于沿江两岸受节点控制与护岸工程的兴建，大大增强了河道的稳定性，随着河床冲刷，中枯水位降低，以及水沙过程的改变，预计武汉河段荒五里、汉阳边滩及潜洲等将发生相应的冲淤变化，可能引起局部河段河势不稳，但不至于引起整体河势发生重大变化。

第4章 冲刷条件下不同河型河道演变与治理思路研究

4.1 冲刷条件下沙质河床不同河型河道演变研究

三峡工程蓄水运用以来，长江中下游不同类型河道表现出相异的演变特征。为了深入研究冲刷条件下沙质河床不同河型河道演变的特性及治理思路，以长江中下游河段典型的分汊和弯曲河道为参考，采用概化模型试验研究不同类型河道的冲刷变化规律。考虑到弯曲河道复杂的三维水沙运动特性，弯曲河道模型在进行概化模型试验的同时，采用三维数学模型计算，以期更深入揭示弯曲河道的三维水沙运动特性，为冲刷条件下不同河型河道治理思路提供技术支撑。

4.1.1 概化模型设计

4.1.1.1 模型布置及量测

1. 参考河段的选择

分汊河型是长江中下游占绝对优势的河型，自上而下达二十余处。多数分汊段都有周期性主支汊易位的特点，洲滩也随之发生大幅冲淤调整。近年来，随着河势控制工程与航道整治工程的逐步实施，长江中下游各分汊河段的分流格局相对趋于稳定，但分流比均有不同程度的变化调整，少数分汊段的调整甚至十分剧烈。有的分汊段保持了分流格局的基本稳定，有的分汊段主汊发展、支汊萎缩，也有分汊段出现了主汊萎缩、支汊发展的现象（见图4.1），分流比的调整较为复杂。

对于主支汊地位差异明显的汊道，如天兴洲汊道、罗湖洲汊道、新洲汊道、棉船洲汊道，这一类汊道主汊的中枯水分流比在90%以上，主支汊格局较为明朗，有利于河势控制工程的实施、主航槽的选择及其他涉水工程的选址。但依然存在两汊分流比较为接近、主支汊格局不明显的汊道，如戴家洲汊道。新水沙条件的作用下该类型汊道的演变趋势是一个重点，同时也是一大难点。因此，概化模型试验选择两汊长度较为接近、主支汊格局不明显的戴家洲河段作为分汊河型的参考。

弯曲河型在荆江河段分布较为集中。三峡工程水库调蓄后坝下游枯水期径流量明显增加，不利于弯曲河道水流"小水坐弯"，并使弯道主流长期偏于凸岸，引起凸岸边滩的大幅冲刷。清水冲刷条件下，连续弯道与单一弯道的河床再造趋势基本相同，但在连续弯道情况下，不同曲率形态、不同初始条件的弯道的演变趋势依然存在差异。因此，本次概化模型试验选择下荆江熊家洲至城陵矶连续弯道段作为弯曲河型的参考。

2. 模型的布置

本项目分别以长江中游戴家洲河段及熊家洲至城陵矶河段作为分汊河型及弯曲河型平

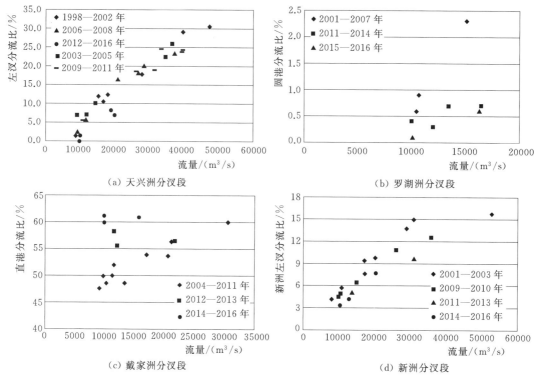

图 4.1　长江中下游典型汊道分流比变化图

面形态的参考，开展概化模型试验。分汊河道概化模型长 45m，宽 5m，河床比降 0.15‰。弯曲河道由三个反向弯道组成，长约 100m，宽约 5m，河床比降 0.13‰。模型进口段设有带花墙的前池和稳流栅，在试验段前设有约 3m 过渡段。分汊河道概化模型设有 10 个流速测量断面及 10 个水位测量点，弯曲河道概化模型设有 13 个流速测量断面及 11 个水位测量点。模型试验供水供沙系统组成包括：水流循环系统、流量调节设备、加沙循环系统、沉沙池，侧叶式可调尾门、量测设备和其他辅助设备。水流循环系统包括蓄水池、水泵、输水管道、回水渠道，加沙循环系统包括水泵、蓄水池、搅拌池、输沙管道、加沙泵。模型平面布置见图 4.2，模型实景见图 4.3。

4.1.1.2　模型沙的设计

依据《长江防洪模型项目初步设计报告》[1] 和《长江防洪模型选沙成果报告》[2]，模型沙选择长江科学院研制的新型复合塑料沙。新型复合模型沙具有质轻、性能稳定、成型好、颗粒形态接近天然泥沙等优点，其基本物理参数为：重率 $\gamma_s = 1.38\mathrm{t/m^3}$，干容重 $\gamma_0 = 0.65\mathrm{t/m^3}$。

河道中悬移质泥沙可分为床沙质与冲泻质两种，其中冲泻质基本不参加平滩以下河床的塑造，因此模型试验中暂不考虑冲泻质泥沙。综合考虑长江中游泥沙实测数据，本试验选取悬沙中值粒径为 0.117mm，床沙中值粒径 d_{50} 约为 0.19mm。

4.1.1.3　可动岸坡模拟技术

动岸模拟是动床模型试验中的一项关键技术难题，直接关系了河床横向变形的相似性

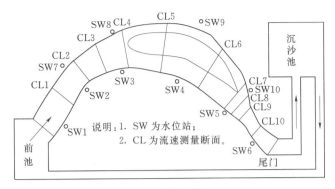

（a）分汊河道

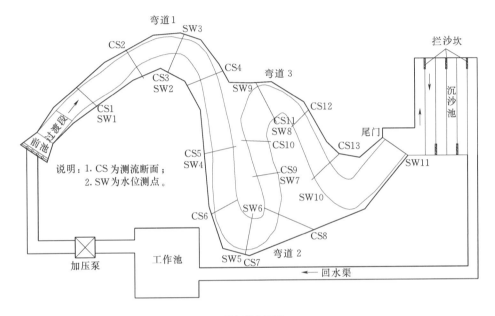

（b）弯曲河道

图 4.2 概化模型平面布置图

（a）分汊河道

（b）弯曲河道

图 4.3 模型实景图

及试验预测精度。目前我国的大江大河上游基本都建有（或在建）梯级水库群，这些水库群运用以后，受"清水"下泄影响，水库下游河段局部岸滩将发生不同程度的崩退现象，河道横向变化较大，进而对河道稳定产生较大影响，为在试验中考虑这种横向变形，并研究横向变形对河道的影响，需对部分横向变化较大河段布置可动的河岸边界。一般的冲积

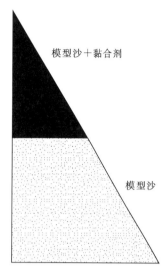

性河流河岸土质为二元相结构，上层为黏土和沙质黏土，下层为中细沙，沙层出露在中水位附近，个别地点有湖泊相沉积，出露在低水位附近。河工模型受试验场地和设备影响一般为缩尺模型，即原型按照比例缩小的制成模型，且由于一般的河道宽度与水深相差较大，河工模型一般为几何变态模型（即水平比尺与垂直比尺不一致）。在本次实验中需要模拟河岸的二元相结构时，下层中细沙层是可以根据模型相似理论来选择适当粒径的模型沙进行模拟的，而对上层黏性土层的模拟则存在困难，如用传统的模型沙材料往往在试验之初就已过早坍塌，无法达到试验效果。因此，为真实的模拟

图 4.4 河岸分层制模示意图

动岸边界变化，特别是河岸上层黏土的崩塌过程，试验考虑从增大模型沙水下休止角的观点出发，使用一定比例的固沙胶黏剂掺混到模型沙中充分搅拌，并在模具中压缩成型，并考虑原型河岸的二元相结构，采用分层制模的方式（图4.4）以达到精确模拟河工模型动岸边界。

4.1.1.4 试验方案

考虑到三峡工程蓄水运用以来，长江中下游河段来沙量大幅减少，因此尽量选取三峡工程蓄水以后的年份作为代表性水文系列。本项目选用三峡水库正式运用后荆江干流上真实发生的水文过程作为模型实验的典型年。2012 年为三峡水库蓄水运用以来水库下泄径流量最大、沙量第 2 大的一年，2011 年为小水年，大水年后出现小水年，深槽的剧烈冲刷来不及回淤，对岸坡稳定性带来不利影响；同时局部浅滩的淤积体可能难以被完全冲刷造成局部航槽淤积，航道条件变差；同时 2011 年、2012 年也是三峡水库 175m 正常蓄水位运用后的年份，能够在一定程度上反映三峡水库调度对下游的影响。因此选取 2012—2011 年作为典型年，试验水沙过程概化见图 4.5。

4.1.2 三维水沙数学模型建模

4.1.2.1 三维水沙数学模型的基本方法

1. 水流模型基本方程及求解方法

采用基于 Boussinesq 各向紊动同性假定的三维雷诺时均 NS 方程作为控制方程。分别使用 (x^*, y^*, z^*, t^*)、(x, y, σ, t) 表示 z、σ 坐标系，在 σ 坐标系下水流连续性方程、三维雷诺时均 NS 方程可表示如下：

$$\frac{\partial \eta}{\partial t} + \frac{\partial u D}{\partial x} + \frac{\partial v D}{\partial y} + D \frac{\partial \omega}{\partial \sigma} = 0 \tag{4.1}$$

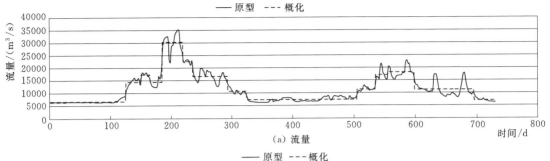

(a) 流量

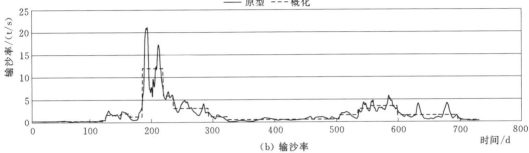

(b) 输沙率

图 4.5 典型年试验水沙过程概化

$$\frac{\mathrm{d}u}{\mathrm{d}t} = -g\frac{\partial \eta}{\partial x} - \frac{g}{\rho_0}\int_{z^*}^{H_R+\eta}\frac{\partial \rho}{\partial x^*}\mathrm{d}z^* + \frac{1}{D}\frac{\partial}{\partial \sigma}\left(\frac{K_{mv}}{D}\frac{\partial u}{\partial \sigma}\right)$$

$$+ K_{mh}\left(\frac{\partial^2 u}{\partial x^{*2}} + \frac{\partial^2 u}{\partial y^{*2}}\right) - \left[\frac{\partial q}{\partial x} + \frac{\partial q}{\partial \sigma}\frac{\partial \sigma}{\partial x^*}\right] \tag{4.2}$$

$$\frac{\mathrm{d}v}{\mathrm{d}t} = -g\frac{\partial \eta}{\partial y} - \frac{g}{\rho_0}\int_{z^*}^{H_R+\eta}\frac{\partial \rho}{\partial y^*}\mathrm{d}z^* + \frac{1}{D}\frac{\partial}{\partial \sigma}\left(\frac{K_{mv}}{D}\frac{\partial v}{\partial \sigma}\right)$$

$$+ K_{mh}\left(\frac{\partial^2 v}{\partial x^{*2}} + \frac{\partial^2 v}{\partial y^{*2}}\right) - \left[\frac{\partial q}{\partial y} + \frac{\partial q}{\partial \sigma}\frac{\partial \sigma}{\partial y^*}\right] \tag{4.3}$$

$$\frac{\mathrm{d}w}{\mathrm{d}t} = \frac{1}{D}\frac{\partial}{\partial \sigma}\left(\frac{K_{mv}}{D}\frac{\partial w}{\partial \sigma}\right) + K_{mh}\left(\frac{\partial^2 w}{\partial x^{*2}} + \frac{\partial^2 w}{\partial y^{*2}}\right) - \frac{1}{D}\frac{\partial q}{\partial \sigma} \tag{4.4}$$

式中：u、v、w 分别为水流在水平 x^*、y^* 方向和垂向 z^* 方向的流速分量，m/s；t 为时间，s；g 为重力加速度，m/s²；H_R 为参考面高度，m；η 为 H_R 以上水深，h 为 H_R 以下测深，m；$D = \eta + h$，m；q 为动水压强，m²/s²；ρ_0、ρ 分别为参考密度和混合流体的平均密度，kg/m³；K_{mh}、K_{mv} 为动量方程中的水平、垂向涡黏性系数，m²/s；垂向 σ 变换可表示为 $\sigma = (z^* - \eta)/D$，ω 为 σ 坐标系下的垂向流速

$$\omega = \frac{\mathrm{d}\sigma}{\mathrm{d}t^*} = \frac{w}{D} - u\left(\frac{\sigma}{D}\frac{\partial D}{\partial x} + \frac{1}{D}\frac{\partial \eta}{\partial x}\right) - v\left(\frac{\sigma}{D}\frac{\partial D}{\partial y} + \frac{1}{D}\frac{\partial \eta}{\partial y}\right) - \left(\frac{\sigma}{D}\frac{\partial D}{\partial t} + \frac{1}{D}\frac{\partial \eta}{\partial t}\right) \tag{4.5}$$

为使数学模型具有较好的稳定性和较高的计算效率，在水流模型求解时：采用 θ 半隐方法离散动量方程中的水位梯度项，以消除快速表面重力波引起的对模型计算稳定性的限制；采用欧拉-拉格朗日方法（ELM）求解动量方程中的对流项，使模型计算的时间步长不受与网格尺度有关的 Courant 数稳定条件的限制；采用有限体积法离散连续性方程，以严格保证模型计算的水量守恒。三维水流模型采用压力分裂模式，求解流程并为分两步：

第一步将不计动水压强项的水平动量方程代入沿垂线积分的连续性方程构建一个关于自由水面的线性方程组，求解获得水位和临时流场；第二步利用动量方程建立动水压强与流速之间的校正关系，并将其代入连续性方程构建一个关于动水压强的三维线性方程，求解获得动水压强场，并用它来校正临时流速场。

水平紊动黏性系数采用的 Samagorinsky 方法计算。垂向紊动黏性系数采用 GLS（Generic Length Scale）紊流模型（Umlauf & Burchard）[3] 计算。在使用默认的紊流模式参数条件下，需率定的系数为壁面函数 F_w。

河床床面阻力系数采用下式计算：

$$C_{Db} = \max\left\{ \left[\frac{1}{\kappa} \ln\left(\frac{\delta_b}{k_s}\right) \right]^{-2}, C_{Db\min} \right\} \tag{4.6}$$

式中：δ_b 为底层网格的高度的一半；k_s 为底面粗糙高度，取 $3d_{90}$，约为 $(25\sim35)\,d_{50}$。

2. 泥沙模型基本方程及求解方法

在挟沙水流行进过程中，随着水流波状行进与河床冲淤变形，将引起垂向计算区域边界的改变。本模型引入垂向 σ 坐标变换，使得计算网格能够实时贴合不断变化的自由水面与河床，相对于 z 坐标网格具有较大的垂向边界贴体优势。分别使用 $(x^*,\ y^*,\ z^*,\ t^*)$、$(x,\ y,\ \sigma,\ t)$ 表示 z、σ 坐标系。经过垂向 σ 坐标变换后，泥沙输运方程为

$$\frac{\partial C}{\partial t} + u\frac{\partial C}{\partial x} + v\frac{\partial C}{\partial y} + (\omega - \omega_s)\frac{\partial C}{\partial \sigma} = K_{Sh}\left(\frac{\partial^2 C}{\partial x^{*2}} + \frac{\partial^2 C}{\partial y^{*2}}\right) + \frac{1}{D}\frac{\partial}{\partial \sigma}\left(\frac{K_{Sv}}{D}\frac{\partial C}{\partial \sigma}\right) \tag{4.7}$$

式中：C 为泥沙浓度；ω_s 为 σ 坐标系下泥沙的沉速；K_{Sv}、K_{Sh} 分别为垂向的、水平的泥沙扩散系数，m^2/s。

泥沙输运方程在河床表面的边界条件为

$$\left| K_{Sv}\frac{1}{D}\frac{\partial C}{\partial \sigma} + w_s C \right|_{z=\delta} = w_s(C_b - C_a) \tag{4.8}$$

式中：C_a 为近底泥沙平衡浓度；C_b 为推移质层顶面水体泥沙浓度；δ 为推移质层厚度。

由于式（4.8）不能反映不平衡输沙的影响，且推移质层顶面处水流中泥沙浓度 C_b 常需要通过对底层网格中心泥沙浓度 C_1 进行换算才能获得。此处直接使用 C_1 代替 C_b，并引入综合恢复饱和系数 α 同时考虑不平衡输沙和上述换算的综合影响。经过变化后，泥沙输运方程在水流底层的边界条件为

$$\left| K_{Sv}\frac{1}{D}\frac{\partial C}{\partial \sigma} + w_s C \right|_{z=\delta} = \alpha w_s(C_1 - C_a) \tag{4.9}$$

与泥沙输运方程河床边界条件相对应的河床变形方程为

$$\rho'\frac{\partial Z_b}{\partial t} = \alpha w_s(C_1 - C_a) \tag{4.10}$$

式中：Z_b 为床面高程；ρ' 为悬移质泥沙颗粒对应的河床组成物质的干密度。

采用有限体积法离散泥沙输运方程，以保证物质输运求解的守恒性；采用 FFELM 方法求解物质输运方程中的对流项以缓解泥沙计算对水流模型求解时间步长的限制。基于三维水流模型计算得到的最底层流场，采用底层模型计算推移质的运动。

在采用分组方法模拟非均匀泥沙运动时，将每个粒径分组的泥沙均当作不同种类的物质对待。本次将泥沙按颗粒粒径大小分为 5 组：0.031mm 以下的细颗粒、0.031～0.125mm 的较细颗粒、0.125～0.25mm 的中等颗粒、0.25～0.5mm 的较粗颗粒和 0.5～2.0mm 的粗颗粒。其中，将第 1～第 3 组泥沙作为普通悬移质进行计算，第 4 组泥沙作为普通推移质进行计算，第 5 组泥沙用于描述床沙组成及其级配更新。采用韦直林方法模拟床沙级配调整。

3. 数学模型的计算网格

模型采用平面无结构网格可适应不规则水域边界，采用垂向 σ 坐标网格可实时贴合自由水面和河床的变化，能较好地处理复杂三维地形。计算网格布置见图 4.6。

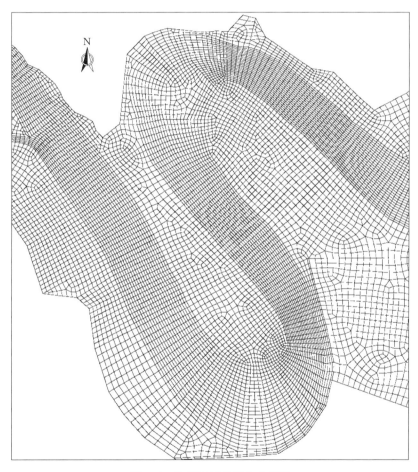

图 4.6 计算区域的网格布置图

考虑到河道纵向、横向尺度及其对计算网格空间分辨率的不同要求，河槽沿水流、垂直水流方向的网格尺度分别为 100m、30～50m；滩地的网格尺度为 100m×100m。得到的计算网格包含 27231 个计算节点，26653 个计算单元。计算网格在不常上水的滩地、江心洲上分布较稀疏以节约计算网格数量，在河槽等地形变化较剧烈的区域较密集以获得较高的计算精度。

4.1.2.2　三维水流模型的率定验证计算

1. 水位率定计算

采用 2013 年 10 月实测地形图塑制数学模型地形，选取 2014 年 8 月 16 日实测水文资料率定平滩河槽的河床阻力系数，开边界入流流量为 20000m³/s、10900m³/s，下游出流开边界水位 25.90m。选取 2014 年 12 月 24 日实测水文资料对数学模型的计算精度进行验证，长江干流、侧向支流开边界入流流量分别为 7120m³/s、1805m³/s，下游出流开边界水位 17.91m。

在当前有限的实测水文资料条件下，经过水位率定计算，可知研究河段河床粗糙高度 k_s 取值在 0.001m 左右。在使用上述床面粗糙高度 k_s 取值进行水流模拟时，计算得到的各水位测站处的水位计算值与实测值符合良好。数学模型率定试验的计算结果见表 4.1，水位绝对误差一般在 0.05m 以内，满足数学模型率定试验允许的误差要求。

表 4.1　　　　　　　　　　率定计算中水位计算值与实测值的比较　　　　　　　　单位：m

水文站点	2014 年 8 月 16—17 日（流量 20000m³/s）			2014 年 12 月 24—25 日（流量 7120m³/s）		
	实测值	计算值	误差	实测值	计算值	误差
上游开边界	28.79	28.81	+0.02	21.80	21.81	+0.01
支流开边界	27.06	27.04	−0.02	19.08	19.05	−0.03

2. 垂线流速分布率定计算

采用 2013 年 10 月实测地形图塑制数学模型地形，选取 2014 年 8 月 16 日实测水文资料率定壁函数 Fw。在本次水文测验中，测流断面为 1 号、2 号、3 号、4 号、5 号、6 号、

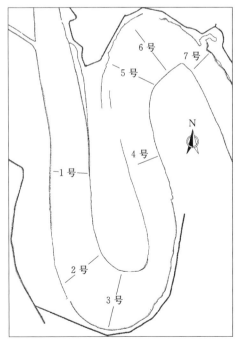

图 4.7　计算河段水文测站布置图

7 号共 7 个，水文测验的水尺和测流断面布置见图 4.7，主要分布在连续弯道段。在每个测流断面上，采用垂线 5 点法（垂线 5 点距离河段的高度分别为 0.0H、0.2H、0.4H、0.8H、1.0H）测得的垂线流速分布资料。调整紊流模型中的壁函数 Fw 以改变紊动黏性系数，直到计算得到的垂线流速分布与实测值符合较好。采用 2014 年 12 月 24 日实测水文资料对数学模型计算精度进行了验证。

2014 年 8 月 16 日测试计算中，各测流断面测点垂线流速分布实测值与计算值的比较如图 4.8 所示。由图 4.8 可知，计算结果与实测测点垂线流速分布符合较好。经统计，各测流垂线计算值与实测值误差一般在 0.05m/s 以内，最大误差为 0.12m/s。

4.1.2.3　三维泥沙模型的率定验证计算

本节将选取系列年实测水文资料，对三维

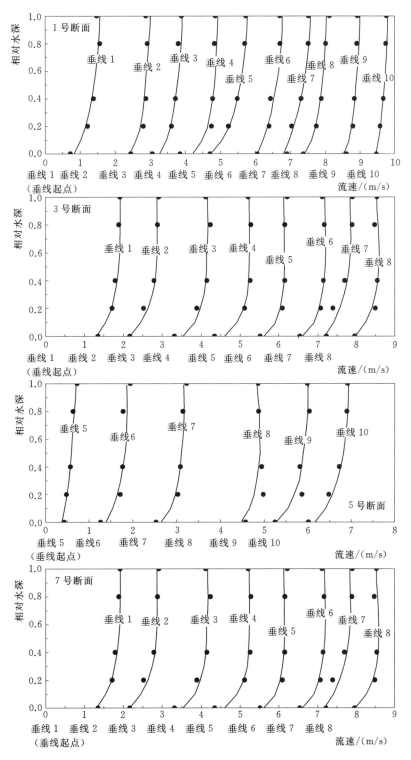

图 4.8 各测流断面测点垂线流速分布实测值与计算值的比较

水沙数学模型模拟河床冲淤变形的计算精度进行检验。

地形与河床条件，采用 2013 年实测地形图塑制三维数学模型的初始地形，并采用 2016 年 10 月实测的 1/10000 河道地形图对系列年河床冲淤的计算结果进行验证。采用 2013—2016 年实地勘测的床沙级配组成成果，设定计算区域初始床沙级配。

根据现有的资料情况，研究河段河床冲淤的主要验证内容有泥沙冲淤量、断面冲淤形态。为便于比较分析，在研究河段内布置了 9 个断面，用以监测动床冲淤验证计算中断面形态的变化，表示为 CS1～CS9。由于滩地地形变化较小，河床冲淤主要集中的河槽，因而 CS1～CS9 仅横跨河槽区域，见图 4.9。

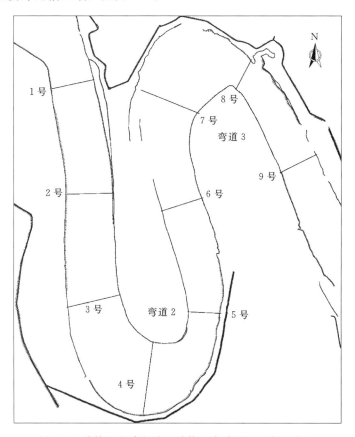

图 4.9　计算河段冲淤验证计算河床冲淤监测断面布置

根据实测地形资料、数学模型计算结果，可以作出河床冲淤平面分布。图 4.10 给出了 1～9 号连续弯道河段的河道冲淤分布实测数据与计算数据的图形比较。

1～9 号河段共计有两个弯道，与概化弯道模型试验相一致，分别定义为弯道 2、弯道 3，它们均为急弯类型的弯道，并且均在近期（2013 年之前）均发生了"切滩撇弯"。下面将从这两个弯道河槽冲淤演变的角度，比较实测资料和数学模型计算结果。

在弯道 2、弯道 3 处，计算结果表明河床变形主要表现在撇弯后的新槽继续发展，新槽靠近凹岸的浅滩持续淤积抬高，与实测的主河槽河床演变趋势一致；两个弯道处计算得到的主河槽河床冲淤厚度一般分别为 -5.5～$+7.5$m、-4.0～$+6.0$m，实测值分别为

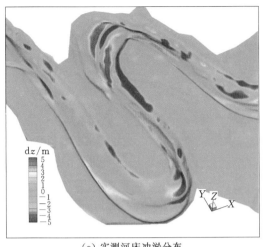
（a）实测河床冲淤分布

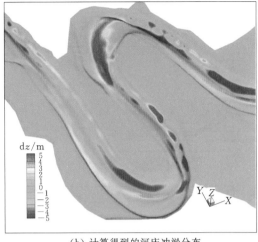
（b）计算得到的河床冲淤分布

图 4.10 验证计算断面冲淤形态的比较

$-5.5\sim+6.5m$、$-3.0\sim+6.0m$，二者较为接近。由此可见，从研究区域河床变形趋势、河床冲淤调整幅度来看，计算结果与实测资料均是一致的。

在验证计算中，将各冲淤监测断面的初始地形（2013 年地形）、2016 年实测地形、数学模型计算得到的最终地形进行断面套绘，如图 4.11 所示。由图 4.11 可知，在计算区域内，计算得到的断面地形与实测断面地形符合较好。

一方面，从总体来看，计算区域的河床冲淤幅度不大，断面变形与调整幅度较小；另一方面，局部河段河床出现较大幅度的调整，例如弯道 3 入口附近断面（7 号）。在弯道 3 入口段附近，2011—2013 年期间发生了大幅的河床下切，凸岸约 400m 河槽整体下切约 12m，与此同时弯道 3 入口段完成了弯道的切滩撤弯。在 2013—2016 年期间，弯道 3 入口段河槽以回淤为主，数学模型计算结果与实测资料中断面的冲淤调整趋势是一致的。需指出的是：由于受到泥沙运动基本理论发展水平的限制，在这些水沙运动、河床变形规律复杂的区域，数学模型的计算结果与实测资料将会出现一定的偏离，在断面的符合程度上常常只能满足定性符合，定量上还存在一定差异。除这些特殊位置外，数学模型表现良好。

由验证计算结果可知，本次三维水沙数学模型模拟的水流过程、泥沙输移过程及河床变形与实测资料均符合较好，能反映研究河段水沙运动、河床冲淤的基本规律，可用于进行河道河床冲淤趋势的预测和相关研究。

4.1.3 分汊河道演变特性研究

4.1.3.1 总体河势变化特征

在概化模型的初始地形上施放 2012—2011 年水沙过程，分别测量大水年后、小水年后河道地形，并绘制出河势图如图 4.12 所示。塑造的初始河床江心洲洲体完整，滩槽分明。经过一个大水年后，分汊河道洲头低滩冲刷后退、江心洲滩面高程降低；右汊进口深槽冲深、左汊河床淤积，贯通的深槽现零星化；同时右汊近岸边滩淤积扩大。在此基础上

103

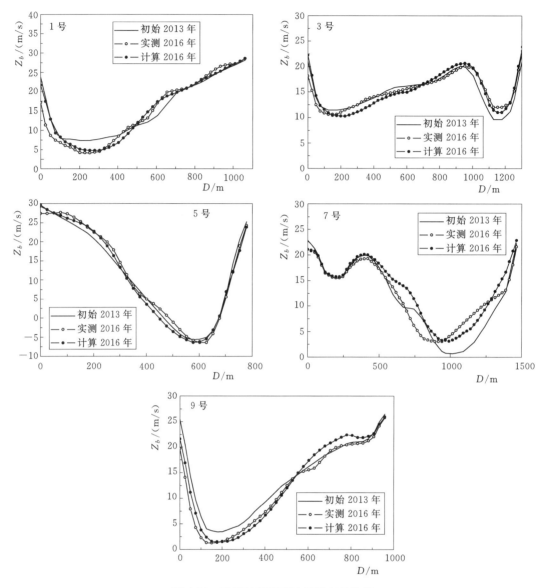

图 4.11　验证计算断面冲淤形态的比较

施放小水年水沙过程后，分流区淤积明显，上下深槽隔断；同时左汊尾部淤积明显，右汊下段近岸边滩进一步向河心淤长，深槽缩窄。

分汊河道深泓线平面变化情况如图 4.13 所示。总体来说左汊内深泓线平面位置较为稳定，经过典型年水沙造床后，分流区分流点逐渐下移；右汊内深泓平面位置摆幅较大。具体表现为：大水年后右汊深泓向河心偏移明显，小水年后除了汊道尾部深泓有明显的近岸移动外，整体和初始地形相差无几。

4.1.3.2　冲淤分布特征

1. 冲淤平面分布特征

试验过程中分汊河道冲淤平面分布如图 4.14 所示。大水年后，河道总体呈现冲刷发

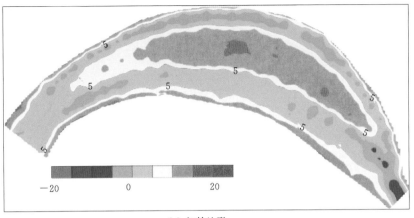

（a）初始地形

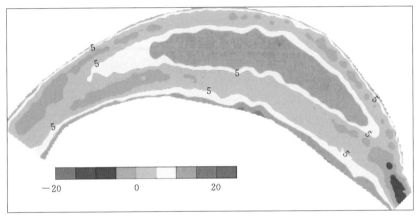

（b）大水年后地形

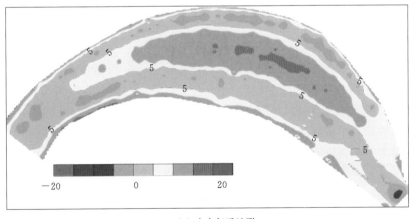

（c）小水年后地形

图 4.12　分汊河道河势变化图

展的趋势。其中左汊进口和分流区冲刷幅度较大，冲刷幅度最大约 10cm；江心洲滩面普遍刷低，冲刷幅度在 2cm 左右；左汊中上段及右汊近岸边滩淤积抬升。小水年后，左汊

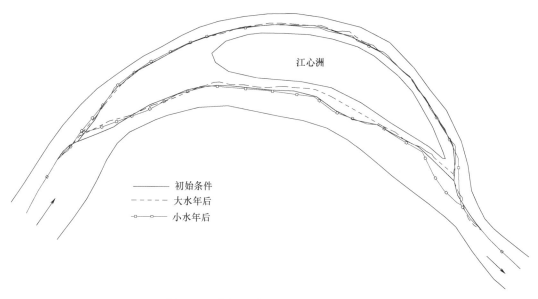

图 4.13　分汊河道深泓线平面位置变化图

进口及分流区普遍淤积抬升，右汊近岸边滩冲刷；左汊中段冲刷明显，而出口处大幅度淤积抬升；江心洲洲体尾部及近右汊洲缘略有淤积。

总体来说，经过典型年水沙系列造床作用后，汊道总体呈现冲刷发展的趋势。其中左岸近岸河床冲刷较为剧烈，局部冲刷幅度在 8cm 左右；其次为右汊近岸边滩及分流区洲头低滩。汇流区左汊出口处淤积抬升明显，局部河床抬升约 10cm。

2. 典型横断面变化

分汊河道典型横断面变化如图 4.15～图 4.17 所示，断面位置见图 4.2。分流区总体呈现"大水年冲刷、小水年回淤"的态势（见图 4.15）：大水年后近岸岸坡普遍冲刷变陡，分流区低滩冲刷明显，分流点后退下移，且右汊冲刷幅度大于左汊；小水年后断面整体回淤，江心滩大体回淤至初始状态。

汊道段典型断面变化表现为"江心洲洲面刷低、大水年汊道淤积、小水年冲刷"。江心洲洲面高程总体呈现冲刷降低的特征，小水年后虽有所回淤，但依然低于初始状态。左右两汊大水年均淤积抬升，右汊幅度大于左汊；且淤积主要发生在枯水河槽，右汊内近江心洲河床局部抬升。小水年后汊道内河床高程有所冲刷降低。

汇流区大水年左侧岸坡冲刷变陡，近岸河床淤积；右侧边滩冲刷，枯水河槽总体淤积抬升，但最深点有所刷深，且平面位置有所左移。小水年后断面总体有所回淤，但右侧边滩较初始状态仍有冲刷，深槽及左岸近岸河床淤积抬升明显。

总体来说，冲刷条件下分汊河道较短汊道发展占优，分汇流区河床冲淤剧烈。这与天然情况下汊道发展规律存在明显差异：天然情况下年内径流过程洪枯水差异明显、流量变差系数较大，且基本处于输沙平衡的状态，分汊河道主要受进口水流走向的影响，周期性的冲淤交替。在新的水沙条件下，长流程汊道有冲有淤，但短流程汊道基本都呈现冲刷状态，且冲刷量大于长流程汊道，即使出现了淤积，其淤积幅度也要小于长流程汊道，

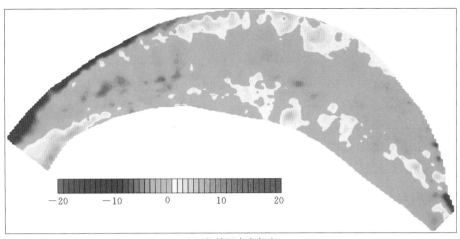

（a）初始至大水年末

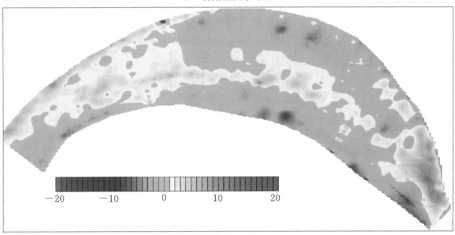

（b）大水年末至小水年末

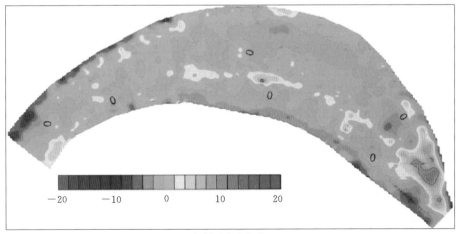

（c）初始至小水年末

图 4.14　分汊河道冲淤平面分布图

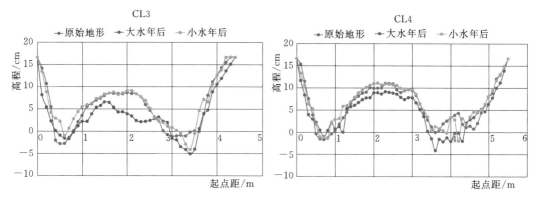

图 4.15 分流区典型断面冲淤图

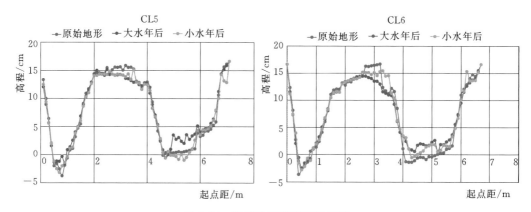

图 4.16 汊道段典型断面冲淤图

即较短汊道易于多冲或者是少淤，呈现出明显的发展态势。大水条件下，洲头低滩遭受剧烈冲刷，虽然在小水年后会有一定回淤，但相对于初始条件滩体仍有萎缩。低矮的洲头低滩对分流区水流的约束作用减弱，使得汊道进口水流分散，上下游深槽无法贯通。同时由于较短汊道内冲刷幅度较大，汊道内近岸边滩稳定性降低，江心洲靠较短汊道侧易于崩退，两者综合作用下使得较短汊道河宽增加。

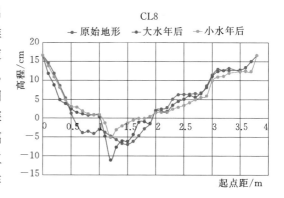

图 4.17 汇流区典型断面冲淤图

4.1.4 弯曲型河道演变特性研究

4.1.4.1 概化模型试验研究

1. 总体河势变化特征

在初始地形上施放设计水沙过程，分别测量大水年后、小水年后河道地形，并绘制出河势如图 4.18 所示。模型试验段由三个不同弯曲半径的反向弯道组成，其中弯道 1 为弯

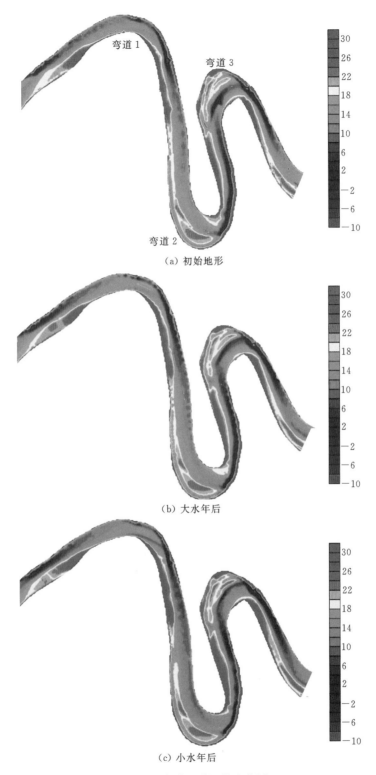

（a）初始地形

（b）大水年后

（c）小水年后

图 4.18　弯曲河道河势变化图

曲半径适中的一般弯道，进出口水流夹角约为 110°，弯道 2 和弯道 3 为弯曲半径较小的急弯，进出口水流走向基本呈 180°夹角。初始条件下弯道 1 深槽偏靠凹岸，凸岸有明显边滩；弯道 2 凹岸一侧有江心滩，深槽居于河道中心；弯道 3 深槽偏靠凸岸，凹岸发育有边滩。

大水年后弯道 1 凸岸边滩遭水流切割，根部有倒套出现；凹岸深槽平面尺度减小。弯道 2 与弯道 3 依然维持深槽居中靠凸岸的格局，河势整体无明显变化。在此基础上小水年后，弯道 1 凸岸边滩根部倒套进一步发展，弯顶处有心滩出现；弯道 2 凸岸边滩冲刷萎缩，弯顶处上下深槽呈交错状态；弯道 3 弯顶深槽向凹岸偏移，凸岸边滩略有淤长。

弯曲河道深泓线平面变化情况如图 4.19 所示。总体来说弯道 1 内深泓线平面位置变化较小，深泓稳定的居于凹岸侧，摆幅较小。弯道 2 的深泓线平面摆幅最大，大水年后深泓摆向凸岸，小水年后复靠凹岸。弯道 3 的深泓线向凹岸略有偏移。

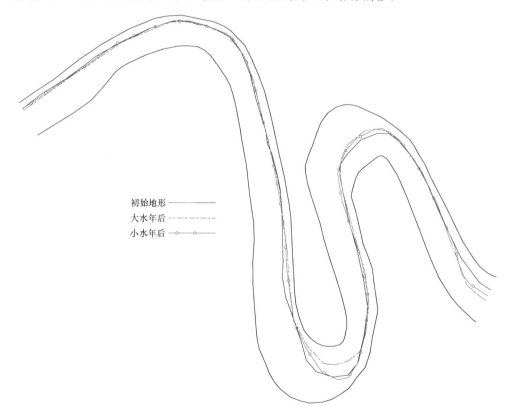

初始地形 ————————
大水年后 —·—·—·—·—
小水年后 —○—○—○—

图 4.19　弯曲河道深泓线平面位置变化图

2. 冲淤分布特征

从河床冲淤分布来看（见图 4.20），大水年后三个弯道均呈现"弯顶段冲刷、出口段淤积"的沿程分布特征。弯道 1 近凸岸边滩冲刷，凹岸深槽略有淤积，弯道出口淤积明显，局部在 10cm 以上。弯道 2 弯顶段整体冲刷，凸岸冲刷幅度大于凹岸，弯道出口处淤积明显。弯道 3 凸岸侧河床明显淤积，其余部分以冲刷位置，其中河道中心处出现一明显的冲刷带，冲刷幅度在 10cm 左右；弯道出口略有淤积。

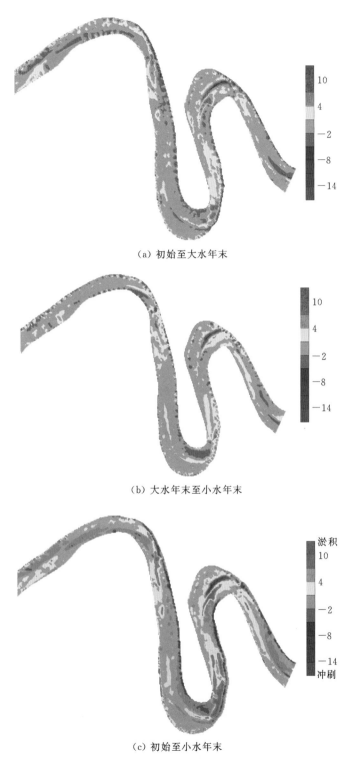

（a）初始至大水年末

（b）大水年末至小水年末

（c）初始至小水年末

图 4.20 弯曲河道冲淤平面分布图

小水年后试验段总体呈现冲刷的趋势，各弯道出口均有所淤积，但淤积幅度小于大水年。弯道 1、弯道 2 冲淤分布类似：均呈现凸岸边滩幅度大于凹岸的特点，弯顶段河道中心部位出现狭长淤积带。弯道 3 凸岸淤积，冲刷带位置相对于大水年向凹岸略有偏移。

弯曲河道各个弯道段在不同工况下典型横断面冲淤变化见图 4.21，断面位置见图 4.22。从横断面变化来看，弯道 1 进口（CS2 断面）河床靠凸岸侧逐年冲刷下切，凹岸淤积；弯顶（CS3 断面）凹岸深槽大水年淤积明显，小水年后有所冲刷下切，但河床高程依然高于初始状态，凸岸侧逐年冲刷下切，小水年后断面呈现明显的双槽格局；出口（CS4 断面）大水年深槽有所淤积，小水年后复又冲刷发展。弯道 2 进口（CS6 断面）河床靠凸岸侧逐年冲刷下切，凹岸河床冲淤变化较小；弯顶（CS7 断面）处河心有明显的江心滩，在整个水沙造床过程中滩体变化幅度较小，凸岸侧河床持续冲刷下切，凹岸河槽冲淤幅度较小；出口（CS8 断面）凸岸侧河床逐年淤积抬升，凹岸侧岸坡冲刷后退。弯道 3 进口（CS10 断面）河床靠凸岸侧逐年冲刷下切，凹岸河床冲淤变化较小；弯顶（CS11 断面）断面深槽平面位置逐年向凹岸侧偏移，但深泓高程保持稳定；出口（CS12 断面）凸岸侧河床逐年淤积抬升，凹岸侧大水年冲刷下切，小水年略有回淤。

总体来说，冲刷条件下弯道段凹岸深槽以及凸岸侧河床下段均以淤积为主，凸岸侧河床的中上段均发生冲刷。这与天然情况下弯道发展规律存在明显差异：天然情况下弯道通常表现为"凹岸冲刷、凸岸淤积，总体相对平衡"的特征。对于目前深槽紧贴凹岸的典型弯道，存在撇湾切滩的可能；对于已经发生撇湾切滩的弯道，深槽居于河道中心偏靠凸岸，河道内发育有明显的心滩。心滩的活跃度较高，随着年内主流线的偏移，心滩不同部位均有产生冲刷的可能性，因此断面形态变化幅度剧烈，深槽平面摆幅较大。且弯曲半径较小的急弯河段河势变化更为频繁，河床冲淤幅度较大，因此，本章针对急弯河道开展了三维数学模型研究，计算条件同概化模型。

4.1.4.2　数学模型计算成果

1. 冲淤分布特征

图 4.22 给出了设计水沙条件下的弯道附近河段的河床冲淤分布图。经过设计水沙系列过程，研究区域内河床有冲有淤，冲淤幅度一般为 $-3 \sim +3$m，河床变形主要集中在主河槽中，河槽内河床的冲淤变化规律与河槽位置特征关系密切。弯道前期已基本完成切滩撇弯过程，经过设计水沙过程后，河床冲淤调整特点主要表现为：撇弯后的新槽继续发展，新槽靠近凹岸的浅滩持续淤积抬高。

预计在近期及今后相当长时间内，弯道的河床演变趋势将具有如下特点：弯道切滩撇弯后的新主槽将持续展宽、下切；新主槽右侧的浅滩将持续淤积长高；弯道凸岸迎流侧河床处于冲刷后退的威胁之中；原来位于凹岸的主汊（右汊）缓慢淤积。

2. 冲淤过程

图 4.23 给出了弯道河床冲淤量随时间的变化过程。在无工程扰动条件下，不论是在丰水年还是在枯水年，弯道河床均处于冲刷发展之中，这从一个侧面反映出在上游来沙减小条件下急弯段的河槽处于展宽、下切发展之中，也决定了：在三峡水库下游来沙急剧减小的条件下，弯曲河段河床演变的宏观规律是冲刷，河势控制工程应该以弯道关键部分的防冲为主。

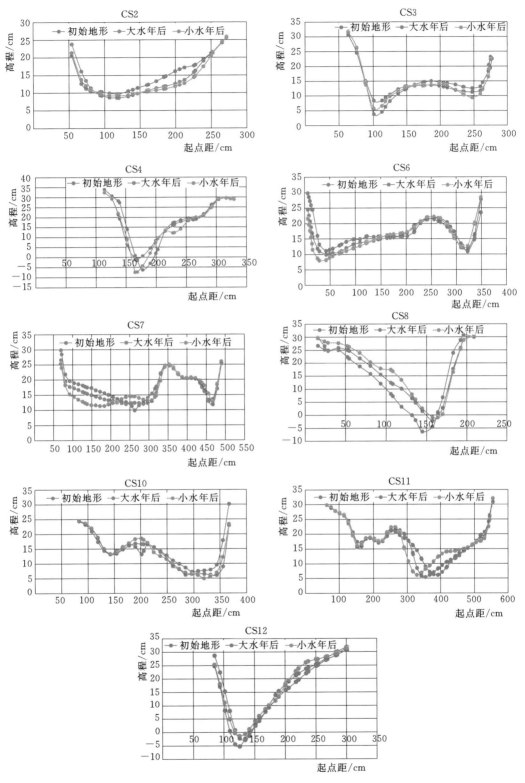

图 4.21 弯曲河道典型断面冲淤图

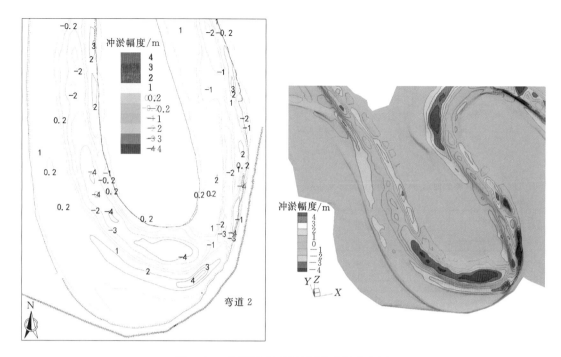

图 4.22　弯道附近河段的河床冲淤分布图

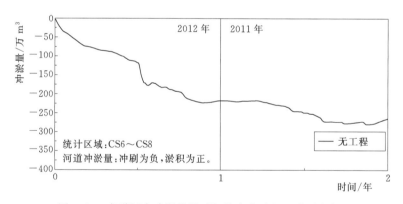

图 4.23　弯道河床冲淤量随时间的变化过程 （冲刷为负）

3. 断面环流变化特征

为阐明河床冲淤变化对计算河段三维环流特性的影响，开展了弯道平滩流量水流条件下的定床水流计算。定床水流计算的边界条件为：计算河段进口流量为 28300m³/s，支流进口流量为 12800m³/s，出口水位为 27.1m。定床水流计算分别在初始地形、河床冲淤第 2 年末地形上开展。待模拟的水流稳定后，将第 1、第 2 种工况下弯道河段环流强度（断面上，各采样点环流流速与纵向流速比值的平均值）沿程分布曲线进行套绘，如图 4.24 所示。

由图 4.24 可知，相对于初始地形条件下的河段环流强度沿程分布，河床冲淤 2 年之后研究河段环流强度的沿程分布变化不大，表明弯道处于相对较稳定的状态；两者的不同主要体现在弯道入口局部河段环流强度有一定增加。

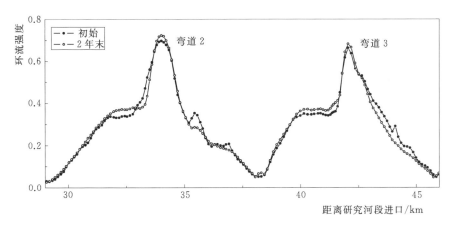

图 4.24 典型年水沙过程后河段环流强度沿程分布的变化

4.2 冲刷条件下沙质河床不同河型河道治理思路研究

4.2.1 分汊型河道治理思路研究

4.2.1.1 汊道治理思路的提出

三峡工程蓄水运用以来，来水总量变化不大，但大流量被一定程度的削减，中水流量出现的时间有所延长。从分汊河道的概化模型试验成果来看，大水年冲刷主要集中在洲头低滩及短汊道的凹岸侧洲缘，大水年后短汊道有明显冲刷展宽的趋势；若在此基础上遭遇小水年，短汊道内局部因为水流分散出现淤积浅包。根据清水冲刷条件下分汊河道的演变特点，提出其治理思路如下：

（1）加强较短汊道岸线及洲体边缘的守护有利于河势的整体稳定。在新的水沙条件下，分汊河道的较短汊由于阻力较小，处于有利的发展地位；尤其是中水流量持续时间延长后，主流走凸岸汊道的时间明显延长，使其冲刷发展的概率大大增加。凸岸汊道的冲刷使得近岸河床岸坡变陡，因此汊道岸线稳定性有所减弱。岸线与水流流向基本一致的区域，崩岸稍缓，而具有一定挑流功能的高滩岸线，往往崩退十分剧烈。由于江心洲处于凸岸汊道的凹岸侧，受弯道环流的作用，洲体边缘崩退较为厉害。如若任其发展，仍有汊道格局交替的可能。因此，加强较短汊道岸线及洲体边缘的守护，是清水冲刷条件下维持分汊河道河势稳定的必要措施。

（2）维持河道内低矮滩体的稳定、适当约束水流，有利于塑造良好的滩槽形态。三峡工程蓄水导致下游来沙量大幅减少，将带来坝下河段长距离、长时间的冲刷。对于分汊河道而言，自身滩槽稳定性较差，来沙的减小势必导致河道滩体稳定性进一步下降，滩体冲刷切割的可能性进一步增大。同时高滩崩退较为明显的局部河道，一般还伴随着对岸侧低矮滩体生成的现象，汊道内不规则的浅包若冲刷不及时易形成碍航浅滩。因此，维持汊道内低矮滩体的稳定，适当约束水流，使得洪水期缓流带的淤积体能在下一个水文年内及时冲刷，有利于维持航行条件的稳定。

4.2.1.2　汊道治理方案的确定

1. 主汊道的选择

在通常情况下，河槽的尺度与进入河槽的水量成正比，决定主、支汊地位的正是按进入河槽的相对水量多少而言，进入水量越多，河流的生命力愈强，反之河流生命衰退和死亡。长江中下游许多汊道之所以能够保持相对稳定，就在于高水期支汊能够获得较大的分流比，使各汊进入的水量相对平衡，之所以产生这样的现象，是因为江心洲分汊进口段水流动力轴线在不同流量下存在摆动现象，低水时水流归槽，主流流路与枯水河槽基本一致，大流量下水流动量增大，水流流路趋直、曲率半径增大，分流区内沿横断面的流速分布发生变化，主流偏离枯水河槽，使较多水量进入主流偏向的汊道，促使其发展，各个汊道间的分流比重新分配。

边界条件一定时，主流位置随流量增大的摆动方向是一定的，使各汊道分流比随流量增大的变化趋势也是一定的，将分流比随流量增大而增大的汊道定义为"洪水主流倾向汊道"，将分流比随流量增大而减小的汊道定义为"枯水主流倾向汊道"，例如随流量增大，主流由河道右侧向左侧摆动，左汊分流比随流量增大而增大，则定义左汊为洪水主流倾向汊道，右汊为枯水主流倾向汊道。以水动力条件将汊道划分为洪水主流倾向汊道、枯水主流倾向汊道，其与主、支汊的关系如下所述：对于大多数汊道，枯水主流一般位于主汊，洪水时主流摆向支汊，即主汊与枯水主流倾向汊道一致，支汊与洪水主流倾向汊道一致；少数汊道在洪、中、枯水期主流均位于主汊，或是洪水位于主汊，枯水位于支汊，则主汊与洪水主流倾向汊道一致，支汊与枯水主流倾向汊道一致。

以本次分汊河道概化模型来看，中小流量下（水流漫滩前）分流区主流偏靠左岸（凹岸），当水流漫滩时（对应流量 36L/s），凹岸主槽流速发生小幅度的减小，之后继续随着流量的增加而增大，水流漫滩后主流带逐渐右移（见图 4.25）。分汊段流速分布呈现类似的规律（见图 4.26），即水流漫滩前，河道主流线位于河道的凹岸汊道，而发生漫滩后河道的主流线转移到河道的凸岸汊道。

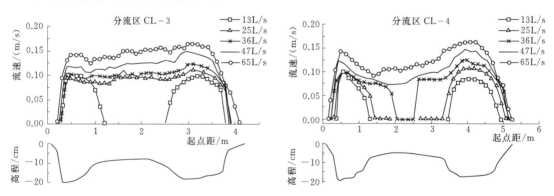

图 4.25　分流区典型断面平均流速分布图

从汊道分流比来看，凹岸汊道分流比随流量的变化呈下凹曲线，当流量小于平滩流量时，随着过流量的增大，凹岸汊道分流比逐渐减小；当过流量大于平滩流量时，随着流量的增大，凹岸汊道分流比逐渐增大；即当流量为平滩流量左右时，凹岸汊道的分流比达到

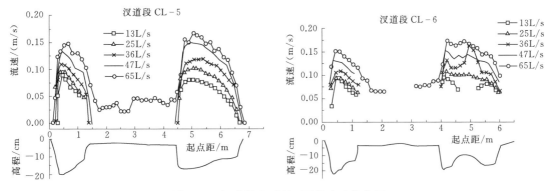

图 4.26 汊道段典型断面平均流速分布图

最小值。因此，对于两汊平面形态差异不大的分汊河型来说，各汊发展机会相当，主汊的选择则取决于主流带停留时间的长短。由于一个水文年内来流低于临界流量（平滩流量）的时间较长，左岸（凹岸）汊道则可近似看为"枯水主流倾向汊道"，凸岸汊道则为"洪水主流倾向汊道"，如图 4.27 所示。

三峡水库蓄水后实测资料也显示，长江中下游江心洲分汊段的分流比存在枯水主流倾向汊道分流比增大的趋势。由于长江中下游的大部分汊道中枯水主流均位于主汊，洪水主流倾向汊道为支汊，所以汊道主汊发展

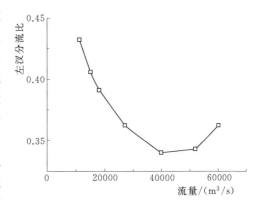

图 4.27 凹岸汊道分流比随流量变化图

支汊消亡的趋势明显，分汊格局更加稳定。因此从主流带的位置来看，"枯水主流倾向汊道"有更大的机会发展成为主汊。

2. 守护位置的确定

从分汊河道不同水文年冲淤分布来看，江心洲分汊段的高滩部分基本保持稳定，主要原因在于大洪水出现概率大为减少。依附于高滩存在的洲头低矮心滩在洪水期淹没，中枯水期出露，其位置特点决定了其易于遭受冲刷的特性。

实测资料也显示三峡水库蓄水后分汊河道洲头心滩在年际间表现为整体萎缩的特点。图 4.28 为长江中游不同类型汊道洲头低矮心滩的变化图。可以看出，鹅头型汊道罗湖洲心滩尽管 2007 年之前尚有一定淤积，但是 2007 年之后洲头心滩冲刷十分剧烈，0m 线后退达数千米；弯曲型汊道戴家洲心滩 0m 线右缘虽有小幅淤长，但头部持续退缩，心滩冲刷十分剧烈；顺直型汊道嘉鱼水道复兴洲心滩在 1999 年以后复兴洲低滩年际间有冲有淤，左缘冲淤变化较小，滩头位置也基本稳定在一矶头附近，三峡水库蓄水后，河段来沙量进一步减少，使得从 2003 年后复兴洲低滩滩头及其左边滩呈持续冲刷后退的趋势；顺直型汊道燕子窝心滩 0m 等深线变化图也显示，进入 21 世纪以来，连续出现中小水年，中水流量下心滩处于主流顶冲区，滩头不断冲刷后退，0m 线 2006 年较 2005 年后退约 400m。

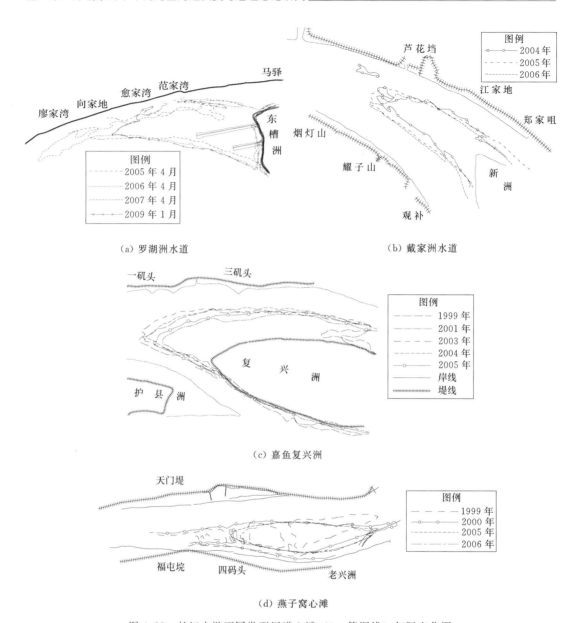

(a) 罗湖洲水道　　　　　　　　　(b) 戴家洲水道

(c) 嘉鱼复兴洲

(d) 燕子窝心滩

图 4.28　长江中游不同类型汉道心滩（0m 等深线）年际变化图

结合概化模型试验可知，在分流区中、枯流量下，水面比降呈现上凸型，即水面比降沿程增加；大于此流量后水面比降呈下凹型，即水面比降沿程减小；在洪水及特大流量下，水面比降沿程基本不变。即在平滩流量左右沿程比降变化幅度呈现一个极小值，如图 4.29 所示。

分流区水流受到重力与离心力的作用，出现弯道环流，使得水面出现横比降。其横比降随流量变化如图 4.29 所示。河道凹岸水面高于凸岸，随着流量的增大，断面的横比降呈现先增大后减小的趋势，在平滩流量下横比降达到最大值。随着流量的增加，汇流区横比降则呈现先减小后增加的趋势。临界值依然出现在平滩流量附近。根据分流区纵、横比

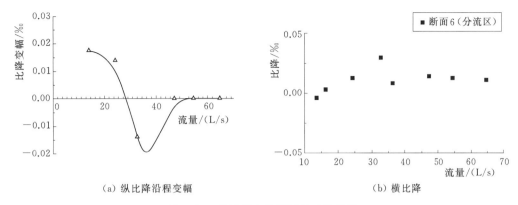

（a）纵比降沿程变幅   （b）横比降

图 4.29 分流区比降随流量变化趋势

降随流量的变化规律可知，平滩流量附近的流量级是冲刷力最大的流量级。因此，洲头低滩守护的重点部位应该集中在平滩水位附近的滩体，这对防止滩面的成片冲刷及局部窜沟的发展均是有利的。

综上所述，冲刷条件下分汊河道的治理思路为：尽量选择中枯水主流倾向汊道为主汊，以保障主汊分流格局的优势；在此基础上重点守护平滩水位附近的滩体、防止滩面的成片冲刷及局部窜沟倒套的发展，以维持局部河势的稳定。

4.2.2 弯曲型河道治理思路研究

4.2.2.1 弯道整治工程的建模

1. 工程方案

根据弯道段概化模型试验成果，结合清水冲刷条件下弯道的发展趋势，针对急弯河道提出治理方案的总体思路如下：在不影响防洪的基础上，稳定弯道总体河势，守滩稳槽，调整局部不利的滩槽格局。以弯道 2 为例，初步提出如下两种方案。

方案一：偏进攻型的整治方案，工程方案包括弯道上段的守护工程、弯顶的凹岸守护工程以及弯道河槽疏浚工程。①弯道上段的守护工程：在弯道上段的凸岸侧修建 3 道潜丁坝。②弯顶凹岸的守护工程：在弯顶凹岸心滩上修建 3 道护滩带。

方案二：偏防守型的整治方案，包括弯道上段的守护工程和弯道内心滩的守护工程。①弯道上段的守护工程：在弯道上段的凸岸侧修建 3 道潜丁坝。②弯道内心滩的守护工程：在心滩上修建一纵四横梳齿型护滩带；对弯道凸岸高滩岸线进行守护，用于抑制河道横向展宽。

2. 实体建筑物建模过程

如前所述，计算河段包含的整治工程主要为弯道的河势控制工程，包括两个方案（方案一、方案二），主要工程形式为潜丁坝、护滩带工程等，计算河段整治工程附近区域的计算网格见图 4.30，工程前后河床地形边界的变化见图 4.31。

4.2.2.2 工程作用下河床冲淤的计算结果

在无工程、方案一、方案二共计三种工况下，分别开展典型年组合条件下计算区域水

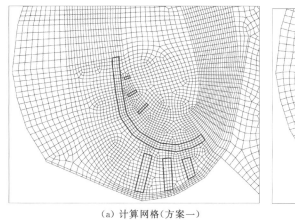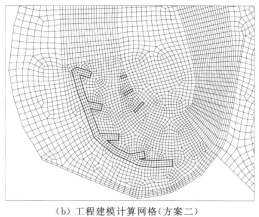

（a）计算网格（方案一）　　　　　　　（b）工程建模计算网格（方案二）

图 4.30　工程建模

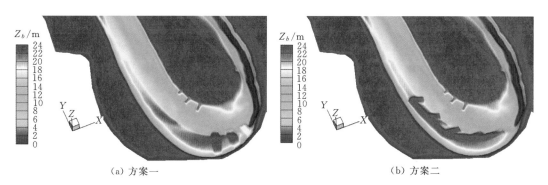

（a）方案一　　　　　　　　　　　　　（b）方案二

图 4.31　工程前后河床地形边界的变化的效果

沙过程、河床冲淤的模拟，分析和比较不同工况下河道冲淤计算的结果。

1. 冲淤分布对工程的响应规律

图 4.32、图 4.33 分别给出了方案一、方案二工况下第 2 年末的河床冲淤分布图，以下将从总体、局部两个角度分析不同工况下河道冲淤的异同。

在方案一、方案二条件下，河道冲淤的总体格局并未发生明显变化，计算区域内河床有冲有淤，冲淤幅度一般为 $-3 \sim +3\mathrm{m}$，河床变形主要集中在主河槽中。由此可见，工程对河床冲淤的影响仅限于工程局部。

在方案一条件下，弯道凸岸洲头迎流侧河床冲刷受到一定的抑制，潜丁坝背水侧出现 $+0.2 \sim +1\mathrm{m}$ 幅度淤积；与此同时，水流被挑向主槽，使得主槽河床的冲刷下切得到加强，$-4\mathrm{m}$ 的冲刷等值线的范围显著加大。工程对原来位于凹岸的主汊（右汊）的冲淤趋势的影响不大，它仍处于缓慢淤积的态势，受右岸护滩带影响，淤积幅度有微弱增加。

在方案二条件下，弯道凸岸洲头迎流侧河床冲刷受到一定的抑制，潜丁坝背水侧出现 $+0.2 \sim +1\mathrm{m}$ 幅度的淤积；与此同时，潜丁坝将洲头贴左岸水流挑向主槽。此时，左岸的潜丁坝、右岸的护滩带工程联合发生作用，起到了束流效果，使得主槽河床的冲刷下切程度相对于方案一显著增强，$-4\mathrm{m}$ 的冲刷等值线贯穿工程上下游区域。工程对原来位于

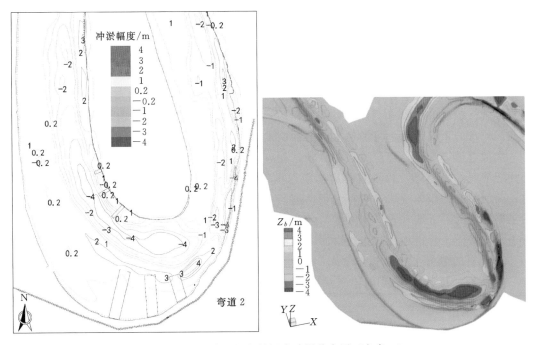

图 4.32 工程附近河段的河床冲淤分布图 (方案一)

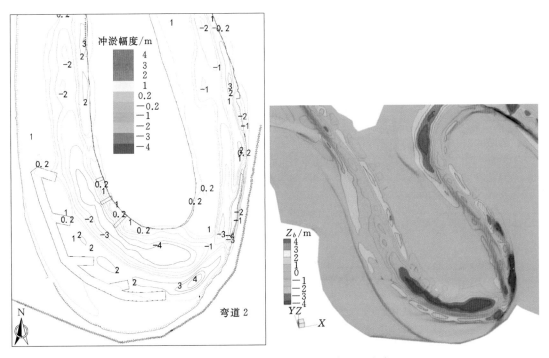

图 4.33 工程附近河段的河床冲淤分布图 (方案二)

凹岸的主汊 (右汊) 的冲淤趋势的影响不大, 该汊仍处于缓慢淤积的状态和演变趋势, 受右岸护滩带工程影响, 淤积幅度有微弱增加。

　　方案一在弯道进口左岸建潜丁坝，在弯道出口右岸建护滩带；方案二在弯道进口左岸建潜丁坝、在新主槽右侧滩地上建一纵四横梳齿型护滩带。方案一、方案二中弯道进口左岸建潜丁坝对于抑制弯道凸岸洲头迎流侧河床的冲刷后退，是有效的；与此同时，潜丁坝还会将洲头贴左岸水流挑向主槽，加速主槽的下切和发展。方案一条件下弯道出口右岸护滩带的固滩作用不显著；方案二条件下新主槽右侧滩地一纵四横梳齿型护滩带的固滩作用也不显著（护滩区域没有工程时也是淤积的），与此同时，它与左岸的潜丁坝的联合应用会起到一定的束流效果，将加速主槽的冲刷发展。

　　类似弯道 2 这种急弯弯道，在三峡工程应用后来沙急剧减小的条件下，发生切滩撇弯是河床演变的大趋势，切滩撇弯后：新河槽一般呈现出展宽、下切的发展趋势，与此同时，新河槽的凹岸侧浅滩一般将淤积抬高，急弯段凸岸将受到冲刷后退威胁。急弯河段整治策略提炼为：近期来看，切滩撇弯后新河槽的凹岸侧浅滩一般无需守护，与此同时，在弯道凸岸修建工程措施，防止凸岸冲刷后退将是维持急弯段河势稳定的关键。

　　2. 冲淤过程对工程的响应规律

　　图 4.34、图 4.35 分别给出了总体河段及工程局部段河床冲淤量随时间的变化过程。

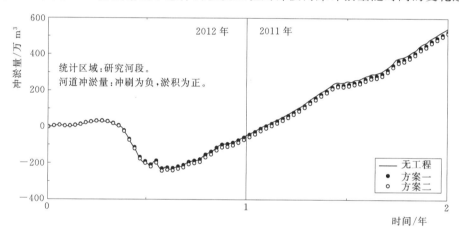

图 4.34　研究河段河床冲淤量随时间的变化过程（冲刷为负）

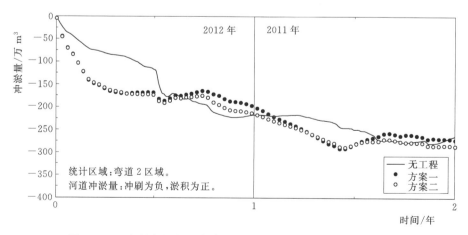

图 4.35　工程局部河段河床冲淤量随时间的变化过程（冲刷为负）

比较无工程、方案一、方案二条件下弯道段河床冲淤量随时间的变化过程，可以发现工程措施对河道总体的冲淤过程影响不大，工程对河床冲淤的影响主要集中在工程局部。在有工程（方案一、方案二）条件下，工程局部的河床冲刷强度均大于无工程条件下的河床冲刷强度，且方案二加速工程河段河床下切的影响大于方案一，这些认识与上文"冲淤分布对工程的响应规律"中的结论也是一致的。

3. 断面形态对工程的响应规律

将动床冲淤预测计算的初始地形和在无工程、方案一、方案二这三种工况下计算得到的第 2 年末的各监测断面（断面平面布置同概化模型，见图 4.1）的地形进行断面套绘，如图 4.36 所示；监测断面要素（断面面积、平均水深）的统计见表 4.2 和表 4.3。

表 4.2　系列年水沙过程后监测断面面积统计

断面	河宽 B/m	初始 A/m^2	无工程		方案一		方案二	
			A/m^2	$\Delta A/\%$	A/m^2	$\Delta A/\%$	A/m^2	$\Delta A/\%$
CS6	1624.9	19152.4	20170.6	5.3	20050.8	4.7	19931.1	4.1
CS7	2120.4	23099.8	24123.8	4.4	24175.6	4.7	23876.0	3.4
CS8	2991.3	15922.0	17009.1	6.8	16771.9	5.3	17027.3	6.9

注　在进行表中面积计算时，参考水位为30.0m；相对于无工程条件第2年末，在有工程条件下第2年末部分断面面积减小是由于工程占用所致。

表 4.3　系列年水沙过程后监测断面平均水深统计

断面	河宽 B/m	初始 H/m	无工程		方案一		方案二	
			H/m	$\Delta H/\mathrm{m}$	H/m	$\Delta H/\mathrm{m}$	H/m	$\Delta H/\mathrm{m}$
CS6	1624.9	11.79	12.41	0.63	12.34	0.55	12.27	0.48
CS7	2120.4	10.89	11.38	0.48	11.40	0.51	11.26	0.37
CS8	2991.3	5.32	5.69	0.36	5.61	0.28	5.69	0.37

由此可知，在无工程条件下，计算区域内的监测断面有冲有淤，在经过典型水文年组合水沙过程后，断面面积变化率不大，变化率一般为 $-6\%\sim+6\%$；从断面平均水深变化来看，变化幅度一般为 $-0.5\sim+0.5\mathrm{m}$。总体来看，工程修建对河道断面形态变化的影响不大，工程影响主要集中在工程局部断面（CS6～CS8）。从工程局部来看，在无工程条件下，CS6～CS8 第 2 年末断面面积变化率分别为 5.1%、4.1%、6.6%；相对于无工程条件下，方案一第 2 年末断面面积变化率变化了 0.1%～1.4%，方案二第 2 年末断面面积变化率变化了 0.1%～0.7%，工程修建对断面面积的影响不大。

4. 断面环流对工程的响应规律

为较清晰地反映工程扰动引起的河床冲淤变化对计算河段三维环流特性的影响，开展了研究河段平滩流量水流条件下的定床三维水流计算。水流计算的边界条件为：进口流量为 28300 m^3/s，出口水位为 27.1m。定床水流计算分别在 4 组地形条件下开展，即初始地形、无工程条件下第 2 年末地形、方案一条件下第 2 年末地形、方案二条件下第 2 年末地形。待模拟的水流稳定后，将第 3、第 4 种工况下弯道环流强度沿程分布曲线进行套绘，如图 4.37 所示；工程附近横断面环流结构沿程变化如图 4.38 所示（以 CS7 为例）。

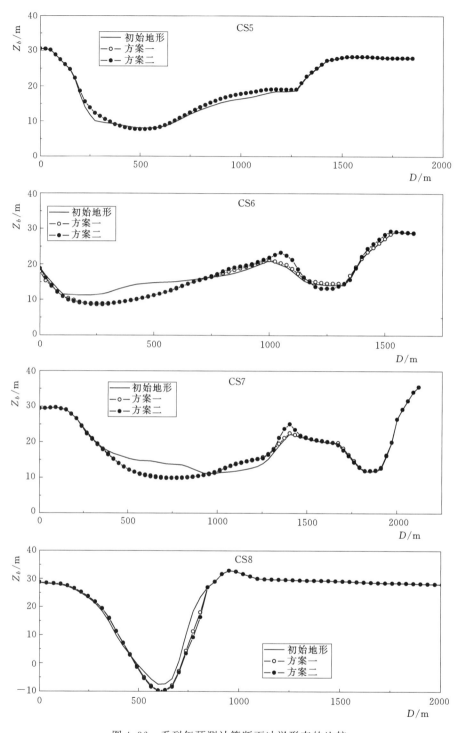

图 4.36 系列年预测计算断面冲淤形态的比较

由图 4.38 可知，在有工程条件下，工程对环流强度沿程分布的影响不大，工程影响主要集中在工程局部的断面。由此可见，整治工程对河道弯曲程度发展趋势的影响不大。

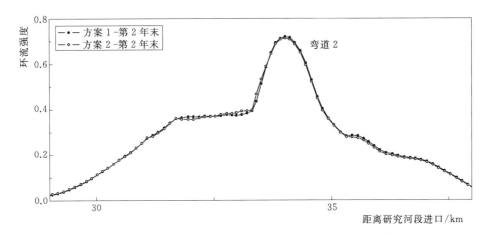

图 4.37 典型年水沙过程后河段环流强度沿程分布的变化

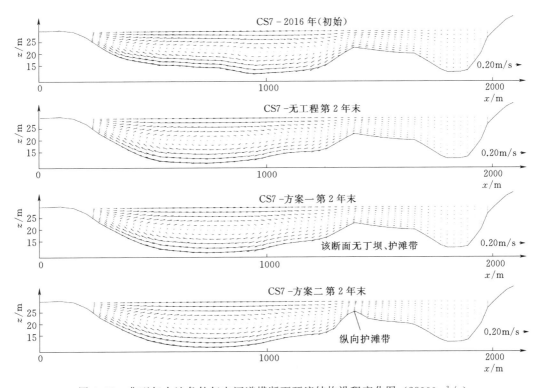

图 4.38 典型年水沙条件年末河道横断面环流结构沿程变化图 (28000m³/s)

5. 弯道整治措施的建议

综合分析实测资料和本次研究结果，根据三峡水库下游急弯段的河床演变规律，总结出三峡水库下游急弯段河势控制的治理措施如下。

（1）下荆江较宽的急弯段目前大多已完成切滩撇弯的演变过程，部分河宽较小的、不具备发生切滩撇弯条件的弯道将继续维持现状；根据平滩流量水流条件下典型弯曲河段断面环流结构沿程变化的模拟和分析，可知今后相当长的时间内弯道（包括已完成切滩撇弯的弯道、没发生切滩撇弯的弯道）的河型和弯道的弯曲程度将处于较稳定的状态。稳定的弯道河势给河势控制工程的设计和实施均提供了有利条件。

（2）无工程扰动条件下典型急弯河段冲淤演变的动床三维数值模拟研究表明：在三峡水库下游荆江来沙急剧减小的条件下，急弯段河床演变在宏观上以冲刷为主，这决定了急弯段河势控制工程应该以防冲为主。

（3）无工程扰动条件下典型急弯河段冲淤演变的动床三维数值模拟研究表明：对于较宽的急弯河段，在完成切滩撇弯之后，所形成的新河槽一般呈现出展宽、下切的发展趋势；从近期河床演变趋势看，新河槽凹岸侧浅滩将持续淤积长高（由于这些滩地本身就是不断淤积抬高的，在其上修建护滩工程作用不大），急弯段凸岸迎流岸段将持续受到冲刷后退的威胁。因而，急弯河段局部河势控制的要点可提炼为：切滩撇弯后新河槽内的低矮滩体稳定性较差，尤其是凸岸侧的边滩易遭受冲刷，因此在凸岸修建工程措施，防止凸岸冲刷后退将是维持急弯段河势稳定的关键。

综上所述，冲刷条件下弯曲河道的治理思路总体以防冲为主，且主要守护部位为凸岸进口岸线及凸岸边滩。对于过分弯曲并形成较短狭颈且可能进一步发展成自然裁弯的弯道，在凸岸的中上部适当布置挑流工程，可防止凸岸的进一步崩退；对于已经完成切滩撇弯的弯道，河槽内零散的低矮滩体随着年际间主流带的偏移将发生大幅度的冲淤变形，且冲刷位置不易控制、守护难度较大。对于此类弯道，在保持整体岸线稳定的前提下，适当的给滩体冲淤留有空间，将会有利于整体河势的良好发展。

4.3　小结

本章通过开展概化模型试验，分析了清水冲刷条件下分汊河道与弯曲河道演变特征；通过构建典型天然弯曲河道三维水沙数学模型，研究了弯曲河道三维水沙结构；通过分析其水沙运动特性，揭示了滩槽演变的机理，在此基础上，提出了分汊河道及弯曲河道综合治理的基本思路。主要结论如下：

（1）冲刷条件分汊河道总体河型得以维持，但分汊河道较短汊道发展占优，分汇流区河床冲淤剧烈。大水条件下，洲头低滩遭受剧烈冲刷，虽然在小水年后会有一定回淤，但相对于初始条件滩体仍有萎缩。低矮洲头低滩对分流区水流的约束作用减弱，使得汊道进口水流分散，上下游深槽无法贯通。同时由于较短汊道内冲刷幅度较大，汊道内近岸边滩稳定性降低，江心洲靠较短汊道侧易于崩退，两者综合作用下使得较短汊道河宽增加。

（2）冲刷条件弯道段凹岸深槽以及凸岸侧河床下段均以淤积为主，凸岸侧河床的中上段均发生冲刷。对于目前深槽紧贴凹岸的、河宽较大的弯道，存在撇湾切滩的可能；对于已经发生撇湾切滩的弯道，深槽居于河道中心偏靠凸岸，河道内发育有明显的心滩。心滩的活跃度较高，随着年内主流线的偏移，心滩不同部位均有产生冲刷的可能性，因此断面形态变化幅度剧烈，深槽平面摆幅较大。

（3）根据清水冲刷条件下分汊河道的演变特点，从稳定河势、塑造良好滩槽形态出发，其治理思路主要从加强较短汊道岸线及洲体边缘的守护及维持河道内低矮滩体的稳定、适当约束水流入手。由于"中枯水主流倾向汊道"有更大的机会发展成为主汊，因此在汊道治理方案的确定时，主汊道尽量选择中枯水主流倾向汊道；洲头低滩守护的重点部位应该集中在平滩水位附近的滩体，这对防止滩面的成片冲刷及局部窜沟的发展均是有利的。

（4）根据清水冲刷条件下弯曲河道的演变特点，从稳定河势、塑造良好滩槽形态出发，其治理思路是对已发生撇弯切滩和自然裁弯现象但曲率适当的平顺弯道，可以采取护岸工程措施稳定弯道凸凹岸边界。对过分弯曲并形成较短狭颈、已发生撇弯切滩且可能进一步发展成自然裁弯的弯道，需顺应河势发展趋势，在凸岸的中上部可适当布置挑流工程，并在凸凹岸适当位置采取护岸，在保持河势稳定的基础上循序渐进地调整。

—————————— 参 考 文 献 ——————————

［1］ 长江水利委员会长江科学院. 长江防洪模型项目初步设计报告［R］. 武汉：长江科学院，2010.

［2］ 长江水利委员会长江科学院，长江防洪模型选沙成果报告［R］. 武汉：长江科学院，2010.

［3］ Umlauf L，Burchard H. A generic length–scale equation for geophysical turbulence models［J］. Journal of Marine Research，2003，6（12）：235–265.

第 5 章　重点河段河势变化趋势预测研究

5.1　宜昌至大通河段总体河势变化趋势预测研究

5.1.1　冲淤计算条件

5.1.1.1　来水来沙条件

据实测资料，宜昌站 2002 年前多年平均输沙量为 4.92 亿 t，其中 1991—2000 年实测年均输沙量为 4.17 亿 t。2003 年之后，受长江上游来沙大幅减少、水量偏少等影响，三峡入库的水沙量均有所减少，导致长江中下游来沙量呈明显减少趋势。三峡水库蓄水运用前 10 年的 2003—2012 年，宜昌站年均输沙量为 4825 万 t，相对 2002 年前均值减少了 90%。

为了反映未来水沙变化趋势，在宜昌至大通河段冲淤趋势预测时，应考虑已建、在建的上游干支流控制型水库的拦沙作用。长江上游主要考虑干流的梨园、阿海、金安桥、龙开口、鲁地拉、观音岩、乌东德、白鹤滩、溪洛渡、向家坝、三峡，支流雅砻江的二滩、锦屏一级，支流岷江的紫坪铺、瀑布沟，支流乌江的引子渡、洪家渡、东风、索风营、乌江渡、构皮滩、思林、沙沱、彭水、银盘，嘉陵江的亭子口、宝珠寺、草街等 28 座拦沙作用较为明显的控制性水库，通过水库联合运用泥沙冲淤计算，分析得到长江中下游的来水来沙过程。随着上游控制型水库的联合运用，三峡水库下泄的沙量也明显减少，出库泥沙级配变细。

本次研究在 1991—2000 年水沙系列基础上，考虑上述水库建成拦沙后（乌东德和白鹤滩水库于 2022 年建成运行），预测得到 2013—2032 年三峡水库年均出库沙量分别为 4300 万～4900 万 t，之后且随着运行时间增加，其年均出库沙量略有增加。

实际计算时，2013—2016 年采用实测水沙系列，2017—2032 年采用考虑上游水库拦沙后的 1991—2000 年新水沙资料，其中 2017 年对应于系列年中的 1995 年。

5.1.1.2　代表性系列年合理性分析

采用数学模型开展长江中下游江湖关系的预测时，需要选取一个合理的代表性水沙系列。

长江中下游的来水来沙主要取决于其上边界，一方面与天然来水来沙有关，更重要的是直接受三峡等水库拦沙的影响，因此研究三峡水库的泥沙淤积问题、与坝下游的冲淤问题时，两者采用的系列年最好保持一致，即三峡水库的下泄水沙条件作为长江中下游冲淤预测时的上边界条件。

三峡工程论证阶段采用的是 1961—1970 年实测水沙系列，后来随着上游降水减少、水库拦沙、水土保持等影响水沙因素的变化，60s 系列已不满足新的环境条件的要求。

"十一五"期间及之后，三峡工程泥沙专家组研究论证提出，三峡泥沙问题研究时可采用1991—2000年实测水沙系列。后来随着溪洛渡、向家坝水库及上游支流水库的陆续建成运行，三峡的入库水沙也发生了较大的变化，因此"十二五"期间，采用1991—2000年水库拦沙后的水沙系列作为三峡水库的代表性系列，坝下游冲淤计算也采用相应系列。

水沙系列选取的基本原则：①系列年水沙特征值与多年均值接近，同时尽可能反映未来一段时期的变化趋势；②水沙组合类型较全且具有代表性，应尽量包含大水大沙、大水中沙、大水小沙、中水中沙、小水小沙等不同的组合。

以宜昌站作为长江下游水沙系列选取的代表站，根据水沙系列的选取基本原则，研究认为考虑水库拦沙计算后的1991—2000年新水沙系列可作为长江中下游冲淤研究的代表性系列是合适的。从径流量和输沙量两方面来分析：

（1）从径流量来看，宜昌1950—2016年多年平均径流量为4295亿 m^3，三峡蓄水前1950—2002年、蓄水后2003—2016年多年平均径流量分别为4369亿 m^3、4022亿 m^3，蓄水后相对偏小8%；而1991—2000年系列年径流量为4336亿 m^3，与蓄水前多年均值偏差不到1%，非常接近，同时该系列中也包含了大水（1998年，1999年）、中水、小水年（1994年，1997年）等不同的来水过程，因此从径流量来看，1991—2000年代表性比较好。

（2）从输沙量来看，三峡水库蓄水前1950—2002年、蓄水后2003—2016年宜昌站的实测输沙量差别很大，分别为49200万 t、3815万 t；1991—2000年新水沙系列的年输沙量为4637万 t，比蓄水后实测的2003—2016年偏大20%，比蓄水后实测的2003—2012年偏大4%，总体看来，1991—2000年新水沙系列基本能反应目前长江中下游的来沙情况，用其作为代表年是合适的。

值得说明的是，水沙系列年只是一个参照，并不能代表未来真实的来水来沙情况，二者甚至可能存在较大出入，会因天然降水、水库、水土保持等人类活动及其他突发事件而发生变化。本次研究中，考虑到最近几年宜昌站来沙量减少明显，故在1991—2000年新水沙系列基础上补充作了来沙量减少的敏感性计算分析，见表5.1。

表 5.1 宜昌站水沙特征值

水 沙 系 列	年径流量/亿 m^3	年输沙量/万 t
1950—2016年多年均值	4295	39687
1950—2002年多年均值（蓄水前）	4369	49200
2003—2016年均值（蓄水后）	4022	3815
2003—2012年实测	3978	4825
2008—2016年实测	4070	2225
1991—2000年实测	4336	41700
1991—2000年新水沙系列水库拦沙后	4336	4637

5.1.2　河道冲淤趋势预测

采用最新实测资料验证后的数学模型，预测了宜昌至大通河段 2017—2032 年的冲淤变化过程。数学模型计算结果表明（见表 5.2），水库联合运用的至 2032 年末，长江干流宜昌至大通河段累计总冲刷量为 20.91 亿 m^3，其中宜昌至城陵矶河段冲刷量为 7.67 亿 m^3，城陵矶至武汉段为 6.58 亿 m^3，武汉至大通段为 6.66 亿 m^3。由于宜昌至大通段跨越不同地貌单元，河床组成各异，各分河段在三峡水库运用后出现不同程度的冲淤变化。宜昌至枝城段，河床由卵石夹沙组成，表层粒径较粗。三峡水库运用初期本段强烈冲刷基本完成。2032 年末最大冲刷量为 0.37 亿 m^3，如按河宽 1000m 计，宜昌至枝城段平均冲深 0.61m。

表 5.2　　　　　　　　　　　　宜昌至大通分段累积冲淤量

河段	河段长度/km	2003—2012 年实测值/亿 m^3	2013—2016 年实测值/亿 m^3	2017—2022 年预测值/亿 m^3	2023—2032 年预测值/亿 m^3
宜昌—枝城	60.8	−1.46	−0.18	−0.25	−0.12
枝城—藕池口	171.7	−3.31	−2.24	−1.77	−1.26
藕池口—城陵矶	170.2	−2.90	−0.81	−2.16	−2.11
城陵矶—武汉	230.2	−1.26	−3.50	−3.21	−3.37
武汉—湖口	295.4	−2.79	−2.31	−2.84	−2.55
湖口—大通	204.1			−0.55	−0.72
宜昌—大通	1132.4			−10.78	−10.13
宜昌—湖口		−11.71	−9.07	−10.23	−9.41

枝城至藕池口段（上荆江）为弯曲分汊型河道，弯道凹岸已实施护岸工程，险工段冲刷坑最低高程已低于卵石层顶板高程，河床为中细沙组成，卵石埋藏较浅。该河段在水库运用的 2022 年末，冲刷量为 1.77 亿 m^3，河床平均冲深 0.79m；该河段在水库运用 2032 年末，冲刷量为 3.03 亿 m^3，河床平均冲深 1.36m。

藕池口至城陵矶段（下荆江）为蜿蜒型河道，河床沙层厚达数十米。三峡水库初期运行时，本河段冲刷强度相对较小；三峡及上游水库运用后该河段河床发生剧烈冲刷，2022 年末本段冲刷量为 2.16 亿 m^3，即河床平均冲深 0.79m；2032 年末本段冲刷量为 4.27 亿 m^3，即河床平均冲深 1.57m；由于该河段河床多为细沙，之后该河段仍将保持冲刷趋势。

三峡水库运行初期，由于下荆江的强烈冲刷，进入城陵矶至汉口段水流的含沙量较近坝段大。待荆江河段的强烈冲刷基本完成后，强冲刷下移。加上上游干支流水库拦沙效应，三峡及上游水库运用 20～50 年，城陵矶至汉口河段冲刷强度也较大，水库运用 2022 年末，本段冲刷量为 3.21 亿 m^3，河床平均冲深 0.70m；水库运用 2032 年末，本段冲刷量为 6.58 亿 m^3，河床平均冲深 1.43m。

武汉至大通段为分汊型河道，当上游河段冲刷基本完成，武汉至湖口河段开始冲刷，2022 年末、2032 年末冲刷量分别为 2.84 亿 m^3、5.39 亿 m^3，按河宽 2000m 计，河床平均冲刷 0.48m、0.91mm；湖口至大通段，2022 年末、2032 年末冲刷量分别为 0.55 亿

m³、1.27 亿 m³，按河宽 2000m 计，河床平均冲深 0.13m、0.31m。

由以往研究成果可知，三峡水库蓄水运用前 10 年，坝下游河段整体呈冲刷趋势，宜昌至城陵矶河段的冲刷量占宜昌至九江河段总冲刷量的 70% 左右，且冲刷强度大于城陵矶以下河段，总体来看，冲淤分布趋势与实测值分布相近，预测成果基本可信。

河道冲淤趋势预测成果受采用的计算条件影响很大。因为来水来沙条件、初始地形、水库调度方式与实际情况有一定的差异，加上后期人类活动（如采砂、航道整治工程等）的影响，预测值和实测值在定量上有一定的误差。其中，河道进口和区间的来水来沙总量、来水来沙分布过程的改变直接影响到河道的冲淤特性和冲淤程度。近几年来，长江上游来沙减少，加上已建水库的陆续运行，坝下游来沙量进一步减少，尤其是 2014—2016 年宜昌站输沙量仅为 720 万 t，与以往长期以来沙量相差很大。其中，2015 年 11 月至 2016 年 11 月，宜昌至湖口河段冲刷强度达到最大，基本河槽总冲刷量为 4.43 亿 m³。分析可知，这种大强度的冲刷主要与当年的来水、来沙条件有关，一是 2016 年三峡坝下游径流量偏丰（相对 2003—2015 年增加 12%），而含沙量却大幅偏小（相对减少 43%）；二是 2016 年坝下游汛期洪峰较大，洪水过程持续时间偏长，加剧了河道的冲刷；三是汛期长江中下游区间来水较大，但区间来沙却增加不多。

受各种因素的影响，加上无法准确预测河道的进口、区间来水来沙过程，因此有必要采用不同的水沙条件进行对比分析，从而得到河道的冲淤变化规律。

以下采用同系列来沙总量减少对河道冲淤进行敏感性分析。

长江中下游宜昌至大通河段的冲淤规律与趋势预测与上游来水来沙条件有一定的关系。本次重点分析在考虑上游水库拦沙的 1991—2000 年系列基础上，坝下游来流不变、而来沙量减少时对河道冲淤的影响。

据实测资料统计，宜昌站 2002 年前多年平均输沙量为 4.92 亿 t，其中 1991—2000 年系列的实测年均输沙量为 4.17 亿 t。2003 年之后，受长江上游来水、来沙大幅减少等影响，三峡入库的水沙量均有所减少，导致长江中下游来沙量呈明显减少趋势。三峡水库蓄水运用前 10 年的 2003—2012 年，宜昌站年均径流量为 3978 亿 m³，相对 2002 年前均值减少了 9%；年均输沙量为 4825 万 t，相对 2002 年前均值减少了 90%。之后，随着上游溪洛渡、向家坝等已建水库的陆续运行，宜昌站来沙量进一步减少，试验性蓄水的 2008—2016 年年均输沙量为 2225 万 t，尤其是近 3 年输沙量已不足 1000 万 t。

在上述河道冲淤趋势预测时，采用 1991—2000 年系列，并考虑上游控制性水库建成拦沙后计算得到 2017—2022 年、2023—2032 年三峡水库年均出库沙量分别为 5623 万 t、4353 万 t，之后随着运行时间增加，其年均出库沙量略有增加。

为分析不同来沙条件的影响，在上述研究方案的基础上，将预测的三峡水库的出库沙量减少 50%，水量不变；则 2017—2022 年、2023—2032 年三峡水库年均出库沙量由减少前的 5623 万 t、4353 万 t（下称基本方案），分别变化为减沙后的 2812 万 t、2177 万 t（下称减沙方案）。不同方案宜昌至大通河段的冲淤对比见表 5.3。

从不同方案长江干流宜昌至大通河段总体情况来看，不同方案河道总体均呈冲刷趋势。与基本方案相比，从 2017 年开始，减沙方案下 2022 年、2032 年全河段总冲刷量分别增加 0.82 亿 m³、1.03 亿 m³；增加幅度分别为 7.6% 和 4.9%。

从各分段来看，与基本方案相比，水库运行 2022 年末，宜昌至藕池口河段冲刷量略有增加，增幅为 11.4%；藕池口至城陵矶冲刷量有所减少，减幅为 16.7%；城陵矶以下河段差异相对较大，其中城陵矶至武汉河段冲刷量增加幅度为 17.1%。2032 年末，宜昌至藕池口河段冲刷量增幅为 9.1%；藕池口至城陵矶冲刷量减小幅度为 12.2%，城陵矶至武汉河段冲刷量增加幅度为 11.1%。

总体看来，在来流量和来流过程不变的情况下，当上游来沙量减少到基本方案的 50% 时，宜昌至大通河段全河段的冲淤量增加约 8% 以内，对各分段冲淤有不同的影响，主要表现为宜昌至藕池口河段冲刷量有所增加，藕池口至城陵矶河段冲刷量有所减少，城陵矶以下河段冲刷量相对有所增加；但随着水库联合运行的时间增长，各方案间的差异也会逐渐减小。

表 5.3　　　　　不同来沙条件条件干流河道冲淤变化表（1991—2000 年系列）

河段	2017—2022 年			2017—2032 年		
	基本方案/亿 m³	减沙方案/亿 m³	变化值/亿 m³	基本方案/亿 m³	减沙方案/亿 m³	变化值/亿 m³
宜昌—藕池口	−2.02	−2.25	−0.23	−3.4	−3.71	−0.31
藕池口—城陵矶	−2.16	−1.8	0.36	−4.27	−3.75	0.52
城陵矶—武汉	−3.21	−3.76	−0.55	−6.58	−7.31	−0.73
武汉—湖口	−2.84	−3.12	−0.28	−5.39	−5.74	−0.35
湖口—大通	−0.55	−0.67	−0.12	−1.27	−1.43	−0.16
宜昌—大通	−10.78	−11.6	−0.82	−20.91	−21.94	−1.03

注　表中变化值，负值表示冲刷量增加，正值表示冲刷量减少。

5.2　沙市河段河势变化趋势预测研究

5.2.1　二维数学模型预测计算

5.2.1.1　数学模型的建立与验证

沙市河段平面二维水沙数学计算范围：干流长江段杨家脑至观音寺，长约 65.4km；支流太平口分流口至弥陀寺段长约 5.6km。

水流验证及河床冲淤验证如下：

（1）水流验证表明，模型计算的水位与实测值相比，误差较小，其相差值一般在 5cm 以内，本河段河床初始糙率为 0.023～0.028。计算的与实测的断面流速分布符合较好，主流位置基本一致。经统计，各测流垂线流速计算值与实测值误差一般在 0.2m/s 以内。

（2）河床冲淤验证表明，干、支流计算冲刷总量与实测误差约 5.6%，其他各分段冲淤量相对误差一般均在 20% 以内。河床冲淤部位与幅度，计算结果与实测结果基本吻合，相似性较好，模型基本能够反映验证河段的河道冲淤变化状况。

总体看来，本研究所采用的平面二维数学模型能较好地模拟各河段的水流运动特性，验证计算成果与实测成果吻合较好，由此表明所采用的数学模型及计算方法是正确的，模型中相关参数的取值是合理的，可以用其来计算该河段的水流运动特性；模型能较好地反映各河段的总体变化，各分段计算冲淤性质与实测一致，计算值与实测值的偏离尚在合理范围内，利用本模型进行该河段的冲淤演变预测是可行的。

5.2.1.2 冲淤变化趋势预测

采用 2016 年 10 月实测的河道地形为初始地形，开展沙市河段的动床预测计算，预测三峡及上游控制性水库运用后 2017—2032 年间该河段的河势变化趋势。

1. 河段冲淤量和冲淤分布分析

表 5.4 为沙市河段累计冲淤量情况表。计算结果表明，沙市河段总体处于冲刷状态。15 年末全河段冲刷总量约 17767.7 万 m³，其中干流段冲刷约 17579.6 万 m³，口门段冲刷 170.1 万 m³。

表 5.4 15 年末沙市河段累计冲淤量情况表

分　　段		冲淤量 /万 m³	年冲刷强度 /[万 m³/(km·a)]
长江干流	杨家脑—太平口上	−8595.8	−26.5
	太平口下—观音寺	−9001.8	−23.9
太平口分流道	口门—弥陀寺	−170.1	−2.0
合计		−17767.7	−22.6

冲淤厚度分布见图 5.1。由图 5.1 看出，该河段河床冲淤交替，平滩以下河槽以冲刷为主，局部近岸河床冲刷较为明显；边滩部位有冲有淤，低滩部位冲刷明显，高滩部位略有淤积。15 年末，沙市河段总体平均冲刷 1.83m。从各分河段冲淤厚度分布来看：进口

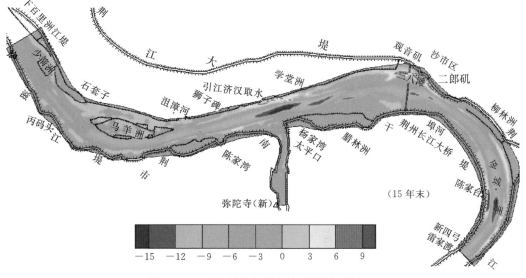

图 5.1 15 年末沙市河段河床冲淤厚度分布图

至涴 2 区段，平均冲刷约 2.27m；涴 2 至马羊洲上区段，平均冲刷约 2.17m；马羊洲附近区段，平均冲刷约 0.98m；马羊洲下至荆 30 区段，平均冲刷 2.70m；荆 30 至太平口区段，平均冲刷约 2.31m；太平口至荆 32 区段，平均冲刷约 2.54m；荆 32 至荆 37 区段，平均冲刷 2.68m；荆 37 至荆 43 区段，平均冲刷约 0.93m；荆 43 至荆 48 区段，平均冲刷约 1.73m；荆 48 至观音寺区段，平均冲刷 2.58m；太平口分流道（至弥陀寺）区段，平均冲刷约 0.53m。

2. 横断面变化分析

根据 15 年末典型断面和 40m 高程下水力要素变化来看：

（1）干流河段（CS1～CS9）。断面深槽明显冲深展宽，一般冲刷在 4～6m 范围内；高滩变化较小，一般冲淤变化在 4m 以内，太平口心滩冲刷萎缩较大，三八滩冲刷后退并且萎缩。从干流部分典型断面（CS1、CS2、CS4、CS 7、CS8）形态来看，40m 高程以下河槽初始面积为 18733～27980m²，后来面积扩大了 19.3%～34.5%，宽深比由初始的 2.28～4.45 减小了 0.18～0.75，典型断面位置如图 5.2 所示。

图 5.2　典型断面位置示意图

（2）太平口分流道河段（CS10～CS15）。断面深槽冲深展宽，冲刷幅度略小于干流河道，一般冲刷在 3～5m 范围内；高滩变化较小，一般冲淤变化在 2m 以内。从分流道部分典型断面（CS11～CS15）形态来看，40m 高程以下河槽初始面积为 1951～2709m²，后来面积扩大了 22.5%～36.9%，宽深比由初始的 2.35～4.56 减小了 0.44～0.98，沙市河段典型断面地形变化如图 5.3 所示。

5.2.2　实体模型试验

5.2.2.1　实体模型验证及试验条件

1. 模型范围

沙市河段模型模拟范围为火箭洲尾部（涴 2 上游 630m）至观音寺（荆 52），原型全长约 48km。根据《河工模型试验规程》（SL 99—2012）及试验内容要求，该河段的动床模拟范围为马羊洲头部（荆 27 上游 1.4km）至观音寺附近（荆 52 上游 0.8km），主要包括浣市河弯、沙市河弯及弯道之间的过渡段，全长约 38.6km。

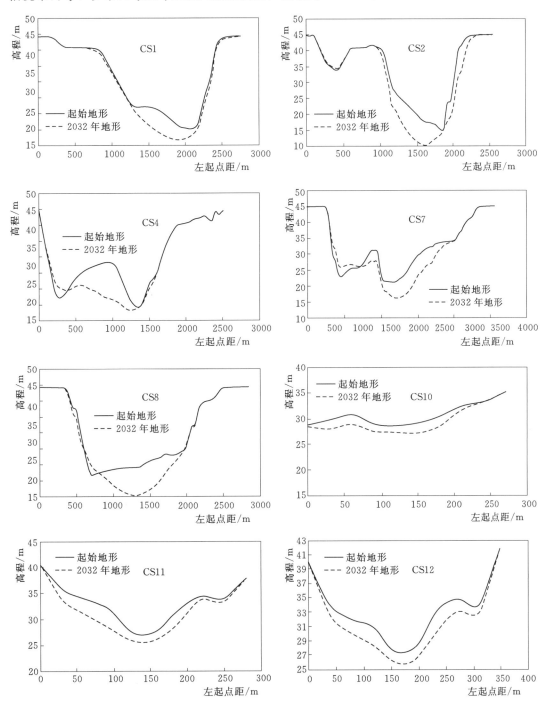

图 5.3（一） 沙市河段典型断面地形变化图

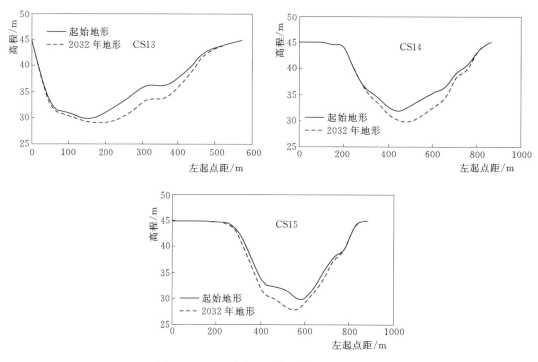

图 5.3（二）　沙市河段典型断面地形变化图

2. 模型比尺

根据试验研究目的、试验场地条件及长江科学院以往河工模型试验的经验，确定模型平面比尺 $\alpha_L = 400$，垂直比尺 $\alpha_H = 100$，模型变率 $\eta = 4.0$。根据《河工模型试验规程》（SL 99—2012）相关要求，在研究宽浅河段的水流泥沙问题时，可采用变态模型，其几何变率应根据河道宽深比、糙率及研究内容确定，对水流泥沙运动相似性要求较高时，几何变率可取 2～5，本模型变率符合上述要求。

3. 试验边界条件

本模型对试验河段内已实施的河道和航道整治工程等情况进行了模拟，包括沙市河段三八滩应急守护一期、二期航道整治工程、沙市河段航道整治一期工程、瓦口子水道航道整治控导工程、马家咀水道航道整治一期工程，荆州长江大桥等。

4. 验证水沙系列

验证试验初始河床地形采用 2013 年 11 月底实测 1∶10000 水下地形制作而成，在模型中施放 2013 年 11 月至 2016 年 10 月的水沙过程，以复演 2016 年 10 月实测河床地形。

动床模型验证试验研究成果表明，模型沿程水位及垂线平均流速沿河宽的分布与原型基本相似，各段不同流量级下河床冲淤量总的变化规律与原型基本一致，模型深泓位置、断面形态横向分布与原型基本吻合，较好地复演了原型滩槽泥沙运动冲淤规律，表明模型设计、选沙及各项比尺的确定基本合理。

5. 试验水沙系列

长江科学院采用 1991—2000 年系列年，进行了长江上游水库泥沙淤积计算，并采用三峡水库出库水沙过程进行了宜昌至大通一维水沙数学模型计算，可为沙市河段实体模型试验提供进出口边界条件。动床模型方案试验初始地形采用 2016 年 10 月天然实测 1/10000 水道地形图制作，实体模型试验施放 2017 年 1 月 1 日至 2032 年 12 月 31 日（三峡运用 30 年末），对应的水沙过程从 1996 年 1 月 1 日至 2000 年 12 月 31 日＋1991 年 1 月 1 日至 2000 年 12 月 31 日（至 2000 年 12 月 31 日后转为 1991 年 1 月 1 日循环），径流量过程综合考虑上游干支流水库建库调蓄的影响。

5.2.2.2 模型试验成果分析

由系列年动床模型试验沙市河段河势平面变化情况，可看出系列年动床模型试验运行第 5 年末、第 10 年末与第 15 年末总体河势与近期（2016 年 10 月）基本一致，随系列年动床模型试验的进行，河床整体呈沿程逐步冲刷下切的趋势，深槽刷深拓展，过渡段主流整体有所下移，过渡段间主流平面摆动较大，局部区域江心洲滩及汊道段变化较为剧烈。

1. 平面变化

（1）浣市河段（荆 27～荆 29），动床模型运行后地形变化情况见图 5.4～图 5.6。

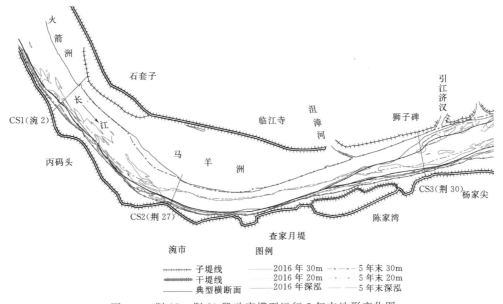

图 5.4 荆 27～荆 29 段动床模型运行 5 年末地形变化图

5 年末地形主要特点：动床模型试验运行 5 年末，该河段内深槽沿程冲刷较为剧烈，且均呈现向左扩宽的趋势。原有弯道凹岸仅有一处 10m 深槽冲刷延长，并呈零星分布；15m 深槽则基本贯穿河段右岸近岸河床并逐渐向上下游延伸。马羊洲中部右缘（荆 27 附近）稍有淤积，下部（荆 28 以下）则有所冲刷崩退，30m 高程线最大崩退约 80m。与地形相适应，5 年末该河段主流平面摆幅较小，仅下段过渡段分流点有所下移，且左、右槽主流均有所左偏。

10 年末地形主要特点：动床模型试验运行 10 年末，与 5 年末地形相比，除 10m 深槽在荆 28 上游 1.5km 左右贯通，连成一片外，其余滩槽形态与 5 年末基本一致，深槽也呈现向下游冲刷发展的趋势，15m 深槽槽尾较 5 年末下移约 580m，10m、20m 深槽槽尾下

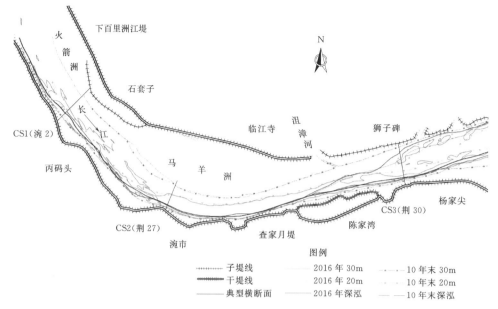

图 5.5　荆 27～荆 29 段动床模型运行 10 年末地形变化图

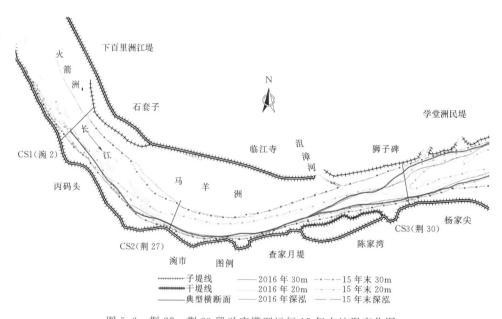

图 5.6　荆 27～荆 29 段动床模型运行 15 年末地形变化图

移幅度不大。左侧低滩部分的冲淤变化规律与 5 年末类似，呈中段（荆 27 附近）淤积向河心展宽，下段（荆 28 以下）冲刷崩退。10 年末本河段主流位置仅在弯道下游过渡段左右槽段有所左偏，其余部位变化不大。

　　15 年末地形主要特点：系列年动床模型试验运行 15 年末，与 10 年末地形相比，10m 深槽和 15m 深槽均进一步冲刷扩大，并向下游延长。15 年末本河段主流位置基本维持 10 年末主流位置，其余部位变化不大。

可见，动床模型试验运行 5 年末、10 年末及 15 年末，浣市河段河势仍维持现有格局，即主流由大埠街过渡至浣市河段后贴右岸下行，在陈家湾附近再分左右两股水流过渡到下游沙市河段上段。与初始地形（2016 年 10 月）比较，试验系列年内，该河段河床冲淤变化特征总体表现为深槽沿程冲刷，左侧洲滩也呈现不同程度的冲刷。

（2）沙市河段上段（荆 29～荆 45），动床模型运行后地形变化情况见图 5.7～图 5.9。

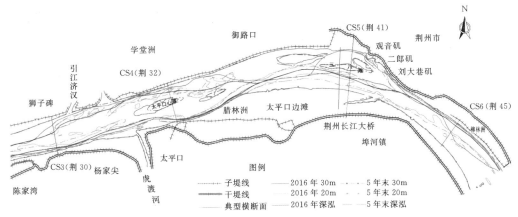

图 5.7 荆 29～荆 45 段动床模型运行 5 年末地形变化图

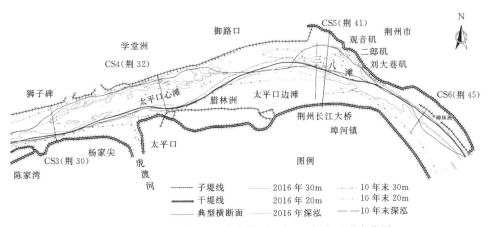

图 5.8 荆 29～荆 45 段动床模型运行 10 年末地形变化图

5 年末地形主要特点：太平口心滩北槽冲刷发育，在学堂洲荆 31—沙 4 近岸河床 20m 深槽均上提下延，但尚未完全贯通，荆 32—荆 35 段近岸河床形成较为完整的 20m 深槽；太平口心滩北槽与三八滩右汊之间原有的高于 25m 的沙埂遭受冲刷，河床降低，太平口心滩滩体冲刷萎缩，三八滩左汊进口附近滩体上部冲刷后退，30m 等高线较 2016 年后退约 530m；太平口心滩右槽相应萎缩，太平口口门上游 20m 深槽淤积上移，右槽出口处 20m 深槽萎缩消失，但在三八滩右汊进口处冲刷形成新的 20m 深槽。与初始地形（2016 年 10 月）比较，太平口心滩（30m 等高线）冲刷萎缩，滩体中段被水流冲开一分为二，形成上下一大一小两个滩体，滩体 30m 等高线面积比 2016 年缩小 50%，上段滩首冲刷下移约 400m，下段滩尾右侧向下稍有延伸，但幅度不大，心滩右缘高滩部分则有所冲刷崩

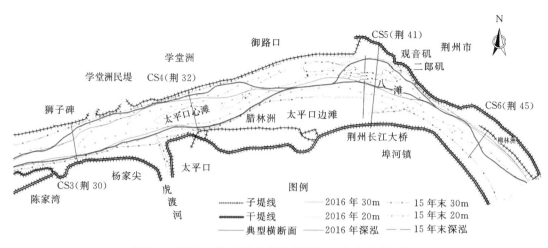

图 5.9　荆 29～荆 45 段动床模型运行 15 年末地形变化图

退，累计最大崩退约 140m。三八滩左汊上、中段河床发生淤积，观音矶前沿 20m 深槽淤积，消失殆尽，下段刘大巷矶附近及其下游冲刷坑刷深展宽，15m、20m 深槽均冲刷下延，且呈向左岸靠近的态势，与初始地形（2016 年 10 月）相比，15m 深槽下移约 250m，20m 深槽下延与下游金城洲左汊 20m 深槽连为一体；三八滩滩体左侧中上部淤长左移，右缘上段受沙市河段航道整治一期工程制约冲刷幅度较小，中下部则受三八滩中下段守护工程制约，三八滩左侧及尾部 30m 等高线有一定幅度淤积，25m 高程线向下延伸约 200m。5 年末主流由上游浣市河段过渡进入本河段后，沿太平口心滩南北两槽（其中北槽为主槽）下行至荆 37 附近后，再走三八滩的左右汊（其中右汊为主汊），于荆 43 附近汇流后贴左岸下行出本河段，汇流点与 2016 年 10 月相比稍有所下移。

10 年末地形主要特点：与 5 年末地形相比，10 年末太平口心滩头部继续遭受冲刷，25m、30m 高程线出现较大幅度的崩退，其中 30m 高程线后退幅度达 1400m。心滩北槽沙 4 附近继续冲刷发展，出现 15m 深槽，并向下游扩展，槽尾已发展至荆 32 附近，且在沙 4 处河床高程低于 10m；荆 35 附近近岸河床则有所淤积，原有的 15m 深槽淤失。太平口心滩右河槽在太平口口门以下部分基本处于淤积状态，河床有所抬高，局部位置太平口心滩 25m 高程线与右岸 25m 高程线连为一片，形成一沙坝，另外出口右岸荆 37—荆 38 一带边滩向河心淤长，右槽出流条件有恶化趋势。太平口心滩仍在不断地冲刷萎缩，上段滩体 30m 高程线整体冲刷下移，滩体面积也急剧缩小，下段滩体右缘 30m 高程线向太平口右槽略有淤长发展。三八滩左汊进口处有所冲刷，25m 高程线向左汊延伸，左汊出口观音矶附近深槽均呈现淤积状态，但出口下游刘大巷矶及荆 44 附近则冲刷发育，15m 及 20m 深槽均向下游延伸，15m 深槽槽尾下延约 1200m；三八滩右汊冲刷向右岸扩展，主流趋直，埠河 20m 深槽继续不断萎缩。10 年末主流位置与 5 年末相比，在左汊出口荆 38 附近有所左移，最大左移约 150m，另外，三八滩汊道段右汊主流有所右偏，荆 42 断面处右偏 140m，汇流处汇流点相应有所下移，累计下移约 160m，其余部位主流变化较小。

15 年末地形主要特点：与 10 年末地形相比，15 年末太平口心滩头部继续遭受冲刷，30m 高程线继续后退约 1000m，10 年末在太平口心滩下部出现的两个小滩体也冲刷消失。

三八滩右汊继续发展，枯水时左汊过流较小，导致三八滩汊道段主流右偏，汇流点也相应下移，其余部位主流变化较小。

可见，动床模型试验运行至5年末、10年末及15年末，与初始地形（2016年10月）比较，该河段深槽、洲滩位置与形态均发生较大的变化，但主流走向依旧维持太平口心滩左右两槽并存，至荆37附近走三八滩左右汊格局。随着上游来水来沙及河势变化，太平口心滩目前南北双槽且南槽为主槽的河道形态逐步向双槽转变；三八滩汊道呈现洲体右侧切割、右汊扩大、左汊进口淤积的发展趋势。

（3）沙市河段下段（荆45～荆52），动床模型运行后地形变化情况见图5.10～图5.12。

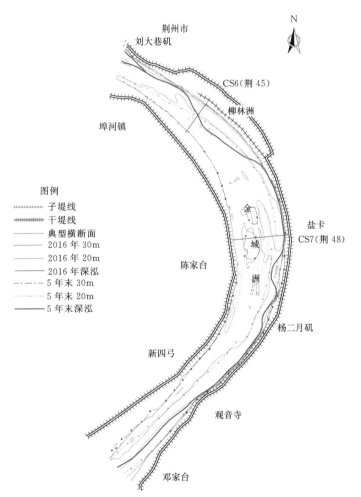

图5.10　荆45～荆52段动床模型运行5年末地形变化图

5年末地形主要特点：盐卡弯道凹岸近岸河床冲刷发展，在荆47～荆52段的15m深槽均上提下延，局部地段荆50～荆51附近出现较大范围的10m深槽，杨二月矶以上段零星分布的若干个10m深槽；受瓦口子—马家咀水道航道整治工程制约，金城洲洲头30m等高线较为稳定，洲体下部串沟冲刷发展，洲尾30m高程线冲刷萎缩；金城洲右汊整体

141

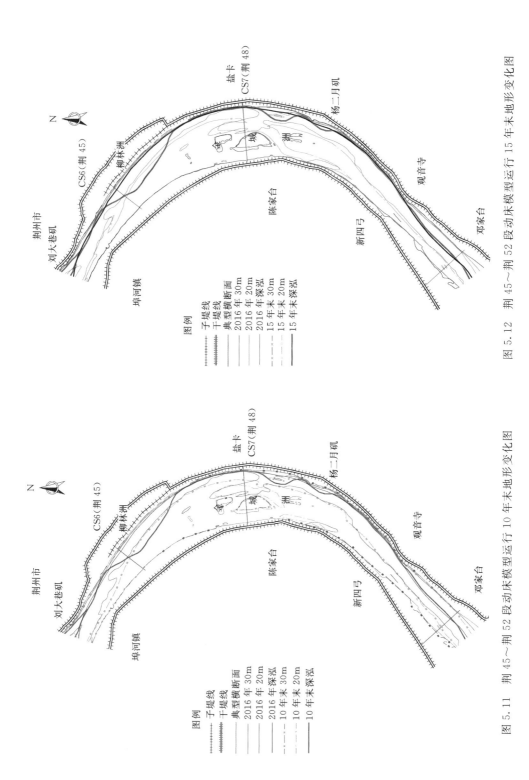

图 5.11　荆 45～荆 52 段动床模型运行 10 年末地形变化图

图 5.12　荆 45～荆 52 段动床模型运行 15 年末地形变化图

呈现冲刷发展的趋势，25m 等高线槽体刷长，且向左侧及下游扩宽。该河段主流与 2016 年初始地形相比，在河段进口处（荆 47 以上）主流有所左摆，最大摆幅约 300m，由该河段过渡至下游公安河段时，过渡段主流有所下移，由初始地形时的荆 52 下移至荆 53 附近向右岸过渡，累计下移约 2100m。

10 年末地形主要特点：10 年末弯道凹岸河床继续冲刷，河床高程进一步降低，金城洲左汊 25m 高程线与上下游深槽均连接贯通，其中荆 48—荆 53 断面间 15m 深槽全线贯通，滩槽形态及相对位置与 5 年末相比基本一致，金城洲洲头及左、右缘均有所崩退；金城洲右汊整体有所冲刷。10 年末该河段主流的位置与 5 年末相比变化不大，马家咀过渡段主流稍有所下移，但幅度不大。

15 年末地形主要特点：15 年末弯道凹岸河床冲刷幅度较 10 年末有所减小，河床高程进一步降低；金城洲洲头及左、右缘均继续崩退，金城洲右汊河床继续冲刷下切。15 年末该河段主流的位置整体变化不大。

可见，该段河道滩槽相对分明单一，系列年动床模型试验运行至 5 年末、10 年末及 15 年末，与初始地形相比，该河段深槽及洲体总体形态相对稳定，金城洲左汊一直为主汊的河势格局没有发生变化，主流沿金城洲左汊贴岸下行，至荆 53 附近逐渐向右过渡进入下游公安河段，过渡段主流整体有所下移。

2. 河床冲淤量、分布及典型断面冲淤变化

（1）试验河段河床冲淤量、分布。通过动床模型试验，试验河段冲淤量统计见表 5.5。计算条件分别为沙市流量 5000m³/s、12500m³/s、27000m³/s 三种条件对应的水位以下模型河床冲淤量。

表 5.5　　　　　　　　　　　　沙市河段系列年冲淤统计表

河段范围	时段	冲淤量/万 m³			洪水河槽平均冲深/m
		沙市流量 5000m³/s	沙市流量 12500m³/s	沙市流量 27000m³/s	
涴市河段 （荆 27～荆 29） 6.8km	初始地形至 第 5 年末	−700	−800	−400	−0.63
	第 5 年末至 第 10 年末	−300	−900	−100	−0.16
	第 10 年末至 第 15 年末	−200	−500	−300	−0.47
沙市河段上段 （荆 29～荆 45） 20.0km	初始地形至 第 5 年末	−1700	−2400	−2900	−1.05
	第 5 年末至 第 10 年末	−1000	−1700	−2100	−0.76
	第 10 年末至 第 15 年末	−1000	−1500	−2300	−0.84
沙市河段下段 （荆 45～荆 52） 11.8km	初始地形至 第 5 年末	−1200	−2000	−1600	−0.99
	第 5 年末至 第 10 年末	−800	−1000	−2000	−1.23
	第 10 年末至 第 15 年末	−500	−800	−1200	−0.74

注　"−"表示冲刷，"+"表示淤积。

从表 5.5 中可以看出模型运行至第 5 年末相对于初始地形、第 10 年末相对于第 5 年末、第 15 年末相对于第 10 年末的冲刷量和平均冲刷深度。其中以河段洪水河槽冲淤为例，模型运行至 5 年末，涴市河段冲刷 400 万 m³，平均冲深 0.63m；沙市河段上段冲刷幅度最大，达 2900 万 m³，平均冲深达 1.05m；沙市河段下段冲刷 1600 万 m³，平均冲深 0.99m。模型运行至 10 年末，涴市河段冲刷 100 万 m³，平均冲深 0.16m；沙市河段上段冲刷幅度最大，达 2100 万 m³，平均冲深达 0.76m；沙市河段下段冲刷 2000 万 m³，平均冲深幅度最大，达 1.23m。模型运行至 15 年末，涴市河段冲刷 300 万 m³，平均冲深 0.47m；沙市河段上段冲刷幅度最大，达 2300 万 m³，平均冲深达 0.84m；沙市河段下段冲刷 1200 万 m³，平均冲深 0.74m。

说明在以上水沙系列作用下，试验河段整体出现冲刷下切为主，其中不同河段在同一时段内冲刷幅度不同，若上游河段冲刷幅度较大，则下游河段冲刷幅度相对较小；反之亦然。总而言之，在以上 15 年水沙系列作用下，整个试验河段冲刷幅度较大。但随着时间推移，模型各个河段冲刷量均呈现逐渐减少的趋势，说明在以上水沙系列作用下，河床地形冲刷幅度逐渐减小。

（2）典型断面冲淤变化。试验河段内自上而下共布设了 5 个断面（CS2、CS3、CS4、CS5、CS6），典型横断面历年冲淤变化见图 5.13。

CS2（荆 27）断面主泓偏靠右岸，断面形态呈偏右的 V 形，模型运行至 15 年末，断面形态仍维持偏右的 V 形断面。与 2016 年初始地形相比，该河段主河槽整体呈刷深拓宽的趋势，至第 15 年末，河槽最大冲深 5.8m，位于右侧深槽。左侧低滩部分也基本表现为冲刷，河床有所降低，至第 15 年末，累计最大冲深 3.5m。

CS3（荆 30）断面位于沙市河段上段太平口心滩滩头以上，断面形态为不对称的 W 形，模型运行至 15 年末断面形态仍维持为 W 形，左右槽河床均较大幅度冲刷下切。模型运行至第 15 年末，左河槽出现 10m 深槽，最低高程在 6.6m 左右，右河槽高程也有较大冲刷，最低点高程在 8.9m 左右，位置较稳定。总体而言，CS3 断面左河槽近岸河床冲刷，深槽位置有所左偏且刷深扩宽，太平口心滩滩头及右河槽整体冲刷下切，右河槽也有所深槽刷深扩宽，且幅度较大。

CS4（荆 32）断面位于沙市河段上段太平口心滩滩体上，断面形态为 W 形，模型运行至 15 年末，断面形态仍维持为 W 形，左右槽河床均较大幅度冲刷下切。模型运行至第 15 年末，右河槽河床整体冲刷下切，最大冲刷幅度达 8m，左河槽深槽冲刷拓宽，河床整体冲刷下切。太平口心滩左侧滩体有较大幅度的冲刷降低，心滩右侧滩体也大幅度冲刷降低，平均高程 23m 左右刷低至约 17m。

CS5（荆 41）断面位于沙市河段下段三八滩滩体上，断面形态整体呈不对称的 W 形，三八滩右汊上段左侧冲刷幅度较小，模型运行 15 年，以向右冲刷扩展为主要表现形式，第 15 年末右汊河槽由 2016 年最低 11.3m 下降至 7m 左右，靠近腊林洲边滩河槽也冲深扩宽，最低高程下降约 7m。由于三八滩滩体受航道整治工程约束，因此三八滩滩顶高程基本维持 2016 年不变。

CS6（荆 45）断面位于沙市河段下段三八滩汊道与金城洲汊道之间的过渡段，断面呈不规则 U 形，主河槽位于左侧。模型运行至第 15 年末，左侧河槽整体冲刷下切，最低高

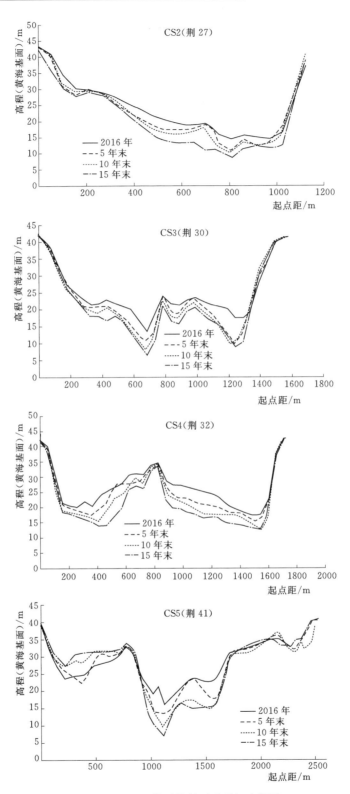

图 5.13 (一) 典型横断面系列年冲淤图

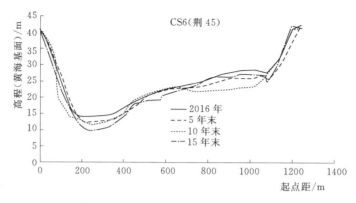

图 5.13（二）　典型横断面系列年冲淤图

程由 2016 年 14.2m 下降至 9.8m，冲深达 4.4m；模型运行 10 年末，右侧低滩位置均冲刷下切，至第 15 年末，低滩高程略有回淤，但幅度不大。

3. 汊道分流比变化

表 5.6 为沙市河段动床模型试验系列年末段典型汊道分流比统计表，模型试验成果表明：经过水沙系列年作用后，太平口心滩北槽分流比呈现增大趋势，南槽分流比相应逐年减小；三八滩左汊分流比在中水流量下，15 年末左汊分流比相比 2016 年实测值减少约 8%，相应的右汊分流比有所增大。

表 5.6　　　　　　　　　　系列年试验河段汊道分流比统计表

系列年	进口流量 /(m³/s)	太平口心滩		三八滩	
		北槽/%	南槽/%	左汊/%	右汊/%
2016 年	7400	39.7	60.3	22	78
5 年末	8100	41.1	58.9	21.3	78.7
10 年末	7600	44.3	55.7	20.6	79.4
15 年末	7300	45.0	55.0	18.9	81.1

5.2.3　小结

主要通过数学模型计算和实体模型试验研究沙市河段河床冲淤变化情况，以 2016 年 10 月河道地形为模型初始地形，考虑试验河段内已实施的河道整治工程及航道整治工程，在模型中施放长系列水沙过程。试验研究成果如下：

（1）数学模型成果表明，全河段累计冲刷总量约 17767.7 万 m³，其中干流段冲刷约 17579.6 万 m³，口门段冲刷 170.1 万 m³；干流河段断面深槽明显冲深展宽，一般冲刷在 4～6m 范围内；高滩变化较小，一般冲淤变化在 4m 以内，太平口心滩冲刷萎缩较大，三八滩冲刷后退并且萎缩。

（2）实体模型试验结果表明，沙市河段上段深槽、洲滩位置与形态均发生较大的变化，但主流走向依旧维持太平口心滩左右两槽并存，至荆 37 附近走三八滩左右汊格局。随着上游来水来沙及河势变化，太平口心滩目前左右双槽且右槽为主槽的河道形态逐步向双槽转变；三八滩汊道呈现洲体右侧切割、右汊扩大、左汊进口河床淤积抬高的发展趋势。

（3）实体模型试验成果显示，15年末模型试验河段总冲刷量约12900万 m³，主河槽仍将大幅度地刷深，即深泓高程整体有所降低，冲刷较为严重的部位主要集中在渑市河段凹岸荆 27—荆 28 一带等。太平口心滩北槽分流比呈现增大趋势，三八滩汊道段右汊分流比明显占优，左汊分流比呈现减少的趋势；受金城洲右汊进口已实施的航道整治工程影响，金城洲左汊分流比略有增大。

5.3　石首河段河势变化趋势预测研究

5.3.1　二维数学模型预测计算

5.3.1.1　数学模型的建立与验证

1. 模型的范围

石首河段平面二维水沙数学计算范围：干流长江段，新厂至石首至新开铺，长约24.8km；支流藕池河河段（含安乡河入口段），新开铺至管家铺和康家岗，长约14.7km。藕池口分流道包括长江干流天星洲右汊和支流藕池河。

2. 水流验证及河床冲淤验证

总体看来，本研究所采用的平面二维数学模型能较好地模拟各河段的水流运动特性，验证计算成果与实测成果吻合较好，由此表明所采用的数学模型及计算方法是正确的，模型中相关参数的取值是合理的，可以用其来计算该河段的水流运动特性；模型能较好地反映各河段的总体变化，各分段计算冲淤性质与实测一致，计算值与实测值的偏离尚在合理范围内，利用本模型进行该河段的冲淤演变预测是可行的。

5.3.1.2　冲淤变化趋势预测

本河段计算起始地形基础，干流新厂至石首段采用2016年10月地形，支流藕池河河段采用2015年12月地形；计算河段目前已建、在建的航道整治工程均作为固有地形边界处理。计算水沙系列为1991—2000年，考虑三峡及上游控制性水库蓄水拦沙，计算河段进、出口水沙条件由一维水沙数模计算提供。计算时限为2017—2032年。以下对石首河段冲淤计算至2032年末的冲淤变化状况进行分析。

1. 河段冲淤量变化分析

由表5.7和图5.14中可见，石首河段总体处于冲刷状态；全河段累计冲刷总量约8298.7万 m³，年均冲刷量约518.7万 m³，其中冲刷主要发生在平滩以下河槽部位，而高滩部位冲淤量较小，局部滩面有所淤积；河床累计冲淤幅度为－10.6～＋3.1m，平均冲深约0.96m，其中平滩以下河槽平均冲深约2.39m。干流藕池口分汊段，主汊冲深扩展，支汊淤积萎缩，高边滩有所淤积，低边滩冲刷后退；该段总体表现为冲刷，累计冲刷总量约5548.1万 m³，河床平均冲深1.79m，其中平滩以下河槽平均冲深约3.50m。干流石首弯道段，主汊冲深扩展，支汊淤积萎缩，高边滩有所淤积，低边滩冲刷后退；该段总体表现为冲刷，累计冲刷总量约 2846.7 万 m³，河床平均冲深 0.62m，其中平滩以下河槽平均冲深约 1.95m。支流藕池河（含安乡河入口）河段，上段河槽有所淤积，中、下段河槽有所冲刷，高边滩部位略有淤积；该段总体表现为略有淤积，累计淤积总量约 96.1 万 m³，河床平均淤厚 0.10m，而平滩以下河槽平均淤厚约 0.01m。

表 5.7   **15 年末石首河段累计冲淤量情况表**

统计部位		平滩以下河槽部位		全河段部位	
		冲淤总量 /万 m³	平均厚度 /万 m³	冲淤总量 /万 m³	平均厚度 /万 m³
支流	藕池河河段（新开铺—管家铺—康定岗）	+4.7	+0.01	+96.1	+0.10
干流	藕池口分汊段（新厂—古长堤—新开铺）	−6453.8	−3.50	−5548.1	−1.79
	石首弯道段（古长堤以下）	−4059.2	−1.95	−2846.7	−0.62
全河段		−10508.3	−2.39	−8298.7	−0.96

注   "＋"表示淤积，"－"表示冲刷。

2. 洲滩冲淤变化分析

石首河段内干流长江段主要有天星洲及洲头心滩、倒口窑心滩、藕池口心滩和河道两岸边滩（新厂至茅林口、陀阳树、向家洲、石首、送江码头等），支流藕池河段主要为两岸边滩。由图 5.14 和图 5.15 可见：

（1）长江左岸边滩（滩缘线）。新厂至茅林口边滩，受护岸工程约束，沿岸滩线冲淤变化较小；茅林口至古长堤，30m 边滩线冲淤变化较小，25m 边滩线向近岸后退 20～200m；古长堤至焦家铺，受航道护滩整治工程的约束，沿岸滩线总体冲淤变化较小，局部位置 25m 边滩线有所后退；向家洲边滩沿线上段变化较小，中、下段冲刷后退 50～250m，滩顶附近后退较大。

（2）长江右岸边滩（滩缘线）。受护岸工程约束，右岸边滩线总体变化较小。

（3）天星洲及洲头心滩。天星洲滩面略有淤积，其中洲头部位滩面淤积略大，淤厚一般在 1.9m 内；洲头心滩的滩头及心滩左缘冲刷后退，其中心滩滩头后退约 1200m；心滩右缘及尾部淤积，淤厚一般在 2.3m 内。

（4）倒口窑心滩。受航道整治工程约束，滩面、右缘及尾部有所淤积，淤厚一般在 2.0m 内；滩头前沿和左缘 25m 线冲刷后退仍较为明显。

（5）藕池口心滩。滩面有所淤积，其中右缘及尾部淤积稍大，淤厚一般在 2.5m 内；左缘下段也有小幅冲刷后退，20～80m。

（6）藕池河两岸边滩。滩缘线冲淤变化较小。

3. 河槽冲淤变化分析

由图 5.14～图 5.17 可见：

（1）干流藕池口分汊段。天星洲左汊为主汊，其河槽总体呈冲深展宽趋势；近岸一侧如黄家台至天星洲头、沱阳树至古长堤，河槽一般展宽约 50～400m，其余部位展宽较小；河槽冲淤幅度为−10.4～−1.3m，平均冲深约3.50m。天星洲右汊，为长江分流至藕池河的通道，该汊总体略有淤积，淤积幅度一般在2.0m内。

（2）干流石首弯道段。左汊为主汊，其河槽总体呈冲深展宽趋势；受护岸工程和航道整治工程制约，河槽展宽总体较小，一般在100m内，局部未护部位展宽较大；河槽冲淤幅度为−10.6～+1.1m，平均冲深约1.95m。倒口窑心滩和藕池口心滩右汊有所淤积，淤积幅度一般在3.0m内。

（3）支流藕池河（含安乡河入口）河段。上段河槽略有淤积，淤积幅度一般在1.0m内；中、下段河槽有所冲刷，冲刷幅度一般在2.0m内。河槽平面形态变化较小。

4. 深泓变化分析

由图5.18～图5.20可见：

（1）深泓平面位置变化。①干流长江段，初始时，深泓先贴靠新厂而下，

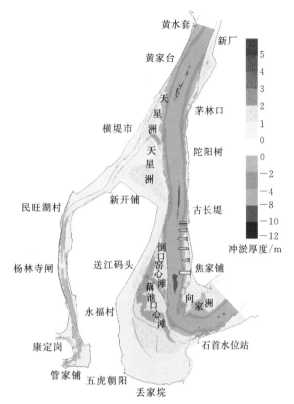

图5.14　石首河段15年末河床冲淤厚度分布图

过茅林口后逐渐向右岸偏移，贴天星洲左缘下段下行，过古长堤后趋中并向右偏靠倒口窑心滩左缘下行，然后向左岸贴向家洲边滩下行，至藕池口心滩尾部，并逐步过渡到贴石首弯道凹岸下行。冲淤至2032年末，深泓趋中摆动，其平面位置总体变化较小，局部位置摆幅稍大，摆幅一般在200m内。②藕池口分流道，初始时，在天星洲右汊内深泓基本偏中，藕池河内深泓在凹岸（如新开铺、民旺湖村、蒋家塔、管家铺）基本近岸。冲淤至年末，深泓平面位置总体变化较小，局部如天星洲右汊进口由于洲头后退较大，深泓左移。

（2）深泓沿程高程变化。①干流长江段，初始时，深泓高程为−14.7～+18.9m，最深位置在石首弯顶附近。冲淤后，除局部位置（如藕池口心滩尾）深泓略有淤积外，其余位置深泓总体呈下切趋势；2032年末，其深泓高程为−15.3～+13.6m，与初始相比，深泓冲淤变幅为−7.5～+2.3m。②藕池口分流道，初始时，深泓高程为+14.2～+29.9m，最深位置在管家铺弯顶附近。冲淤至2032年末，其深泓高程为+14.3～+28.8m，与初始相比，深泓冲淤变幅为−1.6～+1.9m，变化较小。

综上分析可知，石首河段在2017—2032年期间，受河道护岸和航道整治等工程的制约，平面河势总体格局变化不大；主汊河槽冲刷下切较为明显，并有所展宽，支汊有所淤积萎缩；高滩滩面以微淤为主，低边滩部位冲刷后退；两岸岸线变化较小；深泓趋中摆动。

2032年末，全河段累计冲刷总量8298.7万m³，年均冲刷量518.7万m³，河床累计

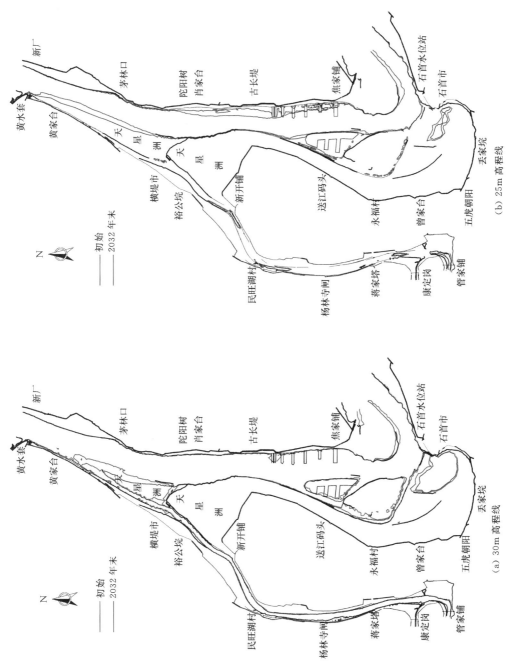

图 5.15　石首河段 30m，25m 地形高程线平面位置变化图

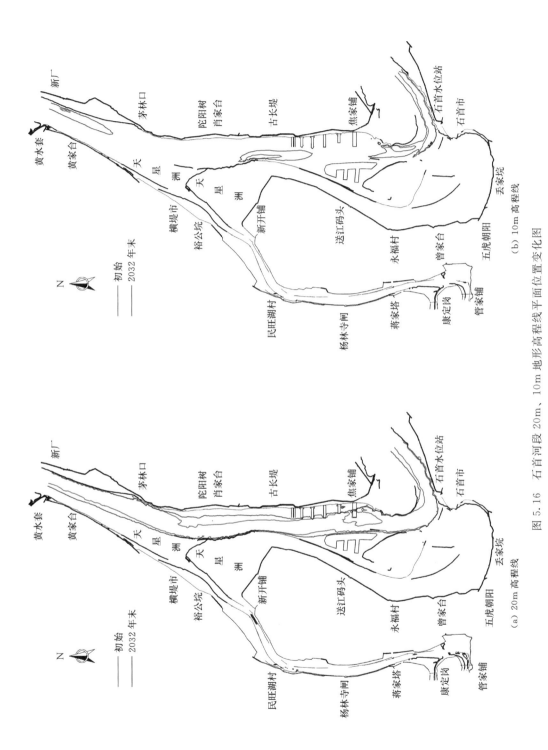

图 5.16 石首河段 20m、10m 地形高程线平面位置变化图

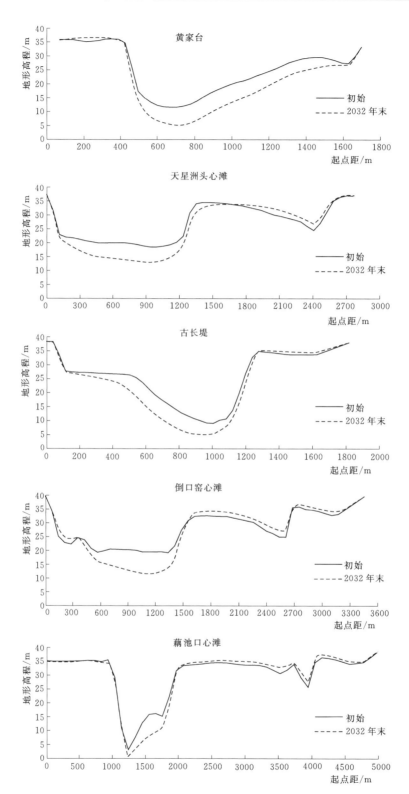

图 5.17（一）　石首河段典型断面地形变化图

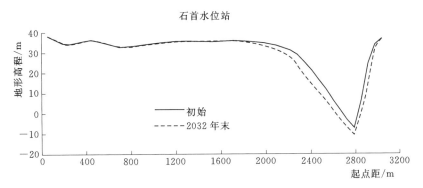

图 5.17（二） 石首河段典型断面地形变化图

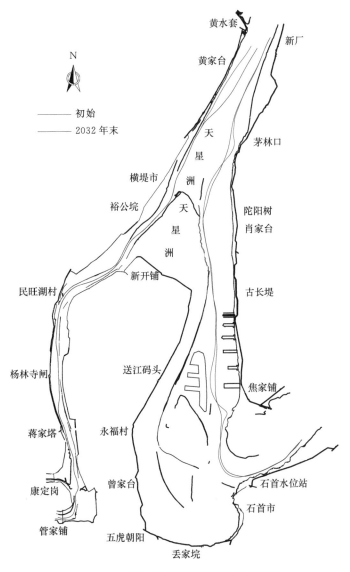

图 5.18 石首河段深泓线平面位置对比图

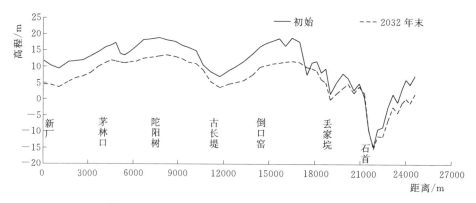

图 5.19 石首河段干流长江段沿程深泓高程对比图

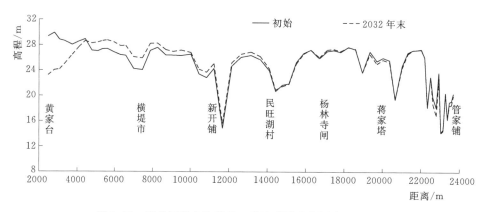

图 5.20 石首河段支流藕池口分流道沿程深泓高程对比图

冲淤幅度为−10.6～+3.1m，平均冲深 0.96m，其中平滩以下河槽平均冲深约 2.39m。30m 边滩线，向家洲边滩沿线中、下段冲刷后退 50～250m，河段其余部位变化较小。天星洲心滩滩头冲刷后退约 1200m，且左缘冲刷后退；天星洲右汊总体略有淤积，淤幅在 2.0m 内。倒口窑心滩和藕池口心滩的滩面、右汊及串沟内有所淤积，淤幅在 3.0m 内；倒口窑心滩滩头前沿、左缘和藕池口心滩左缘下段仍冲刷后退。干流长江段深泓趋中摆动，平面摆幅较小，局部位置稍大；深泓纵向地形高程冲淤变幅为−7.5～+2.3m。藕池河河段上段河槽略有淤积，中、下段河槽略有冲刷，总体变化较小。

5.3.2 实体模型试验

5.3.2.1 实体模型验证及试验条件

1. 模型范围

根据试验研究目的和试验研究内容，在保证石首河段模型与原型水流运动相似的前提条件下，充分考虑到拟整治工程实施后对河段上下游水文条件及河势可能带来的最大影响范围，以及长江科学院以往河工模型试验的经验，确定模型试验模拟范围上起新厂，下至北碾子湾，河道长度约 28km。

2. 模型比尺

根据试验研究目的、试验场地条件及长江科学院以往河工模型试验的经验，确定模型平面比尺 $\alpha_L = 400$，垂直比尺 $\alpha_H = 100$，模型变率 $\eta = 4.0$。根据《河工模型试验规程》（SL 99—2012）相关要求，在研究宽浅河段的水流泥沙问题时，可采用变态模型，其几何变率应根据河道宽深比、糙率及研究内容确定，对水流泥沙运动相似性要求较高时，几何变率可取 $2\sim5$，本模型变率符合上述要求。

3. 试验边界条件

该动床模型是在原定床模型的基础上改制而成的，确定动床模型试验模拟范围上起新厂，下至北碾子湾，河道长度约28km。根据模型所在河段河岸边界条件及历年的冲淤变化情况，将河床高程约30m以上及有护岸工程处制作为定床，以反映工程上下游河道的河势及冲淤变化特点。

在现状条件下，考虑上游三峡工程以及工程附近河段已建及在建护岸工程及航道整治工程等，研究石首河段的河势变化趋势。

4. 验证水沙系列

该动床模型验证试验中初始地形采用2014年2月天然实测的1/10000河道地形图，终止地形选用2016年11月实测河道地形。根据模型所在河段河岸边界条件及历年的冲淤变化情况，将河床高程约30m以上及有护岸工程处制作为定床以反映工程上下游河道的河势及冲淤变化特点。

在模型中施放2014年2月至2016年10月时间段的天然水沙过程，以复演2016年10月实测河道地形。在验证试验过程中，石首河段采用沙市站来水来沙过程，模型出口北碾子湾水位则由一维水沙数学模型提供。

根据模型验证试验成果表明：模型设计、选沙及各项比尺的确定是合理的，能保证模型的相似可靠性。经验证试验确定，含沙量比尺0.75与河床冲淤变形时间比尺135是合理可靠的。

5. 试验水沙系列

长江科学院采用1991—2000年系列年，进行了长江上游水库泥沙淤积计算，并采用三峡水库出库水沙过程进行了宜昌至大通一维水沙数学模型计算，可为石首河段实体模型试验提供进出口边界条件。动床模型方案试验初始地形采用2016年11月天然实测1/10000水道地形图制作，实体模型试验施放2017年1月1日至2032年12月31日（三峡运用30年末），对应的90系列水沙过程从1996年1月1日至2000年12月31日＋1991年1月1日至2000年12月31日（至2000年12月31日后转为1991年1月1日循环），径流量过程综合考虑上游干支流水库建库调蓄的影响。

5.3.2.2 模型试验成果分析

动床模型试验结果表明，模型放水至第15年末，试验河段总体河势未发生大的变化，主要表现为：试验河段整体冲刷下切幅度较大，但滩槽位置相对稳定，主流线及深泓位置整体变动不大，但在局部河段（过渡段等）河势调整较为剧烈。随着时间推移，试验河段冲淤演变幅度有趋于变缓的趋势。

图5.21为初始地形（2016年11月）、模型运行至第5年末、第10年末及第15年末的

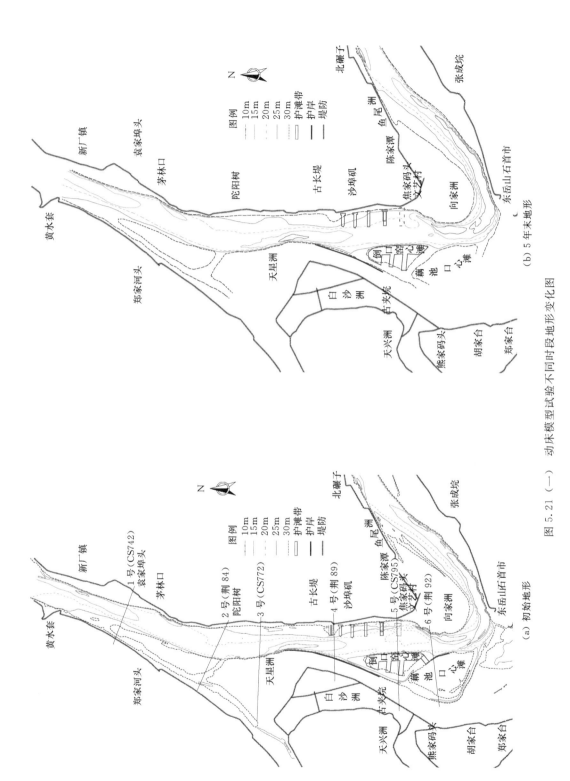

图 5.21（一）　动床模型试验不同时段地形变化图

（a）初始地形　　　　（b）5 年末地形

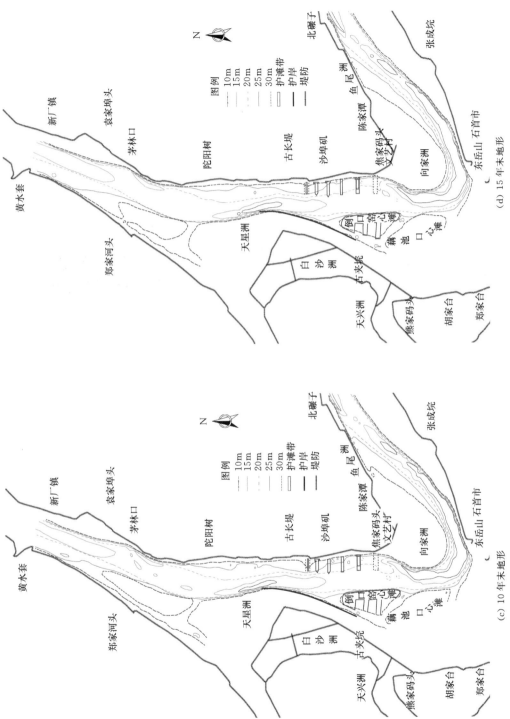

图 5.21（二）　动床模型试验不同时段地形变化图

石首河段平面变化情况。由图 5.21 可看出模型运行至第 5 年末、第 10 年末及第 15 年末石首河段总体河势与初始地形基本一致。由图 5.22 可知，模型运行至第 15 年末石首河段河床整体呈冲刷下切趋势，深槽刷深拓宽，具体变化情况分述如下。

图 5.22　动床模型试验石首河段第 15 年末地形变化示意图

1. 平面变化

石首河段由顺直段、分汊段和急弯段组成，本河段进口附近右岸有藕池口分流入洞庭湖。石首河段多年来河床复杂多变，主要表现为洲滩冲淤消长交替变化及过渡段主流的频繁摆动。新厂至茅林口段主流贴左岸下行，陀阳树—古丈堤段主流呈两次过渡，首先在陀阳树深泓从左岸过渡到右岸天星洲滩体左侧，下行一定距离后又在古丈堤附近过渡到左岸一侧，不同年份，过渡段的顶冲点出现上提下移。主流在倒口窑心滩头部过渡到左岸顶冲向家洲的文艺村处，然后贴左岸下行，主泓线在其他部位均变化不大。

模型运行至第 5 年末，与初始地形相比，有以下变化：①北门口附近 10m 深槽有一定程度展宽和下延，下延了近 950m；向家洲文艺村至张城垸一带的 15m 深槽有所展宽，平面形态变化不大，藕池口心滩左缘 15m 高程线有所崩退。②天星洲左缘 15m 深槽高程线有所展宽，并上提了近 830m。③茅林口至陀阳树一带左岸的 20m 高程线有所左移，陀阳树边滩头部有所崩退，倒口窑心滩对岸 20m 高程线因冲刷萎缩明显；藕池口心滩左缘、向家洲边滩顶部 20m 高程线有所冲刷崩退。④25m、30m 高程线变化与初始地形相比不明显。⑤与初始地形相比，茅林口至陀阳树段深泓线摆动明显。深泓下行至新厂边滩中下部位置开始逐渐向左岸过渡，至茅林口贴左岸下行，至陀阳树边滩头部开始逐渐向右岸过渡顶冲天星洲左缘，与初始地形相比，该段深泓向左岸平均摆幅约 320m，导致天星洲左缘顶冲点下移了近 1200m。与初始地形相比，其他位置深泓变化不明显。

模型运行至第 10 年末，与第 5 年末相比，有以下变化：①天星洲左缘的 10m 冲刷坑有所展宽，并上提了近 640m；北门口附近位置的 10m 深槽有所展宽并上提，与上游向家洲边滩头部数个大小不等的 10m 冲刷坑连为一体，深槽头部上提了近 1700m；北碾子湾附近10m冲刷坑也有所展宽，并上提了近760m。②天星洲左缘15m深槽有所展宽和上提；向家洲边滩首部至鱼尾洲一带15m深槽、北碛子湾15m深槽均有所展宽和上提下延，并且在两个深槽之间的过渡区域出现了数个大小不等的15m冲刷坑。③天星洲心滩和藕池口心滩左缘20m高程线有所冲刷崩退，但天星洲左缘附近河槽及倒口窑心滩左缘附近河槽中出现了一些20m高程淤积体。④25m、30m高程线变化与第5年末相比不明显。⑤与第5年末相比，深泓线摆动较明显位置主要为：深泓在新厂边滩中下部位置有所右摆趋中，之后向茅林口过渡贴岸下行至陀阳树边滩中上部位置开始向右岸天星洲过渡，迎流顶冲点较第5年末有所下移；倒口窑心滩左缘附近深泓线右摆。

模型运行至第15年末，与第10年末相比，有以下变化：①天星洲左缘的10m冲刷坑有所展宽，并下延320m，向家洲边滩头部至张城垸一带10m深槽均有所展宽；北碛子湾附近10m冲刷坑也有所展宽和上提。②天星洲左缘15m深槽有所展宽，向家洲首部至鱼尾洲一带的15m深槽与北碛子湾15m深槽几乎贯通为一体。③20m、25m、30m等高线及深泓线平面变化均不明显。

以上成果表明，在以上水沙系列作用下，本河段整体以冲刷下切为主，10m、15m、20m等高线则有一定程度的展宽和上提下延。北门口位置处的5m冲刷坑面积由初始地形的0.56km²增大为15年末的1.04km²。整体河势变化不大，但存在主流顶冲向家洲首部、主流曲率半径过小、局部主流摆动频繁等问题。

2. 河床冲淤量、分布及典型断面冲淤变化

（1）试验河段河床冲淤量、分布。根据已有实测资料分析成果可知，三峡工程蓄水以来，石首河段以冲刷为主；表5.8给出了模型试验后不同阶段不同河段冲淤量结果，从表5.8中可以看出模型运行至第5年末相对于初始地形、第10年末相对于第5年末、第15年末相对于第10年末的冲刷量和平均冲刷深度。其中模型运行至第5年末，全河段冲刷2340万m³，平均冲深0.48m；模型运行至第10年末，该河段冲刷1693万m³，平均冲深0.35m；模型运行至第15年末，该河段整体冲刷946万m³，平均冲深0.19m，见表5.8。

说明在以上水沙系列作用下，试验河段整体出现冲刷下切为主。总而言之，在以上15年水沙系列作用下，整个试验河段冲刷幅度较大。但随着时间推移，模型各个河段冲刷量均呈现逐渐减少的趋势，其中在第10年末至15年末整个试验河段的冲刷量为946万m³，仅为15年总冲刷量（4979万m³）的19%，说明在以上水沙系列作用下，河床地形冲刷幅度逐渐减小。

表5.8　　　　　　　　　　　　原型及模型河床分段冲淤量对照表

河段范围	时　　段	冲淤量/万m³	平均冲淤厚度/m
新厂至北碛子湾	2014年2月—2016年10月	−1031	−0.23
	初始地形—第5年末	−2340	−0.48
	第5年末—第10年末	−1693	−0.35
	第10年末—第15年末	−946	−0.19

注　"−"表示冲刷。

（2）典型断面冲淤变化。试验河段内自上而下共布设了6个断面（1～6号），典型横断面历年冲淤变化见图5.23。

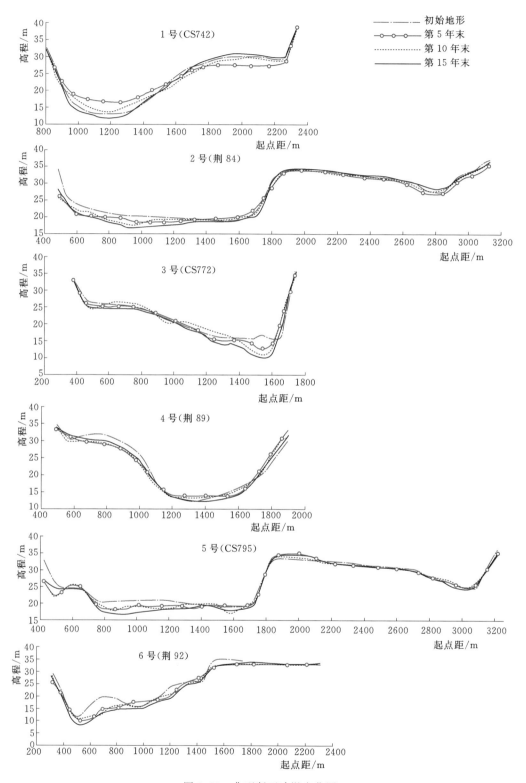

图 5.23　典型断面冲淤变化图

1号（CS742）断面位于新厂至下游茅林口之间的边滩上，右岸为藕池口分流口上游附近，断面形态呈不规则U形。在2016年10月初始地形上15年系列水沙过程后，枯水河槽冲淤交替，以冲刷下切为主，右岸藕池口口门上游淤积的拦门沙滩地则以淤积为主。其中25m以下河床整体平均冲刷下切了0.36m。断面宽深比在3.15～4.70变化。

2号（荆84）断面位于石首河段上游茅林口至下游天星洲之间的过渡段内，断面形态呈不规则的W形，主河槽位于左汊，右汊为藕池口口门附近分流道。通过施放15年系列水沙过程，左汊主河槽以冲刷下切为主，右汊分流道有所淤积。断面25m高程以下整体冲刷下切1.53m，断面宽深比在5.76～7.56变动，有逐渐减小的趋势。

3号（CS772）断面位于石首河段天星洲左缘主流贴岸部位附近，断面形态呈不规则的U形。通过施放15年系列水沙过程，河床整体冲刷下切。断面宽深比在4.69～5.45变动。

4号（荆89）断面位于石首河段右岸天星洲至下游左岸焦家铺之间的过渡段内。通过施放15年系列水沙过程，左岸边滩冲淤交替变化，但受护滩带影响，冲淤变化较小。主河槽以冲刷下切为主，断面25m高程以下整体冲刷下切0.23m，断面宽深比在3.18～3.39变动。

5号（CS795）断面位于石首河段倒口窑心滩附近，左右河槽并存，断面形态呈不规则的W形。通过施放15年系列水沙过程，左汊主河槽以冲刷下切为主，右汊及倒口窑心滩高程变化不明显。断面25m高程以下整体冲刷下切1.28m，断面宽深比在7.20～9.32变动。

6号（荆92）断面位于石首河段藕池口心滩附近。通过施放15年系列水沙过程，主河槽以冲刷为主，断面25m高程以下整体冲刷下切2.44m，断面宽深比在3.34～4.32变动，有不断较小的趋势。

对比初始地形与15年末地形，25m高程以下的断面宽深比较初始地形有所减小，25m高程河宽有所增加，断面平均水深较初始地形有所增加。

5.3.3 小结

（1）数学模型成果表明，全河段累计冲刷总量约8298.7万m^3，年均冲刷量约518.7万m^3，平均冲深约2.05m。30m边滩线，向家洲边滩沿线中、下段冲刷后退50～350m，河段其余部位变化较小。天星洲心滩滩头冲刷后退约1600m，且左缘冲刷后退；天星洲右汊总体略有淤积，淤幅在2.0m内。倒口窑心滩和藕池口心滩的滩面、右汊及串沟内有所淤积；倒口窑心滩滩头前沿、左缘和藕池口心滩左缘下段冲刷后退仍较为明显。干流长江段深泓趋中摆动，平面摆幅较小，局部位置稍大。藕池河河段上段河槽略有淤积，中、下段河槽略有冲刷，总体变化较小。

（2）模型试验结果表明，15年末模型试验河段总冲刷量约4979万m^3；试验河段滩槽位置相对稳定，整体呈冲刷下切的趋势，天星洲左缘、向家洲首部至北门口及张城垸一带、北碾子湾等位置深槽有变宽延长冲深的趋势。通过模型试验发现，该河段存在的问题有：向家洲上游焦家铺一带陀阳树边滩尽管建设了一系列护滩带，但该处深泓贴岸，主流顶冲向家洲边滩首部，存在着切滩撇弯的趋势；弯道处主流曲率半径过小，使得北碾子湾一带持续冲刷崩退、南碾子湾淤长；藕池口心滩尾端至北门口一带深泓贴岸，藕池口心滩尾端高滩不断崩退，不利于河势稳定；此外，藕池口口门上游分流道不断淤长，进而可能对藕池口分流造成影响。

5.4　熊家洲至城陵矶河段河势变化趋势预测研究

5.4.1　二维数学模型预测计算

5.4.1.1　数学模型的建立与验证

1. 模型范围

综合考虑熊家洲—城陵矶连续弯道段的河势及水文资料等因素，选取盐船套—螺山长约 77.8km 的荆江干流河段、七里山—城陵矶洞庭湖入汇河段长约 4.5km 的河段作为平面二维水沙数学模型的计算区域。

2. 水流验证及河床冲淤验证

率定和验证结果表明，本次研究采用的河道平面二维水流数学模型的计算方法是可行的，在合理的模型参数系数取值条件下，平面二维水流模型能较好地模拟计算河段的水流运动，可用于计算和分析拟建工程对河道水位、流场等的影响。

冲淤验证表明，本研究平面二维水沙数学模型能较好地模拟弯曲河道的河床冲淤分布，能准确地反映出弯道演变发展的一般规律。河床冲淤量、冲淤平面分布、横断面变形计算结果与实测值符合均较好。因此该模型可用于预测和研究该河段河床冲淤趋势及相关工程泥沙问题。

5.4.1.2　冲淤演变趋势预测

采用 2016 年 10 月实测的 1/10000 河道地形图塑制数学模型计算的初始地形，开展盐船套—螺山河段系列年动床预测计算，预测三峡及上游控制性水库运用后 2017—2032 年间熊家洲至城陵矶河段的河势变化趋势。

1. 河段冲淤量变化

图 5.24 给出了无工程工况下第 15 年末的河床冲淤分布及地形形态，以下将从总体、局部两个角度分析河道冲淤演变的规律。

在无工程条件下，经过系列年水沙过程之后，计算区域内河床有冲有淤，冲淤幅度一般为 −10～＋10m，河床变形主要集中在主河槽中，河槽内河床的冲淤变化规律与河槽位置特征关系密切。在熊家洲弯道出口段主要表现在凹岸（沟子口—孙梁洲）冲刷、凸岸熊家洲边滩微淤；在八姓洲、七姓洲、观音洲等已基本完成切滩撇弯过程的弯道区域，经过系列年水沙过程之后，河床冲淤调整主要表现为：撇弯之后的新槽继续发展，新槽靠近凹岸的浅滩持续淤积抬高。

在无工程条件下，经过系列年水沙过程之后，八姓洲弯道（七弓岭河段）主槽处于冲刷下切的发展形态，靠近凸岸的主槽冲刷深度一般为 −8～−10m；与此同时，主槽靠近凹岸的浅滩持续淤积长高，浅滩淤长幅度为 ＋2～＋10m；七弓岭原来位于凹岸的主汊（右汊）处于持续淤积的发展形势之中；七姓洲弯道主槽处于冲刷下切的发展形态，靠

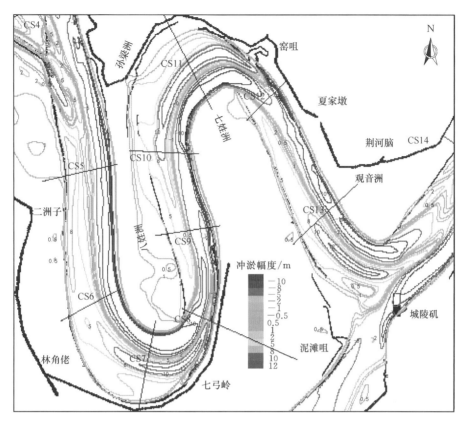

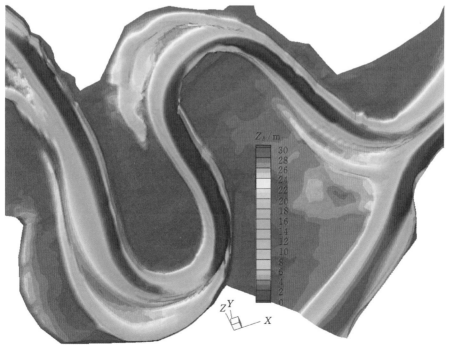

图 5.24 系列年水沙过程之后急弯段河床冲淤分布与地形形态

近凸岸的主槽冲刷深度一般在－8～－10m；主槽靠近凹岸的浅滩持续淤积长高，浅滩淤长幅度为＋2～＋10m。

由无工程扰动条件下的结算结果可知，在今后一段时间内，下荆江八姓洲、七姓洲急弯弯道的河床演变将具有如下特点：急弯弯道段切滩撇弯之后的新主槽（现已形成）将以下切发展为主；新主槽靠近凹岸的浅滩持续淤积长高；弯道凸岸洲头迎流侧河岸将长期处于冲刷后退的威胁之中。

2. 冲淤过程变化

图 5.25 给出了在无工程条件下研究河段（CS1～CS14）河床冲淤量随时间的变化过程。由图 5.25 可知，从年内来看，研究河段河床总体上处于冲淤交替的发展变化趋势，在洪水季节呈现出冲刷的态势，在枯水季节回淤；从年际来看，研究河段河床的冲淤特性与长江干流的来水来沙关系密切。例如，2020 年长江盐船套入流开边界总来流 4637.2 亿 m³，总来沙量为 15751.9 万 t，当年河床即由之前的冲刷转为淤积；2020 年之后的 2021 年、2022 年均为大沙年，因而河床在 2020—2022 年之间处于持续淤积之中；2023 年之后，随着水沙条件的变化，河床又转为冲刷。

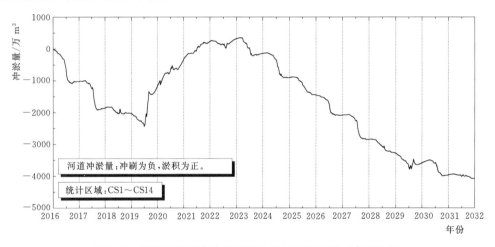

图 5.25　研究河段河床冲淤量随时间的变化过程（冲刷为负）

经过系列年水沙过程之后，研究河段河床整体处于冲刷下切的发展趋势，由此可以推断：在三峡工程应用后荆江来沙减小的条件下，急弯段河床演变的宏观规律是冲刷，河势控制工程应该以弯道关键部位的防冲为主。

5.4.2　实体模型试验

5.4.2.1　实体模型验证及试验条件

1. 模型范围

本段模型范围为盐船套至螺山下游 4.5km 处，原型全长约 94km。根据《河工模型试验规程》（SL 99—2012）及试验内容要求，该河段的动床模拟范围为荆 171 断面至荆 186 断面，长约 57km，由于本河段有洞庭湖入汇，洞庭湖汇流将直接影响到该河段的水流条件及河床冲淤变化，因此模型对洞庭湖出口洪道进行了模拟，范围为南津港至莲花塘，原型长约 14km。

2. 模型比尺

根据试验研究目的、试验场地条件及长江科学院以往河工模型试验的经验，确定模型平面比尺 $\alpha_L = 400$，垂直比尺 $\alpha_H = 100$，模型变率 $\eta = 4.0$。根据《河工模型试验规程》（SL 99—2012）相关要求，在研究宽浅河段的水流泥沙问题时，可采用变态模型，其几何变率应根据河道宽深比、糙率及研究内容确定，对水流泥沙运动相似性要求较高时，几何变率可取 2~5，本模型变率符合上述要求。

3. 试验边界条件

该动床模型是在原定床模型的基础上改制而成的，确定动床模型试验模拟范围为荆 171 断面至荆 186 断面，长约 57km；洞庭湖出口为岳阳水位站至城陵矶。根据模型所在河段河岸边界条件及历年的冲淤变化情况，将河床高程约 27m 以上及有护岸工程处制作为定床，以反映工程上下游河道的河势及冲淤变化特点。在现状条件下，考虑上游三峡工程以及工程附近河段已建及在建护岸工程及航道整治工程等，研究熊家洲至城陵矶河段的河势变化趋势。

4. 验证水沙系列

本次动床模型验证试验中初始地形采用 2013 年 10 月天然实测的 1/10000 河道地形图制作，终止地形选用 2016 年 10 月实测河道地形。根据模型所在河段河岸边界条件及历年的冲淤变化情况，将河床高程约 27m 以上及有护岸工程处制作为定床以反映工程上下游河道的河势及冲淤变化特点。

在模型中施放 2013 年 10 月至 2016 年 10 月时间段的天然水沙过程，以复演 2016 年 10 月实测河道地形。在验证试验过程中，本河段采用监利站来水来沙过程，模型出口水位则采用螺山站水位过程。

根据模型验证试验成果表明：模型设计、选沙及各项比尺的确定是合理的，能保证模型的相似可靠性。经验证试验确定，含沙量比尺 0.75 与河床冲淤变形时间比尺 135 是合理可靠的。

5. 试验水沙系列

长江科学院采用 1991—2000 年系列年，进行了长江上游水库泥沙淤积计算，并采用三峡水库出库水沙过程进行了宜昌至大通一维水沙数学模型计算，可为熊家洲至城陵矶河段实体模型试验提供进出口边界条件。动床模型方案试验初始地形采用 2016 年 10 月天然实测 1/10000 水道地形图制作，实体模型试验施放 2017 年 1 月 1 日至 2032 年 12 月 31 日（三峡运用 30 年末），对应的 90 系列水沙过程从 1996 年 1 月 1 日至 2000 年 12 月 31 日＋1991 年 1 月 1 日至 2000 年 12 月 31 日（至 2000 年 12 月 31 日后转为 1991 年 1 月 1 日循环），径流量过程综合考虑上游干支流水库建库调蓄的影响。

5.4.2.2 模型试验成果分析

1. 平面变化

三峡水库修建后采用"蓄清排浑"运行方式，初期拦蓄了上游大量泥沙，改变了下游来水来沙条件，水库下游河道将在较长一段时期内发生冲淤变化，各河段河势随之发生相应的调整。图 5.26~图 5.28 分别为 5 年末（即 2023 年）、10 年末（即 2027 年）及 15 年

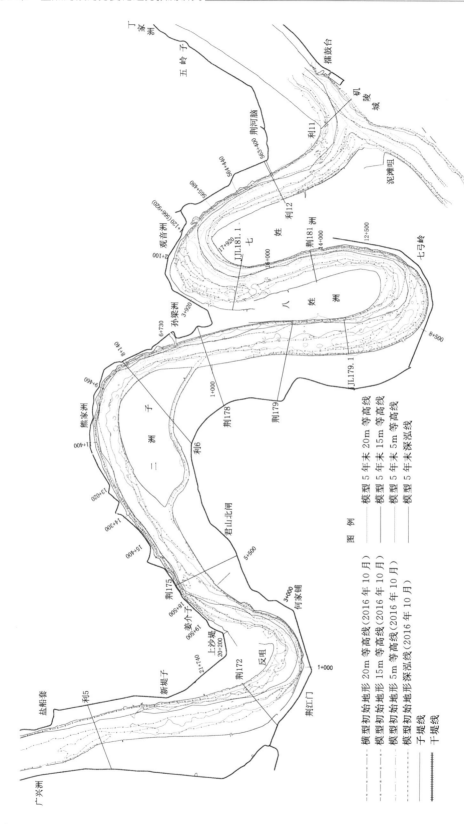

图 5.26　动床模型试验 5 年末地形变化图

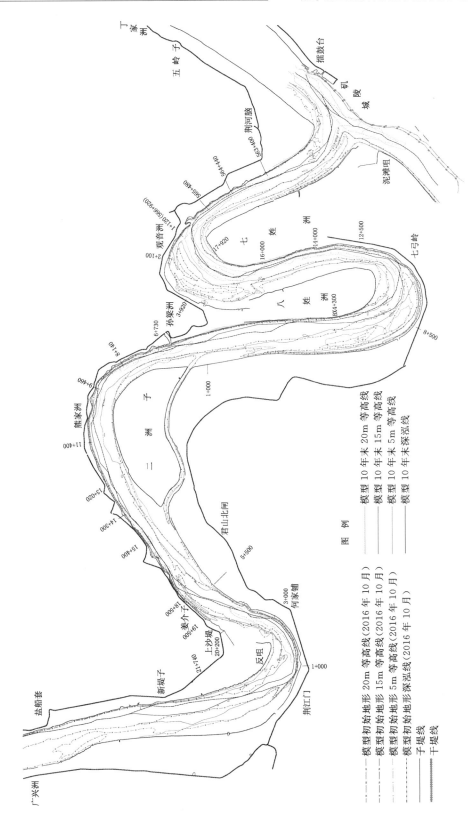

图 5.27　动床模型试验 10 年末地形变化图

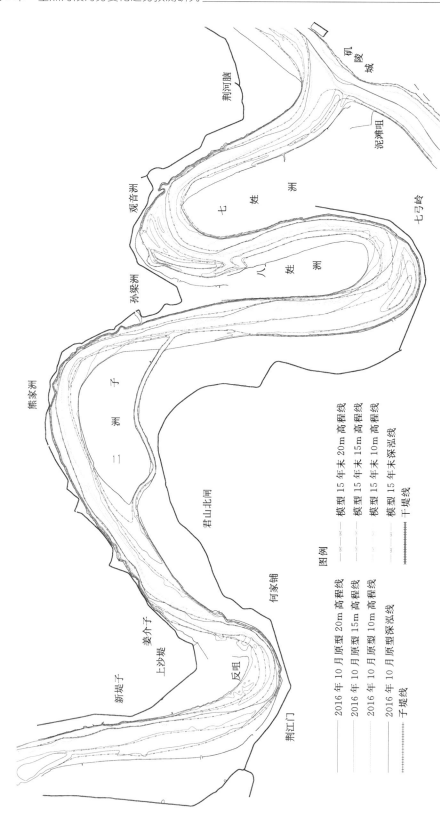

图 5.28　动床模型试验 15 年末地形变化图

末（即 2032 年）盐船套至城陵矶河段河势变化情况。

由此可以看出，第 5 年末、第 10 年末及第 15 年末盐船套至城陵矶河段总体河势与近期（2016 年）相比变化不大，随着三峡工程的蓄水运用及其上游干支流水库向家坝、溪洛渡的陆续建设，河床未来呈沿程逐步整体冲刷下切的趋势，深槽有所刷深拓展，边滩有所淤积，弯道间过渡段主流贴岸距离变化，弯道顶冲点有所调整，部分弯道撇弯切滩现象有所放缓，局部河段主流平面摆动明显，局部河势变化较大，以弯道段和江湖汇流段河势变化较显著。各河段河势变化主要特征分述如下：

（1）荆江门河段（利 5～荆 175）。系列年动床模型试验第 5 年末、第 10 年末和第 15 年末，荆江门段总体处于持续冲刷阶段。该河段河势仍维持现有格局，即主流继续沿盐船套左岸下行，新堤子一带水流趋直，左岸主河槽刷深展宽，主流由左岸向右岸过渡的位置上提。荆江门河弯水流顶冲点下移，荆江门凹岸深槽展宽，凸岸中下部高滩有所淤积。弯道出口主流贴岸距离下延，深泓冲刷发展。

（2）熊家洲河段（荆 175～荆 179）。系列年动床模型试验第 5 年末、第 10 年末和第 15 年末，与初始地形（2016 年）比较，熊家洲段累积处于冲刷阶段。深槽和洲体总体形态相对稳定，河段河势保持现有格局。全河段左汉横断面呈偏 V 形，深槽紧靠左岸。弯道左汉总体深槽刷深、展宽，弯道上段右岸边滩随左岸深槽一起冲刷下切，弯道下段右岸边滩局部有淤积，滩槽形态基本不变。与河势相适应，主流紧贴弯道左岸而行，出熊家洲弯道后，主流继续贴八姓洲左岸下行。弯道右汉河道整体刷深展宽。

（3）七弓岭河段（荆 179～荆 181）。系列年动床模型试验第 5 年末、第 10 年末及第 15 年末，七弓岭河段总体处于持续冲刷阶段，滩槽总体形态相对稳定，河段河势保持现有格局。与初始地形（2016 年）比较，由于主流出熊家洲弯道后贴八姓洲左岸下行，左岸深槽冲刷下切，致使八姓洲左岸持续崩退。弯道上游继续维持左右双槽形态，但右槽逐渐淤积萎缩，河道中间淤积的潜洲逐渐向右岸移动，左槽进一步冲刷、上提、右移、展宽而成为主槽，即发生"撇弯切滩"现象。弯道主流顶冲点下移，弯顶冲刷坑有所淤积、展宽。

（4）观音洲河段（荆 181～利 11）。系列年动床模型试验第 5 年末、第 10 年末及第 15 年末，观音洲河段基本处于持续冲刷阶段，滩槽总体形态相对稳定，河段河势保持现有格局。与初始地形（2016 年）比较，该河段河床冲淤变化特征总体表现为观音洲弯道过渡段主流下挫，凸岸七姓洲西侧岸线冲刷后退，主流顶冲点下移，主流贴岸段深槽沿程冲刷展宽。

2. 河床冲淤量及冲淤分布

动床模型各分河段系列年试验冲淤量统计见表 5.9～表 5.11。计算条件分别为监利流量 5000m³/s（洞庭湖流量 3000m³/s）、监利流量 11400m³/s（洞庭湖流量 8900m³/s）和监利流量 22000m³/s（洞庭湖流量 13900m³/s）三种条件对应的水位以下模型河床冲淤量。为了便于叙述，将试验河段分为荆江门段、熊家洲段、七弓岭段以及观音洲段共 4 段。

从试验成果可以看出：系列年动床模型试验全河段以冲刷为主。下荆江出口段（盐船套至城陵矶）系列年第 5 年末枯水河槽累计冲刷 3020.8 万 m³，平均冲深 0.57m。第 5 年

表 5.9　　　　　　　　系列年第 5 年末长江盐船套至城陵矶段冲淤量统计

河段		起始断面	距离/km	监利 5000m³/s (洞庭湖 3000m³/s)		监利 11400m³/s (洞庭湖 8900m³/s)		监利 22000m³/s (洞庭湖 13900m³/s)	
				冲淤量/万 m³	平均冲深/m	冲淤量/万 m³	平均冲深/m	冲淤量/万 m³	平均冲深/m
下荆江出口段	荆江门河段	利 5～J175	12.3	−569	−0.5	−673	−0.48	−628	−0.39
	熊家洲河段	J175～J179	13.9	−491	−0.43	−597	−0.45	−523	−0.4
	七弓岭河段	J179～J181	17.0	−998.5	−0.54	−1125.8	−0.54	−1086.4	−0.48
	观音洲河段	J181～利 11	12.9	−962.3	−0.82	−1094.3	−0.72	−1033.4	−0.61
	合计	利 5～利 11	56.1	−3020.8	−0.57	−3490.1	−0.56	−3270.8	−0.47

表 5.10　　　　　　　　系列年第 10 年末长江盐船套至城陵矶段冲淤量统计

河段		起始断面	距离/km	监利 5000m³/s (洞庭湖 3000m³/s)		监利 11400m³/s (洞庭湖 8900m³/s)		监利 22000m³/s (洞庭湖 13900m³/s)	
				冲淤量/万 m³	平均冲深/m	冲淤量/万 m³	平均冲深/m	冲淤量/万 m³	平均冲深/m
下荆江出口段	荆江门河段	利 5～J175	12.3	−882	−0.76	−1043	−0.82	−998	−0.72
	熊家洲河段	J175～J179	13.9	−716	−0.62	−865	−0.66	−782	−0.54
	七弓岭河段	J179～J181	17.0	−1586.3	−0.86	−1743.7	−0.84	−1688.4	−0.74
	观音洲河段	J181～利 11	12.9	−1511.4	−1.28	−1644.2	−1.08	−1598.3	−0.95
	合计	利 5～利 11	56.1	−4695.7	−0.88	−5295.9	−0.85	−5066.7	−0.73

表 5.11　　　　　　　　系列年第 15 年末长江盐船套至城陵矶段冲淤量统计

河段		起始断面	距离/km	监利 5000m³/s (洞庭湖 3000m³/s)		监利 11400m³/s (洞庭湖 8900m³/s)		监利 22000m³/s (洞庭湖 13900m³/s)	
				冲淤量/万 m³	平均冲深/m	冲淤量/万 m³	平均冲深/m	冲淤量/万 m³	平均冲深/m
下荆江出口段	荆江门河段	利 5～J175	12.3	−1130	−0.97	−1387	−1.09	−1258	−0.91
	熊家洲河段	J175～J179	13.9	−1072	−0.93	−1283	−0.66	−1158	−0.8
	七弓岭河段	J179～J181	17.0	−1932	−1.05	−2173	−1.05	−2064	−0.9
	观音洲河段	J181～利 11	12.9	−2068	−1.75	−2192	−1.44	−2097	−1.25
	合计	利 5～利 11	56.1	−6202	−1.16	−7035	−1.13	−6577	−0.95

后冲刷强度有所减弱，至 10 年末枯水河槽累计冲刷 4695.7 万 m³，平均冲深 0.88m；至 15 年末枯水河槽累计冲刷 6202 万 m³，平均冲深 1.16m。全河段在中、高水位以下河床冲刷量均与枯水河槽冲刷量较为接近，说明全河段以枯水河槽冲刷为主，其中下荆江出口段的低滩冲刷幅度较大。

3. 典型断面冲淤变化

系列年动床模型试验第 5 年末、第 10 年末及第 15 年末不同时期试验河段典型断面冲淤变化见图 5.29～图 5.32。各典型断面形态及冲淤变化分述如下：

（1）荆江门河段。荆172断面：位于盐船套向荆江门弯道的过渡段，断面形态为偏V形，深槽居于左侧。20世纪90年代以来，由于上游团结闸段的岸线崩退，过渡段下移，导致荆172断面深槽左移。2008年以来，荆江门弯道上段贴凸岸一侧岸线略有冲深，原凹岸深槽逐年淤高，即荆江门弯道有发生撇弯切滩的趋势。系列年动床模型试验第5年末、第10年末及第15年末不同时期，左侧仍为深槽，且冲深展宽，边滩有所淤积，断面宽深比有所增大。

（2）熊家洲河段。L6断面：利6位于熊家洲弯顶下段，左汊断面形态为偏V形，系列年动床模型试验第5年末、第10年末及第15年末不同时期，左侧深槽冲刷并有所右移，右侧边滩平均淤高3～4m，断面宽深比有所增大。

荆178断面：位于熊家洲弯道的出口段，断面形态为偏V形，深槽仍靠左侧。弯道作用使主流始终贴岸。2008年以来，主流出熊家洲弯道后不再向右岸过渡，而直接贴八姓洲左侧岸线下行，致使主流贴岸冲刷八姓洲左岸深槽，八姓洲左岸岸线逐年崩退。系列年动床模型试验第5年末、第10年末及第15年末不同时期，左侧靠岸线持续崩退，断面形态变化不大，宽深比为2.4～2.65。

（3）七弓岭河段。JJL179.1断面：位于七弓岭弯道的上游段，20世纪90年代，深槽居于河槽右侧，断面形态为偏V形。三峡工程蓄水运用以来，主流逐渐向左岸摆动，左右槽均有所冲刷下切，且左槽发展大于右槽。2008年以来，主流出熊家洲弯道后不再向右岸过渡，而直接在七弓岭弯顶处向右岸过渡，七弓岭弯道上段凸岸边滩发生冲刷下切，形成深槽，与原凹岸深槽形成双槽格局，而原凹岸深槽逐渐淤积萎缩，断面形态转变为W形。系列年动床模型试验第5年末、第10年末及第15年末不同时期，断面右槽逐渐淤积萎缩，左侧不断冲刷和向右展宽，并逐渐发展为主槽。断面中部有所淤高，仍然维持双槽分流的格局，断面宽深比变化不大。

荆181断面：位于七弓岭弯道下段，断面形态为偏V形，深槽紧靠右岸。三峡工程蓄水运用以来，由于上游河势变化，水流出七弓岭弯道后主流贴岸距离加长，该断面下游右岸发生崩塌，岸线后退，深槽右移约50m。系列年动床模型试验第5年末、第10年末及第15年末不同时期，断面深槽左侧岸坡略有冲刷，断面过水面积略有增加，断面形态基本不变。

（4）观音洲河段。JJL181.1断面：位于观音洲弯道入口处，1980年断面形态为V形，深槽居左侧，1998年以来，随着观音洲弯道主流顶冲点大幅下移，主流过渡段延长，JJL181.1断面的深槽逐渐向右侧摆动，而原居于左侧的深槽逐渐淤高萎缩，断面形态变为W形。系列年动床模型试验第5年末、第10年末及第15年末不同时期，左侧深槽持续淤积，断面形态又逐渐变为偏V形，右侧边滩冲刷，深槽右移展宽，而深槽最深点高程变化不大，断面宽深比为3.26～3.61。

利12断面：位于观音洲弯道下游出口段，断面形态为V形，深槽靠近左岸。三峡工程蓄水运用以来，左侧深槽不断冲刷且向右展宽，至2013年深槽展宽至600m左右，深槽平均冲深约4m。系列年动床模型试验第5年末、第10年末及第15年末不同时期，断面深槽无明显变化，左侧岸线略有崩退，深槽右侧边坡则略有淤积。断面形态基本稳定，工程前动床模型试验后横断面变化如图5.29～图5.31所示。

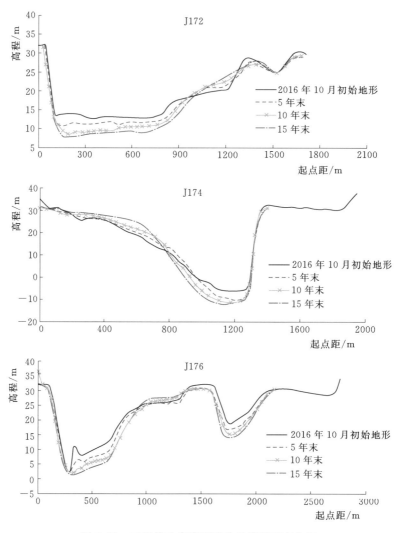

图 5.29　工程前动床模型试验后横断面变化图

5.4.3　小结

（1）数学模型成果表明，熊家洲至城陵矶河段在 15 年末冲刷量约 4000 万 m³，河床变形主要集中在主河槽中，河槽内河床的冲淤变化规律与河槽位置特征关系密切。在熊家洲弯道出口段主要表现在凹岸（沟子口至孙梁洲）冲刷、凸岸熊家洲边滩微淤；在八姓洲、七姓洲、观音洲等已基本完成切滩撇弯过程的弯道区域，经过系列年水沙过程之后，河床冲淤调整主要表现为：撇弯之后的新槽继续发展，新槽靠近凹岸的浅滩持续淤积抬高。河床变形主要集中在主河槽中，河槽内河床的冲淤变化规律与河槽位置特征关系密切。在熊家洲弯道出口段主要表现在凹岸（沟子口至孙梁洲）冲刷、凸岸熊家洲边滩微淤；在八姓洲、七姓洲、观音洲等已基本完成切滩撇弯过程的弯道区域，经过系列年水沙过程之后，河床冲淤调整主要表现为：撇弯之后的新槽继续发展，新槽靠近凹岸的浅滩持续淤积抬高。

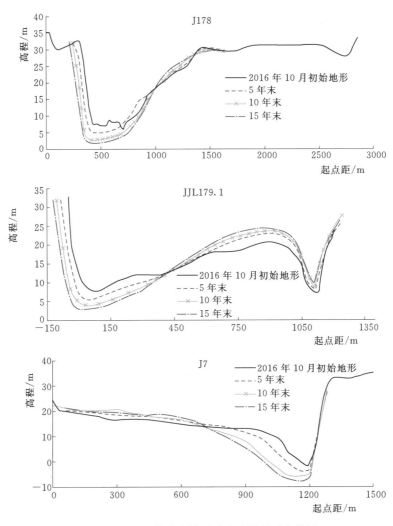

图 5.30 工程前动床模型试验后横断面变化图

（2）模型试验成果表明，系列年动床模型试验全河段以冲刷为主，在 15 年末洪水河槽以下冲刷量约 6577 万 m³；盐船套至城陵矶河段总体河势变化不大。随着三峡工程的蓄水运用及其上游干支流水库向家坝、溪洛渡的陆续建设，河床未来呈沿程逐步整体冲刷下切的趋势，深槽有所刷深拓展，边滩有所淤积，弯道间过渡段主流贴岸距离变化，弯道顶冲点有所调整，部分弯道撇弯切滩现象有所放缓，局部河段主流平面摆动明显，局部河势变化较大。荆江门弯道进口团结闸一带主河槽刷深展宽，荆江门弯道上段凸岸边滩冲刷崩退，过渡段主流下挫，水流顶冲点下移，弯道下段凹岸深槽展宽，凸岸中下部高滩有所淤积，弯道出口主流贴岸距离下延，深泓冲刷发展；熊家洲弯道段深槽刷深、展宽，右岸边滩局部有淤积，出口段深槽冲刷下延；七弓岭弯道上游继续维持左右双槽形态，但右槽逐渐淤积萎缩，左槽进一步冲刷，心滩尾部冲刷，头部淤积，心滩整体向上游延伸、展宽，弯道顶冲点有所上提，主流有所居中，"撇弯切滩"现象有所放缓，弯顶冲刷坑有所淤积展宽；水流出七弓岭弯道后逐渐向左岸过渡进入观音洲弯道，弯道中部深槽冲刷下切、弯道凹岸进一步淤积，过七姓

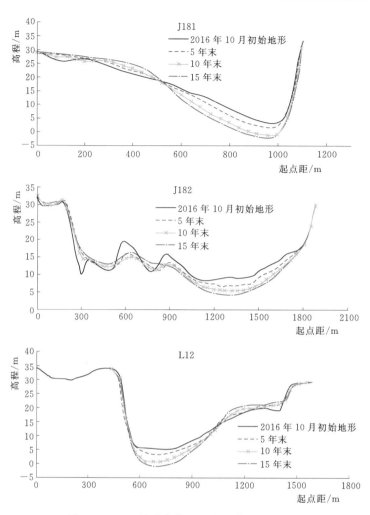

图 5.31　工程前动床模型试验后横断面变化图

洲弯道后，主流贴左岸下行在城陵矶附近与洞庭湖出流交汇后进入下游河段。

5.5　武汉河段河势变化趋势预测研究

5.5.1　二维数学模型预测计算

5.5.1.1　数学模型的建立与验证

1. 模型范围

综合考虑本河段的河势、武汉河段数学模型计算区域上起居子号，下迄白浒山附近，全长约 81km。

2. 水流验证及河床冲淤验证

水流验证表明，模型计算的水位与实测值相比，误差较小，其相差值一般在 3cm 以内，各测流断面流速分布验证较好，计算与实测主流位置基本一致，经统计，各测流垂线计算值与实测值误差一般在 0.1m/s 以内。

河床冲淤验证表明，各分段冲淤性质、分段冲淤量与实测结果基本接近，全河段冲淤总量相对误差仅为 3.8％，分段冲淤量最大误差可控制在 18％以内；断面冲淤特性、冲淤厚度分布、深泓部位等，计算结果与实测结果基本吻合。

总体看来，本报告所采用的平面二维数学模型能较好地模拟各河段的水流运动特性，验证计算成果与实测成果吻合较好，由此表明所采用的数学模型及计算方法是正确的，模型中相关参数的取值是合理的，可以用其来计算该河段的水流运动特性；模型能较好地反映各河段的总体变化，各分段计算冲淤性质与实测一致，计算值与实测值的偏离尚在合理范围内，利用本模型进行该河段的冲淤演变预测是可行的。

5.5.1.2　冲淤演变趋势预测

1. 冲淤量及分布

研究结果表明，计算时段内该河段总体上以冲刷为主，15 年末全河段共冲刷 9852 万 m³。各分段冲淤变化如下：

（1）金口段：总体以冲刷为主。水道进口、分汊口门以上主槽左侧边滩略有淤积，淤积厚度为 1～2m；铁板洲洲头低滩冲刷后退，冲刷深度 1～4m；高滩头部及左缘有所淤积，淤积厚度 2～3m，洲尾淤积下延、淤积厚度可达 5～8m；左右汊均呈冲刷趋势，冲刷幅度一般为 1～3m，但右汊右岸低滩前沿有所淤积。

（2）沌口段：总体以冲刷为主。水道左岸大、小军山一带边滩淤积发展，淤积厚度一般为 1～2.5m；水道右岸潜洲冲刷崩退，冲刷深度一般为 1～4m；主河槽内有所冲刷。

（3）白沙洲段：冲刷为主。左岸沌口边滩、荒五里边滩局部略有淤积，淤积幅度为 0.5～1m，荒五里边滩局部可达 5m；白沙洲洲头低滩冲刷后退，右汊有所发展，冲刷深度一般为 0.5～3m；白沙洲洲体高滩略有淤积，洲尾淤积下延、淤积厚度为 2～6m，洲尾局部可达 8m；该水道主河槽内以冲刷为主，冲刷幅度一般为 1～4m；此外，河段右岸近岸高滩局部淤积，淤积厚度为 1～2m。

（4）武桥段：总体表现为以冲刷为主。潜洲头部冲刷、中下段及洲尾以淤积为主；潜洲左槽至汉阳边滩，以冲刷为主，冲刷深度为 1～4m；潜洲右槽中上段有所冲刷发展，冲刷深度 0.5～2.5m；右槽出口至武昌深槽处，深槽与近岸处有所淤积，淤积幅度为 1～4m，局部最大淤积厚度可达 8m。

（5）汉口段：汉口边滩局部仍呈淤积的趋势，淤积幅度一般为 1～5m，局部可达 10m 以上；主河槽内以冲刷为主，冲刷幅度一般为 1～4m。

（6）青山夹段：总体表现为以冲刷为主。天兴洲洲头低滩呈淤积趋势，淤积厚度一般为 0.5～1.5m；天兴洲左汊略有淤积，右汊呈冲刷趋势，冲刷深度一般为 1～4m；洲尾左右汊交汇处河槽内有所淤积，淤积厚度一般为 1～4m，局部可达 6m，如图 5.32 所示。

2. 河势变化

研究表明，武汉河段总体河势变化不大，但局部滩、槽冲淤变化较为明显，河槽有冲刷扩展趋势；局部岸段和边滩（滩缘或低滩部位）冲刷后退，洲尾多呈淤积下延趋势。具体如下：

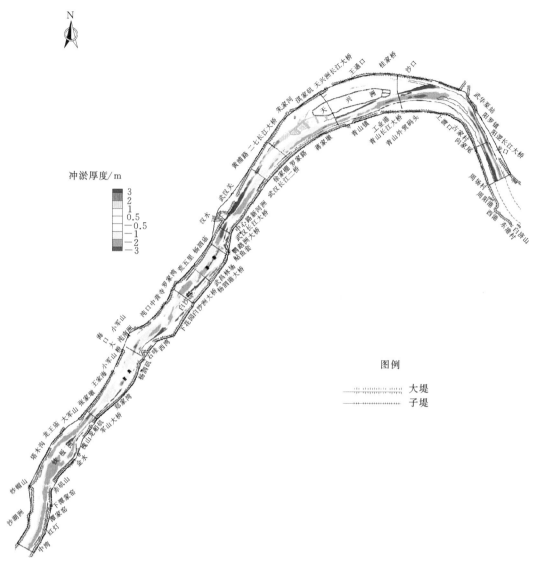

图 5.32　武汉河段冲淤厚度分布图

（1）金口段，铁板洲洲面淤积，洲头低滩与右缘冲刷，洲头 15m 等高线后退最大幅度 385m；左右两槽冲刷扩展，其中右槽进口展宽相对较大，5m 线展宽近 400m，左槽内进口深槽由上下交错已转变为相互贯通。

（2）沌口段，滩地基本稳定、略有淤积发展，低滩前缘冲刷后退，其中潜洲右缘 5m 线冲刷后退可达 1.2km，横向展宽可达 300m；左岸大、小军山一带边滩淤积发展，宽度可达 100；河槽冲深。

（3）白沙洲段，白沙洲洲头高滩略有淤积，低滩前沿冲刷后退，后退幅度可达 1km，洲尾淤积下延；右汊冲刷发展，进口 10m 等高线距贯通仅 400m。

（4）武桥段，潜洲中下段左缘及洲尾淤积，洲头冲刷后退，左右分汊口门冲刷扩展；

左槽 5m 高程线全部贯通，右槽出口也与武昌深槽 5m 线连通，两槽均呈冲刷态势；下游汉阳边滩淤积发展，10m 线向河槽发展最大可达 220m。

（5）青山夹段，天兴洲洲头高滩淤积，上延幅度可达 310m；左汊淤积、右汊冲刷，右汊进口河槽展宽，最大幅度 400m；汊道出口河槽左淤右冲，5m 线变化可达 370m。

5.5.2 实体模型试验

5.5.2.1 实体模型验证及试验条件

1. 模型范围

根据试验研究目的和试验研究内容，在保证武汉河段模型与原型水流运动相似的前提条件下，充分考虑到拟整治工程实施后对河段上下游水文条件及河势可能带来的最大影响范围，以及长江科学院以往河工模型试验的经验，确定模型试验模拟范围上起大军山，下至白浒山，河道长度约 74km。动床模型试验模拟范围上起军山大桥，下至武惠闸，河道长度约 71.2km，包含部分汉江河口段（江汉一桥至河口）长度约 2.5km。

2. 模型比尺

根据试验研究目的、试验场地条件及长江科学院以往河工模型试验的经验，确定模型平面比尺 $\alpha_L = 400$，垂直比尺 $\alpha_H = 100$，模型变率 $\eta = 4.0$。根据《河工模型试验规程》（SL 99—2012）相关要求，在研究宽浅河段的水流泥沙问题时，可采用变态模型，其几何变率应根据河道宽深比、糙率及研究内容确定，对水流泥沙运动相似性要求较高时，几何变率可取 2～5，本模型变率符合上述要求。

3. 试验边界条件

该动床模型是在原定床模型的基础上改制而成的，确定动床模型试验模拟范围上起军山大桥，下至武惠闸，河道长度约 71.2km。根据模型所在河段河岸边界条件及历年的冲淤变化情况，将河床高程约 22m 以上及有护岸工程处制作为定床，白沙洲与天兴洲 22m 以上也制作为定床，其余制作为动床，以反映工程上下游河道的河势及冲淤变化特点。在现状条件下，考虑上游三峡工程以及工程附近河段已建、拟建主要涉水工程（沌口长江大桥、白沙洲大桥、杨泗港大桥、鹦鹉洲大桥、已建航道整治工程、长江大桥、长江二桥、二七长江大桥、天兴洲长江大桥、阳逻长江大桥等），论证隧道工程河段的河床冲淤变化、隧址断面处可能最低冲刷高程与深泓摆幅，以及隧道修建后对工程河段防洪、航运和河势等方面可能产生的影响；研究整治工程实施前、后工程河段河床冲淤量分布、主泓摆动以及汊道分流等变化规律。

4. 验证水沙系列

在模型中施放 2014 年 2 月至 2016 年 11 月时间段的天然水沙过程，以复演 2016 年 5 月及 2016 年 11 月实测河道地形。在验证试验过程中，汉江来水来沙过程采用同期仙桃站水沙过程，模型进口来水来沙过程根据武汉关水文站同期水沙系列减去汉江水沙系列，白浒山水位站则由一维水沙数学模型提供。

根据模型验证试验成果表明：模型设计、选沙及各项比尺的确定是合理的，能保证模型的相似可靠性。经验证试验确定，含沙量比尺 0.75 与河床冲淤变形时间比尺 135 是合理可靠的。

5. 试验水沙系列

长江科学院采用 1991—2000 年系列年，进行了长江上游水库泥沙淤积计算，并采用三峡水库出库水沙过程进行了宜昌至大通一维水沙数学模型计算，可为武汉河段实体模型试验提供进出口边界条件。动床模型方案试验初始地形采用 2016 年 11 月天然实测 1/10000 水道地形图制作，实体模型试验施放 2017 年 1 月 1 日至 2032 年 12 月 31 日（三峡运用 30 年末），对应的 90 系列水沙过程从 1996 年 1 月 1 日至 2000 年 12 月 31 日＋1991 年 1 月 1 日至 2000 年 12 月 31 日（至 2000 年 12 月 31 日后转为 1991 年 1 月 1 日循环），径流量过程综合考虑上游干支流水库建库调蓄的影响。

5.5.2.2　模型试验成果分析

动床模型试验结果表明，模型放水至第 15 年末，试验河段总体河势未发生大的变化，主要表现为：试验河段整体冲刷下切幅度较大，但滩槽位置相对稳定，白沙洲、潜洲汉道以左汊为主的格局并未发生改变，白沙洲右汊分流变化较小，主流线及深泓位置整体变动不大，但局部仍有所调整；天兴洲左汊分流也变化较小，主流线及深泓位置整体变动不大，但在局部河段（过渡段、分汇流段等）河势调整较为剧烈。随着时间推移，试验河段冲淤演变幅度有变缓的趋势。

图 5.33、图 5.34 为初始地形（2016 年 11 月）、模型运行至第 5 年末、第 10 年末及第 15 年末的武汉河段平面变化情况，由此可看出模型运行至第 5 年末、第 10 年末及第 15 年末武汉河段总体河势与初始地形基本一致，其中模型运行至第 15 年末武汉河段河床整体呈冲刷下切趋势，深槽刷深拓宽，受已建武桥水道航道整治建筑物的影响，以白沙洲洲头至武桥水道航道整治建筑物尾部为界，其左边河段以冲刷展宽为主，而右边河段则以冲刷下切为主；天兴洲右汊河段冲刷下切幅度较大，而左汊河段冲刷幅度相对较小。

具体变化情况分述如下。

1. 平面变化

（1）军山大桥至沌口河段。军山大桥至沌口河段为顺直微弯河段。从邵家湾至石咀河段河道先放宽然后逐渐缩窄，河道深泓也逐渐由左岸过渡到右岸，但该段深泓线平面位置多来来变化较小，而从石咀至沌口因河道逐渐放宽、通顺河入汇以及何坡山附近边滩的冲淤变化等因素的影响。该段深泓线逐渐由右岸过渡到左岸，在通顺河出口附近，年际间深泓线左右有所摆动。

系列年模型试验成果表明，在以上水沙系列作用下，本河段河床冲刷下切幅度较大，但整体河势变化较小，局部河段河势仍发生较大的调整，其中在杨泗矶洲头、白沙洲等附近河段河势调整较为剧烈，深泓线过渡点有一定程度下移；该河段整体表现为以冲刷下切为主，0m、5m 等高线则有一定程度的展宽。

（2）沌口至龟山河段。沌口至龟山河段为顺直分汊河段。本河段自 19 世纪 20 年代形成现今河势后，深泓线未发生大的摆动。主流出沌口后靠右岸下行进入白沙洲左汊，在白沙洲长江大桥附近分流，分别进入潜洲左、右槽，两汊水流汇流于长江大桥附近，随后贴右岸下行出本河段。

系列年模型试验成果显示，在以上水沙系列作用下，15m、10m 高程等高线除局部河段（武桥航道整治工程右下缘、白沙洲洲头）变化剧烈外，其他河段均变化较小；5m 等

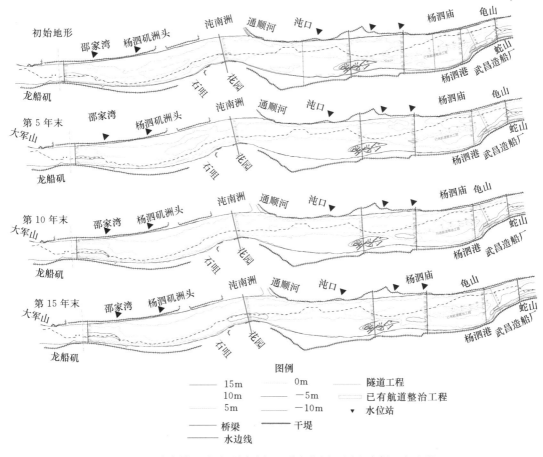

图 5.33 动床模型试验不同时段地形变化图（军山大桥至龟山段）

高线以下则呈现冲刷展宽、上下相贯通等特点，其中在荒五里边滩、汉阳边滩处冲刷后退较为严重，5m 等高线整体冲刷后退 180～260m，在白沙洲、潜洲左汊内与潜洲右汊内 5m 等高线已完全贯通，致使枯期部分流量斜插进入潜洲右汊，潜洲尾斜向水流偏角明显，不利于汉阳边滩的冲刷；武昌造船厂附近 −10m 冲刷坑则增大约 1.14 万 m²。

（3）龟山至天兴洲洲尾河段。龟山至天兴洲洲尾河道逐渐放宽，随着 20 世纪 70 年代天兴洲完成主支汊更替，龟山至天兴洲洲河段历年深泓偏靠右岸，在洲尾逐渐过渡左岸，平面摆幅较小。

以上成果显示，在以上水沙系列作用下，靠近右岸的 0m、5m、10m、15m 等高线摆动幅度较小，靠近左岸的 15m 等高线摆动幅度同样较小，左岸 10m 等高线的武汉长江二桥以下明显冲刷后退，其后退最大距离约 210m，左岸 5m 等高线的武汉关以下也明显冲刷后退，其后退最大距离约 400m，左岸 0m 等高线的龟山以下明显冲刷后退，其后退最大距离约 510m，在二七长江大桥附近 −5m 冲刷坑的面积由初始地形 0.76 万 m² 变为 15 年末的 83.6 万 m²。

（4）天兴洲洲尾至武惠闸河段。天兴洲洲尾至武惠闸河段为微弯河段，随着 20 世纪 70 年代天兴洲完成主支汊更替，下游河段主泓靠近左岸，平面变化较小。

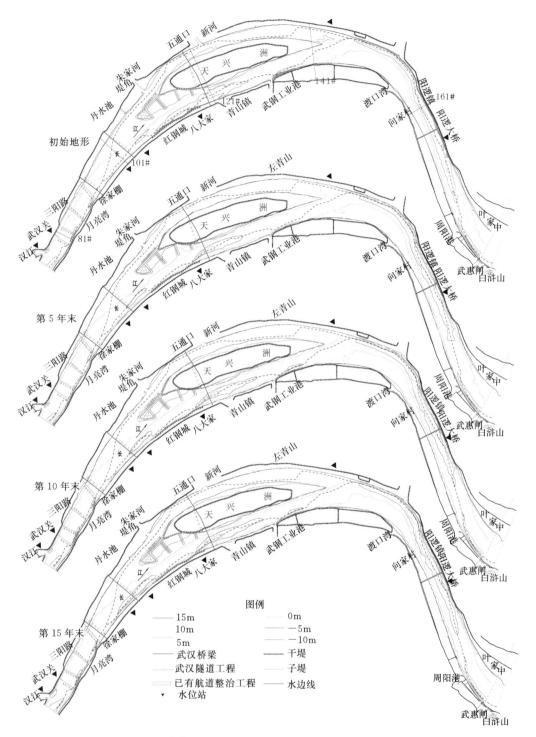

图 5.34　动床模型试验不同时段地形变化图（龟山至武惠闸段）

系列年模型试验成果表明，在以上"清水"作用下，该河段河床以冲刷展宽为主，左岸－5m、0m、5m、10m 与 15m 等高线基本变化不大，在右岸 0m、5m 及 10m 等高线整体表现为冲刷后退，−5m 冲刷坑的面积略有增加，但在阳逻大桥上游−10m 冲刷坑的面积则增大约 100 万 m²。

2. 河床冲淤量、分布及典型断面冲淤变化

（1）试验河段河床冲淤量、分布。表 5.12 给出了模型试验后不同阶段不同河段冲淤量结果。从表 5.12 中可以看出模型运行至第 5 年末相对于初始地形、第 10 年末相对于第 5 年末、第 15 年末相对于第 10 年末的冲刷量和平均冲刷深度。可以看出，试验河段整体出现冲刷下切为主，其中不同河段在同一时段内冲刷幅度不同，若上游河段冲刷幅度较大，则下游河段冲刷幅度相对较小；反之亦然。总而言之，在以上 15 年水沙系列作用下，整个试验河段冲刷幅度较大。但随着时间推移，模型各个河段冲刷量均呈现逐渐减少的趋势，其中在第 10 年末至第 15 年末整个试验河段的冲刷量为 2279 万 m³，仅为头 5 年总冲刷量（8878 万 m³）的 25.7%，说明在以上水沙系列作用下，河床地形冲刷幅度逐渐减小。

表 5.12　　　　　　　　模型试验后河床分段冲淤量情况（高程 15m 以下）

河　段	时　段	冲淤量/万 m³	平均冲淤/m
军山大桥—沌口	2014 年 2 月至 2016 年 11 月	−740	−0.36
	初始地形至第 5 年末	−1602	−0.78
	第 5 年末至第 10 年末	−1918	−0.94
	第 10 年末至第 15 年末	−253	−0.13
沌口—龟山	2014 年 2 月至 2016 年 11 月	−974	−0.56
	初始地形至第 5 年末	−1532	−0.88
	第 5 年末至第 10 年末	−646	−0.38
	第 10 年末至第 15 年末	−355	−0.20
龟山—天兴洲洲尾	2014 年 2 月至 2016 年 11 月	−2872	−0.87
	初始地形至第 5 年末	−4560	−1.38
	第 5 年末至第 10 年末	−480	−0.14
	第 10 年末至第 15 年末	−1188	−0.36
天兴洲洲尾—武惠闸	2014 年 2 月至 2016 年 11 月	−3605	−1.00
	初始地形至第 5 年末	−1183	−0.33
	第 5 年末至第 10 年末	−1818	−0.50
	第 10 年末至第 15 年末	−482	−0.13
军山大桥—武惠闸	2014 年 2 月至 2016 年 11 月	−8191	−0.77
	初始地形至第 5 年末	−8878	−0.83
	第 5 年末至第 10 年末	−4862	−0.46
	第 10 年末至第 15 年末	−2279	−0.21

注　"−"表示冲刷。

（2）典型断面冲淤变化。试验河段内自上而下共布设了 6 个断面（41 号、81 号、101号、121 号、141 号、161 号），典型横断面历年冲淤变化见图 5.35。由图 5.35 可知，121号和 141 号断面的断面形态因位于分汊河道内而呈 W 形，161 号断面因位于阳逻弯道而呈 V 形，其余断面形态基本呈 U 形。

41 号断面位于沌口处，在初始地形上施放 90 系列水沙过程后，靠近左岸的 15m 等高

线略有后退，其余时段枯水河槽以冲刷下切为主，至终止地形其平均冲刷约 1.79m，断面宽深比呈减小趋势，其数值由初始地形的 4.14 减小至终止地形的 3.56。

81 号断面位于武汉关处，在初始地形上施放 90 系列水沙过程后，靠近左岸的 15m 等高线略有后退，其余时段枯水河槽以冲刷下切为主，至终止地形其平均冲刷约 2.85m，断面宽深比呈减小趋势，其数值由初始地形的 2.28 减小至终止地形的 1.93。

101 号断面位于二七长江大桥上游 500m 处，在初始地形上施放 90 系列水沙过程后，靠近左岸的 15m 等高线略有后退，其余时段枯水河槽以冲刷下切为主，至终止地形其平均冲刷约 1.69m，断面宽深比呈减小趋势，其数值由初始地形的 3.71 减小至终止地形的 3.30。

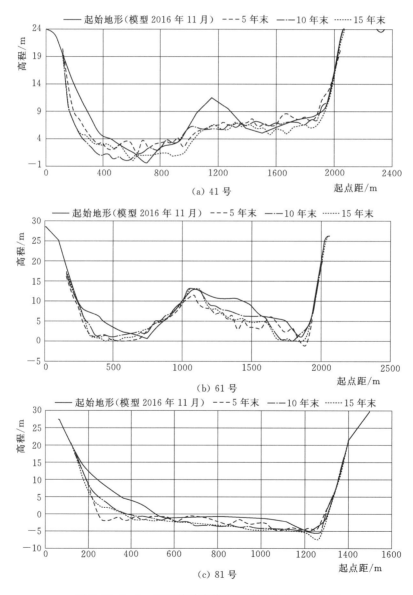

图 5.35（一）　工程前动床模型试验后横断面变化图

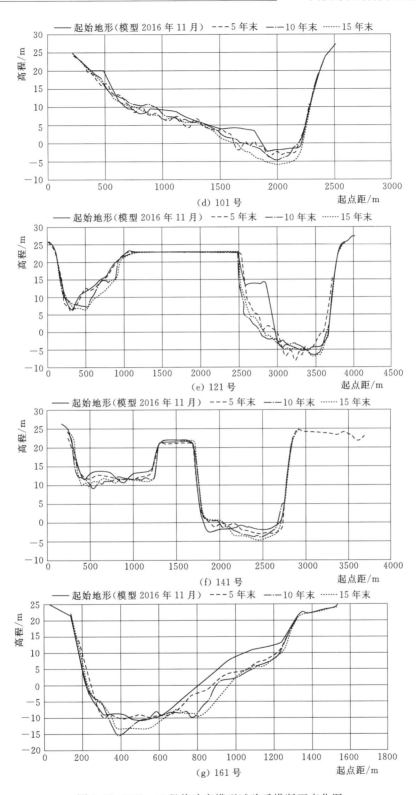

图 5.35（二）　工程前动床模型试验后横断面变化图

121 号断面位于天兴洲中上部，在初始地形上施放 90 系列水沙过程后，靠近左、右岸的 15m 等高线变化不大，但靠近天兴洲左右的 15m 等高线均略有后退；其余时段左汊枯水河槽冲刷下切较大，右汊枯水河槽冲刷幅度相对较小，断面整体宽深比呈减小趋势，其数值由初始地形的 3.82 减小至终止地形的 3.32。

141 号断面位于天兴洲尾部，在初始地形上施放 90 系列水沙过程后，靠近左、右岸的 15m 等高线变化不大，靠近天兴洲左右的 15m 等高线略有后退；其余时段左汊枯水河槽冲刷下切较大，右汊枯水河槽冲刷幅度相对较小，断面整体宽深比呈减小趋势，其数值由初始地形的 4.09 减小至终止地形的 3.76。

161 号断面位于阳逻镇附近，在初始地形上施放 90 系列水沙过程后，靠近右岸的 15m 等高线略有后退，其余时段枯水河槽以冲刷下切为主，至终止地形其平均冲刷约 3.7m，断面宽深比呈减小趋势，其数值由初始地形的 2.04 减小至终止地形的 1.67。

由图表分析可知，在 2016 年 11 月初始地形上施放 1991—2001 年系列水沙过程后，河床冲刷下切较为严重，断面宽深比以减小为主；除局部断面形态变化较大外，其余断面形态基本无明显变化，岸线及深泓位置总体上基本稳定。

3. 汊道分流比变化

在试验过程中选取典型流量，计算分析了白沙洲、潜洲及天兴洲汊道分流比的数值，见表 5.13。

表 5.13　　　　工程前模型试验后白沙洲、潜洲与天兴洲左、右汊道分流比变化

分流比	武汉关流量/(m^3/s)							
	12200		22080		40110		67650	
	左汊	右汊	左汊	右汊	左汊	右汊	左汊	右汊
白沙洲	92.20%	7.80%	90.30%	9.70%	87.60%	12.40%	85.90%	14.10%
潜洲	66.80%	33.20%	64.10%	35.90%	60.20%	39.80%	60.40%	39.60%
天兴洲	5.80%	94.20%	15.40%	84.60%	22.10%	77.90%	28.53%	71.47%

由表 5.13 分析可知，在 90 系列水沙作用下，白沙洲、潜洲与天兴洲左、右汊道分流比无明显变化趋势，在不同流量级下该 3 洲的分流比变化与现有变化规律基本一致。

5.5.3　小结

主要通过数学模型计算和实体模型试验研究武汉河段河床冲淤变化情况，以 2016 年 10 月河道地形为模型初始地形，考虑试验河段内已实施的河道整治工程及航道整治工程，在模型中施放长系列水沙过程。试验研究成果表明：

（1）数学模型成果表明，武汉河段在 15 年末冲刷量约 9852 万 m^3，河床变形主要集中在主河槽中。武汉河段总体河势变化不大，但局部滩、槽冲淤变化较为明显，河槽有冲刷扩展趋势；局部岸段和边滩（滩缘或低滩部位）冲刷后退。白沙洲洲头高滩略有淤积，低滩前沿冲刷后退，后退幅度可达 1km；右汊冲刷发展，进口 10m 等高线距贯通仅 400m；潜洲洲头冲刷后退，左右分汊口门冲刷扩展；左槽 5m 高程线全部贯通，右槽出口也与武昌深槽 5m 线连通，两槽均呈冲刷态势；天兴洲洲头高滩淤积，上延幅度可达

310m；左汊淤积、右汊冲刷，右汊进口河槽展宽，最大幅度 400m；汊道出口河槽左淤右冲，5m 线变化可达 370m。

（2）实体模型试验成果表明，试验河段岸线及深泓位置总体上基本稳定，在杨泗矶洲头、白沙洲等附近河段河势调整较为剧烈，深泓线过渡点有一定程度下移；该河段整体表现以冲刷下切为主，至 15 年末总冲刷量约 16019 万 m³，随着时间推移，模型各个河段冲刷量均呈现逐渐减少的趋势，0m、5m 等高线则有一定程度的展宽；沌口至龟山河段 5m 等高线以下则呈现冲刷展宽、上下相贯通等特点，其中在荒五里边滩、汉阳边滩处冲刷后退较为严重，在白沙洲、潜洲左汊内与潜洲右汊内 5m 等高线已完全贯通，致使枯期部分流量斜插进入潜洲右汊，潜洲尾斜向水流偏角明显，不利于汉阳边滩的冲刷；在武昌造船厂－10m 冲刷坑则增大；在左岸 10m 等高线在武汉长江二桥以下明显冲刷后退；天兴洲洲尾－武惠闸河床以冲刷展宽为主；白沙洲、潜洲与天兴洲左右汊道分流比无明显变化趋势。

第6章 重点河段治理对策研究

6.1 宜昌至城陵矶河段河势控制思路和总体方案研究

6.1.1 宜昌至城陵矶河段近期演变特性

1. 宜枝河段

三峡工程蓄水运用后，宜枝河段主流平面位置、滩槽格局未发生明显改变，但由于来水来沙条件的改变，河床冲刷较剧烈。宜枝河段近期河道演变主要特性表现在：

（1）河道大幅冲刷，河床以纵向下切为主，河床质粗化。三峡工程蓄水运用后，2002—2016 年，宜枝河段冲刷 1.6 亿 m^3，河段年均冲刷量为 0.12 亿 m^3。受河床冲刷影响，河床质粗化明显。

（2）洲滩面积总体有所萎缩，深槽冲刷扩展。三峡工程运用以来，虎牙滩以上洲滩相对稳定，虎牙滩以下洲滩冲刷萎缩。三峡水库蓄水运行以来，河段内深槽总体处于冲刷发展趋势，主要表现在深槽范围扩大、深槽高程降低。发展较快的有红花套深槽和白洋弯道深槽。

（3）两岸崩岸险情有所加大。据统计，2003 年以来，本河段点军区清静庵、猇亭区赵家拐、红溪港、宜都后江沱等处新发生了不同程度的崩岸险情。

2. 上荆江河段

三峡水库下游，上荆江河段主流平面位置、滩槽格局未发生明显改变，由于来水来沙条件的改变，局部河段河势调整较大，河床冲刷较剧烈。上荆江河段近期河道演变主要表现在：

（1）河道大幅冲刷，深槽下切。三峡水库蓄水运用后，2002 年 10 月至 2016 年 11 月，上荆江河段平滩河槽冲刷 5.60 亿 m^3；枯水河槽累计冲刷 5.22 亿 m^3，占平滩河槽总冲刷量的 93.14%。由于两岸护岸工程的制约，上荆江河段深泓以纵向下切为主，2002 年 10 月至 2016 年 11 月，深泓平均冲深 2.93m。

（2）总体河势相对稳定，局部水域年内主流摆动幅度较大。主支汊分流格局变化较频繁的有关洲至芦家河段、太平口心滩段至三八滩段。上述水域洲（滩）体高程较低，对河道水流控导能力较弱，属于枯水期分汊性河段，主流平面位置年内摆动幅度较大。

（3）洲滩均有不同程度冲刷，面积多呈减小态势。三峡水库蓄水运用后，上荆江河段的江心洲基本呈现洲头冲刷后退、面向主汊一侧的洲体近岸冲刷的演变特点；上荆江河段主要江心滩有太平口心滩、三八滩。2002—2016 年，三八滩头部后退、宽度缩窄，尾部上收，三八滩高程减低，面积减小。

（4）崩岸强度及频率有所加大。三峡水库蓄水运用后，上荆江河段河道大幅冲刷，冲刷部位主要发生在枯水河槽，导致岸坡向陡峻方向发展，崩岸强度及频率均有所加大。据长江委开展的崩岸巡查统计资料，2003—2015年荆江河段共有34段局部河段出现崩岸，在学堂洲、杨家垴、文村夹、耀新民堤、南五洲等岸段共发生了122余处不同程度的崩岸。

3. 下荆江河段

三峡工程蓄水运用以来，下荆江河床普遍发生了不同程度的冲刷，随着护岸工程的实施，增强了河岸的抗冲能力，抑制近岸河床的横向发展，下荆江总体河势没有改变，但局部河段河势出现了一定程度的调整，有的河段河势变化剧烈。

（1）洲滩以冲刷萎缩为主。三峡工程蓄水运用以来，下荆江河段的江心洲基本呈现洲头冲刷后退、面向主汊一侧的洲体近岸冲刷的演变特点，以乌龟洲变化最为显著。三峡水库蓄水后随着乌龟洲右缘大幅崩退，主流顶冲点不断上提，造成乌龟洲头部心滩右缘崩退。

（2）弯道段刷滩、切滩和撇弯现象较为明显。下荆江弯道段普遍发生凸岸边滩上半段（即上游侧）冲刷切割，即枯水、中水河槽向边滩一侧拓宽，而凹岸槽部撇弯淤积并新生依岸或傍岸的狭长边滩或小江心洲，中水河槽和枯水河槽变得相对趋直，以熊家洲至城陵矶河段变化最为显著。

（3）上下游河势之间的关联性显著增强。下荆江属于典型的蜿蜒型河段，由于弯道之间的过渡段较短，导致上下游弯道之间的关联性显著增强，即当上游弯道的河势发生调整时，会对下游弯道的河势产生影响。

（4）崩岸强度及频率有所加大，对下游河势稳定产生一定影响。三峡水库蓄水运用后，下荆江河段河道枯水河槽大幅冲刷，导致岸坡向陡峻方向发展，崩岸强度及频率均有所加大。下荆江的北门口（下段）、北碾子湾末端至柴码头、中洲子（下段）、铺子湾（上段）等处发生新的崩岸险情。

6.1.2 河势控制总体思路

河势控制应符合河道自身规律，应有利于国民经济各部门对河道治理的要求。长江中下游干流河道经过多年的治理，总体河势基本稳定，且目前沿江工矿企业、工程设施和重要港口等已与现有河势格局基本相适应。因此，长江中下游河势控制的总体思路是大部分河段以稳定现有河势为主，对河势向不利方向发展或与社会经济发展要求不相适应的局部河段进行适当调整改善。

长江中下游河势控制与河型是密不可分的，从宜昌至城陵矶河段平面形态看，顺直型、弯曲分汊型、蜿蜒型具有不同的形态特征，不同的平面形态是由不同的水流条件、河床边界条件以及人类活动共同作用的结果。河势控制应结合各自演变特点、治理任务、沿江经济发展需求进行确定。宜昌至城陵矶河段河势控制方向如下：

（1）宜枝河段。宜枝河段两岸为低山丘陵地貌，抗冲能力强，河床组成较粗，局部有基岩出露，河床稳定性较高。三峡工程运用以来，该河段平面形态、主流和河势基本稳定，河床冲刷深度有所加剧，枯季水位下降对葛洲坝船闸下游通航水深的影响是本河段现阶段亟须解决的主要问题。同时，部分取水口的运行也受到影响。另外，河床冲刷还导致岸坡向陡峻方向发展，危及防洪安全。

本河段河势控制思路是维持现有河道主流走向，保持目前基本稳定的河势格局。保持胭脂坝等重要控制节点的稳定，稳定胭脂坝左汊、南洋碛左汊和大石坝左汊的主汊地位。规划主流从右岸磨鸡山过渡至胭脂坝左汊后，贴左岸下行，然后逐渐过渡至右岸沱盘溪，再转向左岸磨盘溪后，逐渐右偏居中下行，至红花套后转向左岸云池，贴左岸凹岸下行，在沙湾附近逐渐右偏至后江沱，贴右岸凹岸下行，在清江入汇口后以上逐渐左偏至白洋镇，贴左岸下行，在梅子溪逐渐右偏进入枝城弯道，贴右岸下行，在枝城大桥以下左偏进入上荆江河段。

（2）上荆江河段。上荆江河段为弯曲分汊型河道。由江口、沙市、郝穴三个北向河弯和洋溪、涴市、公安三个南向河弯以及弯道间的过渡段组成，河道内自上而下分布有关洲、董市洲、柳条洲、火箭洲、马羊洲、三八滩、突起洲等洲滩。经过多年的治理，上荆江河段河势总体稳定，河弯半径与主流线曲率适中，河势条件基本与沿岸经济布局与发展要求相适应。上荆江河段在保持现有有利河势的基础上，结合航道治理要求，适当调整局部河段的河势。

本河段河势控制规划为维持主流从洋溪弯道至江口弯道后过渡到涴市弯道，再过渡到沙市河弯，最后经公安河弯过渡到郝穴河弯的总体河势格局不变。关洲汊道维持现有双汊格局，遏制松滋口分流的减少；江口弯道顺应三峡工程蓄水运用以来沙泓发展趋势，通过河势控制工程及航道整治工程，将主流稳定在沙泓；涴市弯道维持现有河势格局；三八滩汊道段适当增加三八滩左汊枯季分流比；金城洲汊道段维持现有河势格局；突起洲汊道抑制左汊发展；郝穴河弯结合航道整治维持主流平面位置的相对稳定。

（3）下荆江河段。维持现有河道主流走向，保持目前基本稳定的河势格局。规划主流过茅林口后经倒口窑心滩左汊下行进入石首弯道，经北门口后逐渐左摆到北岸的北碾子湾、柴码头后，向右岸寡妇夹过渡进入调关弯道，保持调关矶头等重要控制节点的稳定，经鹅公凸至塔市驿过渡段进入监利弯道，稳定主流走乌龟洲右汊的格局，经铺子湾至盐船套过渡段进入荆江门弯道，保持天字一号、天星阁及洪水港等控制节点的稳定，维持盐船套顺直段主流走左岸格局，最后进入熊家洲至城陵矶河段，通过河势控制工程抑制河道的进一步弯曲，防止自然裁弯的发生，为后期实施综合治理创造条件。

6.1.3　河势控制总体方案

稳定而优良的河势，是堤防体系稳固和泄洪畅通的基本保证，是航道稳定和港口水域条件稳定的基础，是沿岸取排水口等设施正常运行的基本条件，是岸线开发利用的前提条件。长江中下游经过近 70 年的治理，总体河势趋于基本稳定。在上游来沙减少、控制性水库运用及水土保持的综合作用下，改变了长江中下游的来水来沙条件，打破了长期以来形成的水流泥沙与河床形态的相对平衡关系，使中下游干流河道发生大范围的冲刷，其中宜昌至城陵矶河段首当其冲，荆江河段冲刷最为剧烈。河道冲刷使得岸坡大幅刷深，崩岸险情加剧，影响防洪安全；河道冲刷导致枯水位下降，影响沿岸取水；河道冲刷引起局部河势的调整不利于岸线的保护和黄金水道能力的提升。

宜昌至城陵矶河段紧邻三峡大坝下游，受水沙条件的随机变化及河岸抗冲能力差异不同等因素的影响，河道演变历来呈冲淤变化频繁而剧烈的特点。随着三峡及上游干支流水库的陆续兴建，长江中下游的水沙条件将在相当长的时期内发生显著变化，据实测资料统计，三峡蓄水运用后的 2003—2017 年，在年径流量变化不大的情况下，宜昌站年均输沙量仅为 0.36 亿 t，比蓄水前减少 93％，且来沙组成中小于 0.062mm 的泥沙占比高达 90％，长期的清水下泄使河道演变呈现长时期冲刷的特点，并将进一步加剧该河段的河势变化程度。因此，采取工程与非工程措施维持当前河势的稳定是当前宜昌至城陵矶河道治理最紧迫的任务。

根据三峡工程运用以来宜昌至城陵矶河段的新变化，沿江社会经济发展的需求，宜昌至城陵矶河段总体河势控制总体方案如下：

（1）以稳定现有河势防洪保安为主的护岸工程。近几十年来，沿江地区经济社会快速发展，沿岸重要国民经济设施主要是根据现有河势格局进行布局的，河势控制的目的是使长江河道更好地服务于经济社会的发展。历年来的护岸工程对维持河势稳定发挥了重要作用。三峡工程蓄水运用后，实测资料表明这些已建护岸工程段绝大部分将遭受明显冲刷，一旦冲毁，将失去对河势的控制作用，从而引起河势出现大的变化，不仅会严重影响防洪安全，而且将打乱沿江现有经济布局。因此，首先应对河道已有护岸工程进行全面加固，继续发挥其对河势的控制作用，避免三峡等控制性工程蓄水运用后河势发生较大变化。同时，由于水库清水下泄导致坝下游河道强烈冲刷，导致局部河势变化、主流线摆动、水流顶冲点上提或下挫、冲刷坑平面摆动及冲深等，使部分原来没有护岸的河岸可能受迎流顶冲而发生崩岸，出现新的险工险段，而引起河势变化调整，甚至危及堤防安全。必须对三峡水库蓄水以来已经出现的和今后可能出现的新崩岸险情进行治理，避免崩岸险情加剧而引起的河势调整，维护河势和岸坡稳定，保证堤防安全，并为河道的进一步的系统治理打下基础。

（2）防止河道继续下切的护底工程。三峡工程蓄水运用前，受下荆江系统裁弯、葛洲坝工程建设的影响，河道冲刷下切，同流量下枯水位呈下降趋势。三峡工程蓄水运用后由于河道进一步冲刷，枯水位仍在下降，2002—2016 年宜昌站、枝城站、沙市站等同流量对应的枯水位下降 0.54～1.43m。预计随着河床的进一步冲刷，同流量下水位将呈现枯水期水位降低幅度较大、洪水期水位变化不大的特点。宜昌站枯季水位下降对葛洲坝船闸下游通航水深的影响是现阶段亟须解决的主要问题。同时枯水期水位的下降已经并将持续对沿江两岸现有众多码头、取水口的正常运行带来不利影响。为此拟对宜昌至城陵矶河段采取护底工程，防止枯水位的持续下降。

1）宜枝河段护底方案：三峡工程蓄水运用后，宜枝河段河床冲刷剧烈，枯季水位下降明显，导致深吃水船舶通过三江船闸时过闸水深不足，围绕抬高葛洲坝下游近坝段枯水位，增加三江船闸下引航道水深的目标，重点研究过"抬、挖、补"三种方案。所谓"抬"是在坝下游采用筑坝或壅水工程措施抬高近坝段水位，包括在胭脂坝以上集中壅水和在宜都以上分散壅水两种方式。"挖"是开挖葛洲坝三江下引航道底板，降低其底板高程，增加引航道内水深。"补"是依靠三峡水库调度，加大枯期下泄流量，抬高下游水位。研究表明：①从宜昌站壅高水位效果看，相同流量下，集中壅水优于分散壅水，但集中壅水方式受到水生态、水环境保护要求的制约；②"挖"方案受到过江电缆和市政输水管道等设施的制约，同时施工期需断航 6～12 个月，工程实施难度大；③仅依靠三峡水库的补偿调节，难以达到维持坝下游 39.0m 的最低通航水深要求。因此，近期可考虑采取分散守护方式，对大公桥、胭脂坝、虎牙滩、古老背、云池、宜都等控制节点实施护底工程，维持节点的稳定，远期视近期整治效果，加大整治力度，同时辅以补水措施，达到整治目标，满足通航要求。

2）荆江河段护底方案：在荆江河段关键节点抑制河道冲刷下切技术研究的基础上，统筹考虑荆江河段维护河势及岸坡稳定的治理措施，对于下荆江沙质型河床，在其关键节点处采用设计枯水位下全断面护底加糙工程，一方面通过护底，可以限制河床冲刷，另一方面由于护底材料通常粒径较大，能够达到加糙的目的，增加对水流的阻力，达到抬高水位的目的。通过协同发挥工程群的作用及工程布置的优化，达到抑制河道冲刷下切、控制中枯水位下降等治理效果。根据下荆江沙质河段的治理目标和治理思路，经研究比选，本次治理方案主要采用护滩带工程、护底加糙工程、潜坝工程等组合布置方式，具体位置为下荆江鱼尾洲、张智垸、塔市驿、天星阁、盐传套、八姓洲护底。

（3）调整改善宜昌至城陵矶河段局部河势。宜昌至城陵矶河段含宜枝、荆江河段。宜枝河段两岸抗冲能力强，三峡蓄水初期冲刷剧烈，目前趋于平缓，荆江河段为砂质河床，冲刷幅度大，局部河势变化剧烈。目前上荆江关洲汊道、三八滩汊道段分流比调整剧烈，下荆江石首弯道、调关弯道、七号岭河段切滩撇弯现象突出。如上荆江沙市河段右岸腊林洲大幅崩退拓宽河宽，以及三八滩冲刷萎缩，该段河势控制体的削弱致使三八滩分流点不稳以及南北汊道深槽多变，沙市水道碍航问题尤显突出；下荆江熊家洲河段随着二洲子右汊分流比扩大，汇流段下游主流由 2002 年贴右岸下行逐渐移至左岸，2010 年至今，深槽一直紧靠左岸八姓洲，八姓洲右缘长达 10 余 km 岸线逐年崩退，如今八姓洲狭颈段距离（25m 高程）仅为 650m，若遇不利水文条件下发生自然裁弯，必将引起江湖关系剧烈变化。对局部河势变化剧烈的河段需结合新的水沙条件下河道的变化趋势，在河势控制规划的指导下，对局部河段的河势进行适当调整，使该河段的河势更能适应长江经济带发展的要求。

（4）建立有效的崩岸应急治理机制，建立稳定的投资渠道。上游来沙减少和三峡工程蓄水拦沙作用已经引起长江中下游干流河道发生了明显的冲刷调整，若考虑今后上游干支流等控制性水库的陆续运用，中下游干流河道将处在长期的调整变化之中，其变化难以准确预测。针对长江崩岸突发性强、危害性大且治理具有强时效性的特点，建立长江崩岸应急处置长效机制，明确崩岸应急抢护的责任主体、确定崩岸应急抢护的主要工作内容、明确经费来源及经费使用程序办法。及时实施河势应急治理工程，切实保障中下游防洪安全。建立基金制度，实行物资储备和先抢后补的应急抢护机制，以达到工程投资及河道治理的最佳效果。

6.2　沙市河段治理对策研究

6.2.1　治理方案的研究

6.2.1.1　治理与保护需求

根据沙市河段河道演变现状及演变趋势分析可知，该河段存在的主要问题有：

（1）太平口心滩北槽分流比呈现增大趋势，三八滩汊道段右汊分流比增加，左汊分流比呈现减少的趋势，太平口心滩与三八滩汊道分流比的变化带来了附近河段河势不稳，进而可能引起沙市河段整体河势变化；同时三八滩左汊萎缩导致荆州大桥主通航孔不能运用，严重影响通航道正常运行。为了本河段河势稳定，同时改善通航条件，因此从本河段治理与保护需要角度出发，需通过工程措施抑制三八滩左汊萎缩。

（2）沙市河段堤身高达 12～16m，迎流顶冲段堤外无滩或滩窄，崩岸对堤防安全的威胁仍未得到根本解决。

（3）河道冲刷导致局部水域河势发生变化，观音矶至观音寺重点险工段由于以往工程标准偏低，存在安全隐患，同时，河床刷深，枯水位下降明显，影响河势稳定、防洪安全及供水安全。

6.2.1.2 治理方案的提出

沙市河弯整治思路宜通过工程措施，在保障防洪安全的同时，依托已实施的三八滩守护工程和腊林洲护滩带工程，强化腊林洲护滩带的导流作用，控制或削弱三八滩右汊分流比，适当增加三八滩左汊分流比，强化河势控制，维护本河段的河势稳定，同时改善荆州长江大桥主通航孔枯水通航条件和荆州市沿江经济用水需求。

对应上述整治思路，拟定了以下四个方案：

（1）强化腊林洲护滩带导流作用方案。加高加长 1 号和 2 号护滩带，加高 1m，新建一条护滩带。

（2）疏浚筲箕子边滩方案。为水流从太平口南槽过渡到三八滩北汊创造有利条件。疏浚底高按 25.5m，底宽为 80m。

（3）控制和削弱三八滩右汊方案。在三八滩右汊加糙，加糙工程按顶高程 23.8m 考虑，为该段航道通航留有余地，宽度 20m。

（4）强化腊林洲护滩带导流和控制三八滩右汊的组合方案。

在上述方案基础上，采用二维水流数学模型对方案进行了分析和筛选。

6.2.2 二维数模治理效果研究

6.2.2.1 基础方案布置

为减缓左汊衰退趋势，拟实施相关的河道治理工程。沙市河段工程布置和监测点平面位置见图 6.1 和图 6.2。

方案一：三八滩右汊护底带工程。

在三八滩右汊入口位置沿荆 42 断面布置一条护底带。护底带工程按坝顶高程 23.8m 控制，坝顶宽度 20m，坝上下游坡比 1：5。

方案二：筲箕子边滩疏浚。

沿筲箕子边滩右缘实施疏浚。疏浚底高按 25.5m 控制，底宽为 80m。

方案三：腊林洲边滩护滩带加长。

腊林洲边滩现状已有三条护滩带，拟建护滩带加长工程方案包括：

（1）在原有的 1 号护滩带上游约 500m 处新建一条护滩带，长约 260m，沿现状河床

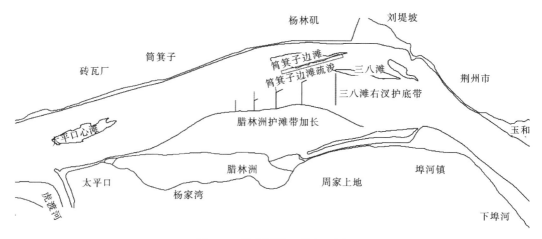

图 6.1　沙市河段工程布置图

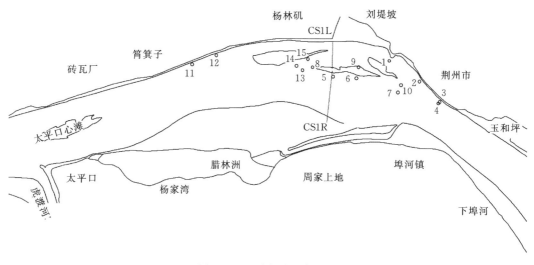

图 6.2　监测点平面位置图

抛石，抛石厚度控制为 3m。

（2）将原有的 1 号护滩带向江心方向延长约 230m，延长部分为水下抛石，抛石厚度控制为 3m。

（3）将原有的 2 号护滩带向江心方向延长约 130m，延长部分控制护滩带高程为30.26m（与原有护滩带高程保持一致）。

6.2.2.2　基础方案数模计算结果分析

对上述三类基础工程方案单独实施时进行数模计算，分析在设计枯水条件下的影响。本河段进口设计枯水流量为 6500m³/s。

1. 方案一工程影响计算结果

三八滩右汊护底带工程抬高了右汊床面，增加了右汊水流阻力，使得进入左汊的水流有所增加。在枯水条件下，三八滩左汊分流比由工程前的 16.2％增加至工程后的 17.7％，增加了 1.5 个百分点。三八滩右汊护底带工程工程实施后，工程阻水效果明显。上游水位（包括三八滩左汊进口）壅高，下游水位降低。上游水位最大壅高约 14.5cm，下游水位最大降低 10.7cm。由于工程具有阻水作用，工程上下游区域流速有所减小，最大减小约 0.30m/s；护底带坝顶区域由于水深减小，流速有明显的增加，最大增幅约为 0.45m/s。在护底带右侧的浅滩区域，由于工程阻水，使得更多水流经过滩面下行，因此流速也普遍增加，最大增幅约 0.42m/s，见表 6.1。

表 6.1　　　　　　　　　　方案一工程前后监测点水位、流速变化情况

监测点编号	工程前		工程后变化值	
	水位/m	流速/(m/s)	水位/m	流速/(m/s)
1	28.459	0.551	0.009	0.052
2	28.430	0.402	0.003	0.037
3	28.426	0.329	0.003	0.029
4	28.426	0.442	0.003	0.038
5	28.518	1.286	0.008	−0.073
6	28.484	0.699	0.002	0.021
7	28.415	1.055	0.003	−0.013
8	28.638	1.443	0.071	−0.120
9	29.022	0.000	0.000	0.000
10	28.420	0.517	0.003	−0.004
11	29.126	0.270	0.140	0.032
12	29.146	0.356	0.094	0.029
13	28.592	1.999	0.084	−0.153
14	28.622	1.864	0.065	−0.437
15	28.635	0.074	0.056	0.076

2. 方案二工程影响计算结果

在笥箕子边滩实施疏浚工程后，深槽宽度增加，水流下泄条件改善，三八滩左汊分流比小幅增加了约 0.3 个百分点。疏浚区域内原先较高的滩面普遍下降了 2～5m。由于床面下降明显，导致水位也出现下降，工程后疏浚区域内水位最大下降了 0.49m。由于左汊过流增加，疏浚区外缘水位有小幅抬升，最大抬高了 0.9cm。由于过流条件的优化，左汊疏浚区内水流下泄更加顺畅，流速普遍增加，最大增幅为 1.04m/s。疏浚区域的吸流效应使得疏浚区外的流速有所减小，最大减幅为 0.11m/s，见表 6.2。

表 6.2　　　　　　　　　　方案二工程前后监测点水位、流速变化情况

监测点编号	工程前		工程后变化值	
	水位/m	流速/(m/s)	水位/m	流速/(m/s)
1	28.459	0.551	0.000	−0.004
2	28.430	0.402	−0.001	−0.002

监测点编号	工程前		工程后变化值	
	水位/m	流速/(m/s)	水位/m	流速/(m/s)
3	28.426	0.329	0.000	−0.003
4	28.426	0.442	0.000	−0.003
5	28.518	1.286	0.001	−0.009
6	28.484	0.699	0.001	0.003
7	28.415	1.055	0.000	0.001
8	28.638	1.443	0.002	−0.079
9	29.022	0.000	0.000	0.000
10	28.420	0.517	0.000	0.001
11	29.126	0.270	−0.020	−0.003
12	29.146	0.356	−0.014	0.000
13	28.592	1.999	0.006	−0.073
14	28.622	1.864	0.005	−0.070
15	28.635	0.074	0.008	0.345

3. 方案三工程影响计算结果

枯水条件下，腊林洲边滩护滩带加长后没有增加左汊分流比。这是由于枯水条件下水位较低，在护滩带没有加长时，最下游的4号护滩带挑流作用较为明显。而在护滩带加长后，虽然1号和3号护滩带处水流被挑向左岸，但其对下游的护滩带形成遮蔽效应，使得2号和4号护滩带挑流效应减弱，水流反向右岸偏转。在不同挑流效果的综合作用下，三八滩左汊分流比没有增长。腊林洲边滩护滩带加长后，工程上下游区域水流下泄受阻，三条护滩带之间形成带状减速区。减速区流速最大减小1.74m/s，位于第三条护滩带下游。护滩带外缘江心区域水流受挤压而流速加快。加速区域与减速区域类似，平面形态呈带状。流速最大增幅为1.13m/s。护滩带加长使水流受阻壅高。上下游相邻的1～3号护滩带相距较近，彼此的水流壅高区域相互叠加，因此仅3号护滩带下游出现水位降低。水位最大壅高约0.353m，位于3号护滩带上游；水位最大降低0.26m，见表6.3。

表6.3　　　　　　　方案三工程前后监测点水位、流速变化情况

监测点编号	工程前		工程后变化值	
	水位/m	流速/(m/s)	水位/m	流速/(m/s)
1	28.459	0.551	−0.003	−0.026
2	28.430	0.402	0.000	−0.019
3	28.426	0.329	0.001	−0.016
4	28.426	0.442	0.001	−0.021
5	28.518	1.286	0.004	0.026

监测点编号	工程前		工程后变化值	
	水位/m	流速/(m/s)	水位/m	流速/(m/s)
6	28.484	0.699	0.002	0.018
7	28.415	1.055	0.001	0.012
8	28.638	1.443	−0.008	−0.086
9	29.022	0.000	0.000	0.000
10	28.420	0.517	0.001	0.005
11	29.126	0.270	0.191	0.109
12	29.146	0.356	0.116	0.132
13	28.592	1.999	0.007	−0.067
14	28.622	1.864	−0.008	−0.419
15	28.635	0.074	−0.012	−0.045

6.2.2.3 推荐方案计算结果分析

根据上述基础方案数模计算可以发现，右汊护底带工程以及筲箕子边滩疏浚工程均能改善三八滩左汊入流条件，增加左汊分流比。经过对 2015 年 12 月和 2018 年 4 月航行线分析，腊林洲新建护滩带已伸入航行区（2018 年 4 月）98.4m，延长 1 号护滩带伸入航行区 122.4m，2 号护滩带伸入航行区（2015 年 12 月）84.08m，侵占航道宽度，对航道通航影响较大，同时，现状地形上抛出 3m 厚的石方对施工要求较高，并导致航深（以 1 号护滩带）不足，且对左汊分流比增加作用有限，因此，腊林洲护滩带延长方案不宜作为沙市河段河势控制的推荐方案。采用右汊护底带工程与筲箕子疏浚工程的组合方案作为推荐方案。

从河床冲刷导致枯水位降低而言，三八滩右汊堵坝工程顶高程为将来通航留有余地，将坝顶高程由 24.8m 降为 23.8m。

采用两种不同的边界条件分别计算分析推荐方案的工程影响，详见表 6.4。

表 6.4   **推荐方案计算条件分析**

边界条件	设计枯水流量	多年平均流量	平滩流量	"98" 年洪水流量
进口流量/(m³/s)	6500	12345	25000	55870
沙市站水位/m	28.95	32.45	37.15	43.07

1. 设计枯水流量条件计算结果分析

推荐的组合方案阻碍了右汊水流下泄，并改善了左汊入流条件，使得三八滩左汊分流比由 16.17% 变为 18.22%，相对于工程前增加了约 2.1%。各监测点水位流速变化见表 6.5。

推荐方案实施后，护底带上、下游河道流速普遍减小，减速幅度范围为 0.01～0.34m/s，最大减速区域位于紧邻护底带的上游。护底带顶部以及其右岸浅滩区域由于水深较小，流速有所增加，最大增幅约 0.46m/s，位于工程右侧浅滩。筲箕子疏浚区工程前

表 6.5   推荐方案工程前后监测点水位、流速变化情况（设计枯水）

监测点编号	工程前		工程后变化值	
	水位/m	流速/(m/s)	水位/m	流速/(m/s)
1	28.459	0.551	0.011	0.071
2	28.430	0.402	0.002	0.051
3	28.426	0.329	0.002	0.040
4	28.426	0.442	0.002	0.052
5	28.518	1.286	0.004	−0.115
6	28.484	0.699	0.000	0.002
7	28.415	1.055	0.002	−0.023
8	28.638	1.443	0.082	−0.142
9	29.022	0.000	0.000	0.000
10	28.420	0.517	0.002	−0.009
11	29.126	0.270	0.030	0.004
12	29.146	0.356	0.021	0.001
13	28.592	1.999	0.077	−0.122
14	28.622	1.864	0.070	−0.098
15	28.635	0.074	0.072	0.365

滩面较高，无水流过流；工程后床面降至 25.5m，水流开始过流，因此流速相对工程前明显增加，最大增幅约 1.0m/s。受疏浚区吸流效应以及右汊护底带阻水效应共同影响，疏浚区外缘河道内流速小幅减小，最大减小约 0.11m/s。

推荐方案实施后，护底带上游水位普遍壅高，最大壅高约 0.13m，位于紧邻护底带的上游。护底带下游约 75m 范围内水位降低，最大降低幅度为 0.1m。筲箕子疏浚区由于床面大幅降低，使得水位也相应下降，最大下降约 0.43m。受下游护底带阻水影响，疏浚区外缘河道水位壅高 0.04～0.07m。

2. 多年平均流量条件计算结果分析

推荐的组合方案阻碍了右汊水流下泄，并改善了左汊入流条件，使得三八滩左汊分流比由 27.1% 变为 29.1%，相对于工程前增加了约 2.0%。各监测点水位流速变化见表 6.6。

推荐方案实施后，护底带上、下游河道流速普遍减小，最大减小 0.21m/s，位于护底带左端三八滩洲头漫流区域。护底带顶部以及其两端浅滩区域由于水深较小，流速有所增加，最大增幅约 0.18m/s，位于护滩带顶部。筲箕子疏浚区内由于滩面开挖，过流量增加，因此流速相对工程前明显增加，最大增幅约 0.19m/s。受疏浚区吸流效应影响，疏浚区外筲箕子边滩一侧流速小幅减小，最大减小约 0.11m/s。

推荐方案实施后，护底带上游水位普遍壅高，最大壅高约 0.018m，位于紧邻护底带的上游。护底带下游约 70m 范围内水位降低，最大降低幅度为 0.025m。筲箕子疏浚区由于吸流作用以及下游护底带的阻水效应，疏浚区内、外水位均有所上升，最大上升 0.016m。

表 6.6　　　　　推荐方案工程前后监测点水位、流速变化情况（多年平均流量）

监测点编号	工程前		工程后变化值	
	水位/m	流速/(m/s)	水位/m	流速/(m/s)
1	33.903	0.721	0.001	0.035
2	33.892	0.551	0.001	0.017
3	33.881	0.520	0.001	0.011
4	33.881	0.694	0.000	0.015
5	33.941	1.103	0.002	−0.067
6	33.916	0.856	0.002	−0.053
7	33.889	0.996	0.001	−0.027
8	33.970	0.937	0.010	0.010
9	33.924	0.672	0.002	0.034
10	33.894	0.626	0.000	0.002
11	34.074	0.575	0.006	0.000
12	34.061	0.585	0.006	0.000
13	33.973	0.978	0.011	−0.021
14	33.973	0.705	0.010	0.039
15	33.969	0.330	0.010	0.108

3. 平滩流量条件计算结果分析

推荐的组合方案阻碍了右汊水流下泄，并改善了左汊入流条件，使得三八滩左汊分流比由 29.3% 变为 31.0%，相对于工程前增加了约 1.7%。各监测点水位流速变化见表 6.7。

表 6.7　　　　　推荐方案工程前后监测点水位、流速变化情况（平滩流量）

监测点编号	工程前		工程后变化值	
	水位/m	流速/(m/s)	水位/m	流速/(m/s)
1	36.757	1.029	0.002	0.041
2	36.717	0.924	0.001	0.023
3	36.674	0.997	0.001	0.015
4	36.674	1.276	0.000	0.020
5	36.806	1.489	0.004	−0.072
6	36.772	1.316	0.003	−0.054
7	36.720	1.457	0.002	−0.035
8	36.849	1.290	0.014	0.005
9	36.784	1.104	0.003	0.044
10	36.728	1.058	0.002	0.013
11	36.999	0.958	0.008	0.000

续表

监测点编号	工程前		工程后变化值	
	水位/m	流速/(m/s)	水位/m	流速/(m/s)
12	36.982	0.939	0.008	0.001
13	36.856	1.328	0.015	−0.023
14	36.860	1.132	0.014	0.019
15	36.850	0.740	0.013	0.100

推荐方案实施后，护底带上、下游河道流速普遍减小，最大减小 0.15m/s，位于护底带左端三八滩洲头漫流区域。护底带顶部以及其两端浅滩区域由于水深较小，流速有所增加，最大增幅约 0.21m/s，位于护滩带顶部。筲箕子疏浚区内由于滩面开挖，过流量增加，因此流速相对工程前有所增加，最大增幅约 0.13m/s。受疏浚区吸流效应影响，疏浚区外筲箕子边滩一侧流速小幅减小，最大减小约 0.1m/s。

推荐方案实施后，护底带上游水位普遍壅高，最大壅高约 0.027m，位于紧邻护底带的上游。护底带下游约 83m 范围内水位降低，最大降低幅度为 0.038m。筲箕子疏浚区由于吸流作用以及下游护底带的阻水效应，疏浚区内、外水位均有所上升，最大上升 0.027m。

4. “98” 洪水条件计算结果分析

推荐的组合方案阻碍了右汊水流下泄，并改善了左汊入流条件，使得三八滩左汊分流比由 32.1%变为 33.0%，相对于工程前增加了约 0.9%。推荐方案实施后，护底带上、下游河道流速普遍减小，最大减小 0.086m/s，位于紧邻护底带的上游区域。护底带顶部以及其两端浅滩区域由于水深较小，流速有所增加，最大增幅约 0.20m/s，位于护滩带顶部。筲箕子疏浚区内由于滩面开挖，过流量增加，因此流速相对工程前小幅增加，最大增幅约 0.065m/s。受疏浚区吸流效应影响，疏浚区外筲箕子边滩一侧流速小幅减小，最大减小约 0.094m/s，见表 6.8。

表 6.8　　推荐方案工程前后监测点水位、流速变化情况（“98” 洪水）

监测点编号	工程前		工程后变化值	
	水位/m	流速/(m/s)	水位/m	流速/(m/s)
1	42.402	1.456	0.002	0.027
2	42.308	1.587	0.001	0.019
3	42.152	1.926	0.000	0.013
4	42.151	2.283	0.000	0.017
5	42.459	1.862	0.002	−0.066
6	42.418	1.802	0.003	−0.052
7	42.320	2.062	0.002	−0.035
8	42.511	1.679	0.012	−0.004
9	42.438	1.594	0.003	0.036

监测点编号	工程前		工程后变化值	
	水位/m	流速/(m/s)	水位/m	流速/(m/s)
10	42.339	1.731	0.002	0.009
11	42.660	1.424	0.007	0.000
12	42.640	1.371	0.007	0.000
13	42.520	1.691	0.013	−0.026
14	42.525	1.623	0.013	−0.005
15	42.515	1.397	0.012	0.036

推荐方案实施后，护底带上游水位普遍壅高，最大壅高约 0.027m，位于紧邻护底带的上游。护底带下游约 86m 范围内水位降低，最大降低幅度为 0.047m。筲箕子疏浚区由于吸流作用以及下游护底带的阻水效应，疏浚区内、外水位均有所上升，最大上升 0.033m。

6.2.3　实体模型治理效果研究

推荐方案为：在三八滩右汊入口位置沿荆 42 断面布置一条护底带，护底带工程按坝顶高程 23.8m 控制，坝顶宽度 20m，坝上下游坡比 1∶5；沿筲箕子边滩右缘实施疏浚。疏浚底高按 25.5m 控制，底宽为 80m。根据河道整治工程实施后试验结果，与方案实施前，该河段河床冲淤变化主要在太平口至三八滩河段。因此，试验结果仅对太平口至三八滩河段进行方案前后对比分析。针对以上方案开展相关试验研究，具体变化情况分述如下。

1. 平面变化

沙市河段河道整治工程实施后，由于河道整治工程主要在三八滩左右汊，在一定程度可能引起沙市河段局部河势发生较大调整，下面以第 5 年末、第 10 年末及第 15 年末为代表年份，分别绘制了沙市河段河道整治工程实施后河段地形变化图，如图 6.3～图 6.5 来反映沙市河段河道整治工程实施后工程河段的河床冲淤变化情况。根据已有沙市河段河工模型试验的经验及拟建整治工程实施后地形变化，其影响范围主要在太平口至三八滩段，因此下面着重对比分析太平口至三八滩段平面变化。

模型运行至第 5 年末，与方案前相比，对上段太平口过渡段右槽出流产生一定程度的挑流作用，水流受其挑流进入下游三八滩的左汊概率有所增大，致使三八滩左汊进流条件有所改善，汊道有所冲刷发展，左汊分流比有一定程度的增大，右汊相应的冲刷有所减弱。具体表现为，河道左右两岸 30m 等高线均无太大变化，受整治工程实施的影响，与方案前相比，筲箕子边滩右缘 30m 等高线有较大幅度后退，三八滩左汊 25m 等高线也有较大幅度后退，右汊分流比有一定减小，右汊冲刷趋势则明显减缓，与方案前相比，右汊 25m 等高线向河道内略有摆动，但幅度不大；三八滩左汊出口的滩体冲刷萎缩；主流汇流点较方案前有所右摆。

模型运行至第 10 年末，与方案前第 10 年末相比，受整治工程影响，在太平口过渡段右槽出流被挑流进入下游三八滩左汊的同时，三八滩右汊分流比呈现减小的趋势，以至于左汊进一步冲刷发育，右汊河槽则冲刷幅度较方案前有所减小，20m 深槽扩展速度减缓。

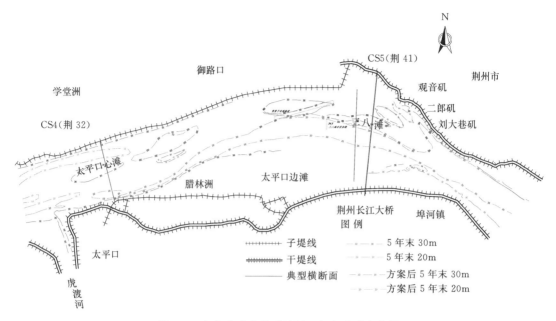

图 6.3　方案后动床模型运行 5 年末地形变化图

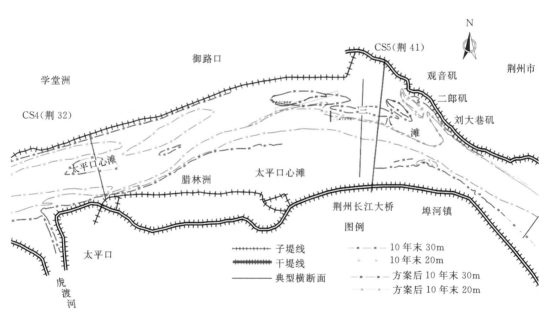

图 6.4　方案后动床模型运行 10 年末地形变化图

　　另外，随着太平口心滩尾部小滩体的冲刷萎缩，筲箕子边滩右缘 30m 等高线略有回淤，较方案前，三八滩左汊出口滩体左缘则进一步冲刷后退；主流汇流点较方案前有所右摆。

　　模型运行至第 15 年末，与方案前第 15 年相比，筲箕子边滩右缘继续回淤，左汊河床 30m 等高线向河道内淤长，左汊分流比减小至 2016 年水平，但仍较方案前有所增大；三八滩右汊河床高程受潜坝影响，冲刷下切受到一定程度的遏制；主流汇流点较方案前有一

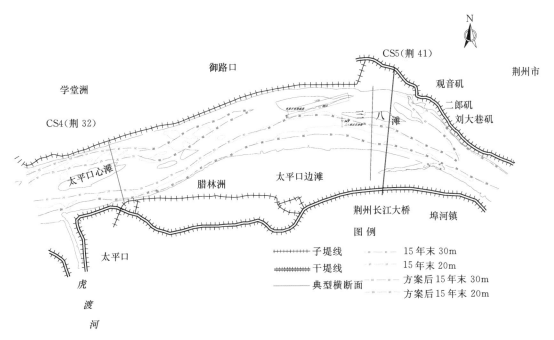

图 6.5　方案后动床模型运行 15 年末地形变化图

定幅度的右摆。

　　综上成果显示，河道整治工程实施以后，该河段总体河势与工程实施前基本一致，随着模型系列年的运行河床呈沿程逐步整体冲刷下切的趋势，深槽刷深拓展，局部区域江心洲滩及汊道段变化较为剧烈，但局部位置受河势控制工程制约影响有所冲淤变化，以沙市河段三八滩汊道段局部河势调整较为突出，主要表现为左汊的分流比有所扩大，三八滩滩尾淤积体体积较方案前有所减小，主流汇流点较方案前有所右摆，一定程度上与沙市河段的治理目标一致，但整体而言三八滩左汊的冲刷发展影响幅度有限。

　　2. 河床冲淤量、分布

　　表 6.9 给出了河道整治工程实施前、后不同阶段太平口至三八滩河段冲淤量结果。从表 6.9 中可以看出模型运行至第 5 年末相对于初始地形、第 10 年末相对于第 5 年末、第 15 年末相对于第 10 年末的冲刷量和平均冲刷深度。其中模型运行至第 5 年末，在太平口至三八滩河段冲刷 2900 万 m³，平均冲深 1.05m；拟建河道整治工程实施后太平口至三八滩河段冲刷 3100 万 m³，平均冲深 1.12m。模型运行至第 10 年末，在太平口至三八滩河段冲刷 2100 万 m³，平均冲深 0.76m；拟建河道整治工程实施后太平口至三八滩河段冲刷 2500 万 m³，平均冲深 0.90m。模型运行至第 15 年末，在太平口至三八滩河段冲刷 2300 万 m³，平均冲深 0.84m；整治工程实施后太平口至三八滩河段冲刷 2000 万 m³，平均冲深 0.73m。

　　从上面分析可知，拟建河道整治工程实施后太平口至三八滩河段冲刷量有一定程度的增加，其主要原因与整治工程实施后促使主流更集中枯水河槽，促进河段整体向窄深型发展。

表 6.9　　整治工程实施前后太平口至三八滩河段冲淤量对照表（38.5m 高程以下）

河段范围	时　　段	方案前		整治工程实施后	
		冲淤量 /万 m³	平均冲淤 /m	冲淤量 /万 m³	平均冲淤 /m
太平口— 三八滩 11.5km	初始地形—第 5 年末地形	−2900	−1.05	−3100	−1.12
	第 5 年末—第 10 年末地形	−2100	−0.76	−2500	−0.90
	第 10 年末—第 15 年末地形	−2300	−0.84	−2000	−0.73
	初始地形—第 15 年末地形	−7300	−2.65	−8600	−2.75

注　"−"表示冲刷。

3. 方案前后典型断面冲淤变化

太平口至三八滩河段对比分析方案实施前后 2 个断面（CS4、CS5）的冲淤变化，典型横断面历年冲淤变化见图 6.6。

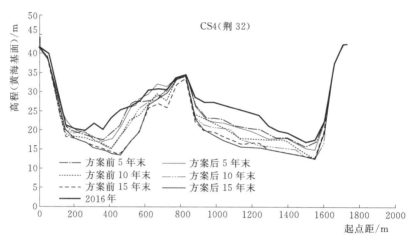

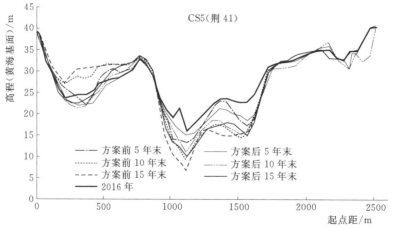

图 6.6　典型断面方案实施前后冲淤变化图

可以看出，CS4（荆 32）断面在整治工程实施前后，心滩滩顶最高高程基本没有变化，河床冲淤变化主要表现在左右河槽。受箕子边滩疏浚影响，三八滩段出流更顺畅，太平口心滩右槽作为主河槽冲刷幅度更大，较方案前有更大幅度的冲刷下切，左河槽较方案前变化幅度不大，模型运行 5 年末，右河槽河底较方案前整体下切约 0.6m 的冲刷；运行 10 年末，右河槽河底较方案前整体冲刷下切约 0.8m；运行 15 年末，右河槽河底较方案前整体冲刷下切约 0.2m。

CS5（荆 41）断面在整治工程实施前后左右汊河床冲淤变化幅度较大，受筲箕子边滩疏浚影响，模型运行 5 年末，三八滩左汊河床较方案前平均刷低约 2.5m；模型运行 10 年末，左汊河床较方案前平均刷低约 4.2m；模型运行 15 年末，筲箕子边滩逐渐回淤，左汊河床逐渐也逐渐淤高至初始地形，但仍较方案前低约 4m。受三八滩右汊加糙工程影响，右汊河床较方案前冲刷速度有所减缓，模型运行 5 年末，右汊河床高程较方案前略高0.4m 左右；模型运行 10 年末，右汊河床高程较方案前略高 0.6m 左右；模型运行 15 年末，右汊河床高程较方案前略高 1.0m 左右。

4. 汊道分流比变化

表 6.10 为试验运行第 5 年末、第 10 年末与第 15 年末沙市河段河势控制工程实施前后典型汊道分流比变化情况。模型试验成果表明：沙市河段右岸腊林洲边滩守护工程实施后，三八滩汊道段左汊分流比整体会有所增大，在 5% 以内。

表 6.10   工程前后典型汊道分流比变化

项目	进口流量 /(m³/s)	三八滩左汊/%		
		工程前	工程后	差值
初始地形	7400	22	22	0
5 年末	8100	21.3	26	4.7
10 年末	7600	20.6	24.7	4.1
15 年末	7300	18.9	23.3	4.4

6.2.4 小结

根据沙市河段河势最新变化特点分析及趋势预测成果表明，在太平口汊道段、三八滩汊道段河势调整幅度较大，导致三八滩左汊萎缩，对沙市河段及三八滩汊道分流与通航条件影响较大，不利于本河段河势稳定，进而可能改变沙市河段现有河势格局。在《河道治理规划》的治理目标"三八滩汊道段维护现有分流格局，适当增加三八滩左汊枯季分流比"和近期沙市河段河道变化特性研究的基础上。本次河道治理的基本思路为：通过工程措施，在保障防洪安全的同时，抑制三八滩右汊分流比增加，防止左汊分流比萎缩，强化河势控制，维护本河段河势稳定，同时也改善左汊枯水通航条件。围绕上述治理思路，提出了 3 组整治方案，并采用平面二维水流运动数学模型进行方案效果比选，最终得到的推荐方案为：在三八滩右汊入口位置沿荆 42 断面布置一条护底带，护底带工程按坝顶高程 23.8m 控制，坝顶宽度 20m，坝上下游坡比 1：5；沿筲箕子边滩右缘实施疏浚。疏浚底高按 25.5m 控制，底宽为 80m。在此基础上采用实体模型试验针对推荐方案开展工程后的效果研究，试验研究表明：工程实施后，在保障防洪安全的同时，抑制了三八滩左汊萎缩，左汊枯季分流比有所增大，维护了本河段河势稳定，且三八滩滩尾淤积体面积较方案前有所减小，主流汇流点较方案前有一定右摆，也改善了三八滩左汊枯水期通航条件，研究表明，工程实施后的治理效果满足了本次沙市河段治理的思路。

6.3　石首河段治理对策研究

6.3.1　治理方案的研究

6.3.1.1　治理与保护需求

根据石首河段河道演变现状及演变趋势分析可知，向家洲边滩存在着切滩撇弯趋势，石首河湾弯道处主流不稳，导致下游顶冲点不断下移，同时藕池河上段河槽略有淤积，影响藕池口分流。为了本河段河势稳定，抑制藕池口萎缩，同时改善本河段通航条件，因此从本河段治理与保护需要角度出发，需通过工程措施稳定石首段主流平面位置，同时改善藕池口处的进流条件。

6.3.1.2　治理方案的提出

1. 长江中下游干流河道治理规划

本河段近期通过向家洲、北门口等岸段的延护和加固，维持现有河势的稳定，保障防洪工程安全；采取工程措施稳定倒口窑心滩滩头及其左缘，防止河道展宽，结合航道整治工程，促使藕池口心滩和倒口窑心滩合并，稳定石首段主流平面位置；远期结合三峡工程投运后江湖关系的调整变化及社会经济发展要求，进一步调整和改善河势，并视今后下荆江弯道段河道演变趋势，研究包括岸线改造等工程措施的可行性及效果，采取措施改善石首弯道等弯曲半径过小的不利河势，减轻北门口的迎流顶冲及挑流强度。

2. 治理思路

石首河段已经实施了大量的护岸工程及航道整治工程，较大程度地抑制了近岸河床的横向发展，该河段总体河势没有发生大的改变，但局部河势调整仍较为剧烈，随着不同水文年的来水来沙条件变化，导致过渡段主流的摆动、洲滩的消长等，可能会影响本河段河势稳定。因此，在保障防洪安全的同时，采取一定的整治工程措施，强化河势控制，进一步稳定石首急弯段的河道右边界，稳固倒口窑心滩左汊为主汊的河势格局，同时调顺主流，增加急弯段的河道曲率半径，并有利于改善藕池口水道通航能力。

6.3.2　二维数模治理效果研究

6.3.2.1　基础方案布置

结合石首河段河势演变及河道治理规划，拟定如下 3 个治理方案（见表 6.11 和图 6.7）：
（1）方案 1。

治理工程：陀阳树边滩 TH4、TH5 护滩带加高加固工程。即陀阳树边滩 TH4、TH5 在现有高程基础上加高 1m，藕池口心滩下段高滩实施守护工程。

治理目标：目前主流顶冲向家洲首部，弯道处主流曲率半径过小，通过护滩带加高调顺主流；藕池口心滩下段高滩守护主要目的是稳定右边界，防止岸滩崩退。

表 6.11　　　　　　　　　石首河段整治工程方案情况表

方案	治 理 工 程	治 理 目 标
1	陀阳树边滩 TH4、TH5 护滩带加高加固工程： （1）陀阳树边滩 TH4、TH5 在现有高程基础上加高 1m； （2）藕池口心滩下段高滩实施守护工程	调顺主流，稳定河道右边界
2	倒口窑心滩、藕池口心滩锁坝工程： （1）倒口窑心滩、藕池口心滩之间修建锁坝工程，宽度 180m，与倒口窑心滩原鱼骨坝工程顺接，高程拟定 35.0m； （2）对锁坝旁边藕池口心滩左缘约 98m 未护岸线进行守护； （3）藕池口心滩下段高滩实施守护工程	促淤并滩，稳定河道右边界
3	综合整治工程（方案1、方案2综合）： （1）陀阳树边滩 TH4、TH5 在现有高程基础上加高 1m； （2）倒口窑心滩、藕池口心滩之间修建锁坝工程，宽度 180m，与倒口窑心滩原鱼骨坝工程顺接，高程拟定 35.0m； （3）对锁坝旁边藕池口心滩左缘约 98m 未护岸线进行守护； （4）藕池口心滩下段高滩实施守护工程	调顺主流，增大急弯段河道曲率半径，稳定河道右边界，稳固河势格局

（2）方案 2。

治理工程：倒口窑心滩、藕池口心滩锁坝工程。即倒口窑心滩、藕池口心滩之间修建锁坝工程，宽度 180m，与倒口窑心滩原鱼骨坝工程顺接，高程拟定 35.0m；对锁坝旁边藕池口心滩左缘约 98m 未护岸线进行守护；藕池口心滩下段高滩实施守护工程。

治理目标：根据河道治理规划中所提的促进两个心滩的合并所采取的措施，包括所采取的藕池口心滩左缘及下段的守护工程，均主要是为了稳定右边界。

（3）方案 3。

治理工程：综合方案一、方案二所提的综合整治工程。即陀阳树边滩 TH4、TH5 在现有高程基础上加高 1m；倒口窑心滩、藕池口心滩之间修建锁坝工程，宽度 180m，与倒口窑心滩原鱼骨坝工程顺接，高程拟定 35.0m；对锁坝旁边藕池口心滩左缘约 98m 未护岸线进行守护；藕池口心滩下段高滩实施守护工程。

治理目标：通过工程实施，一方面调顺了主流，增加急弯段的河道曲率半径，并有利于改善藕池口水道通航能力；同时也稳定了河道的右边界，稳固河势格局。

6.3.2.2 基础方案数模计算结果分析

采用二维水流数学模型，对上述 3 个整治方案分别进行水流影响的计算分析，比选出较优方案；并将比选出的方案作为推荐方案。选取工程河段防洪设计洪水流量、平滩流量、多年平均流量、整治流量，共 4 级水流条件，分别进行整治工程对河段水位、流速等影响的计算分析。计算水流条件见表 6.12。

1. 工程对河段水位影响分析

在防洪设计洪水条件下，整治工程实施后，工程对洪水位的影响主要集中在工程上游、下游局部范围内，一般工程上游侧水位壅高，工程下游侧水位降低，见表 6.13。

方案 1，工程河段水位最大壅高值约 0.7cm，出现在 TH4 护滩带上游侧；水位最大降低值约 0.6cm，出现在 TH5 护滩带下游侧；洪水位变化影响主要集中在 TH4 护滩带

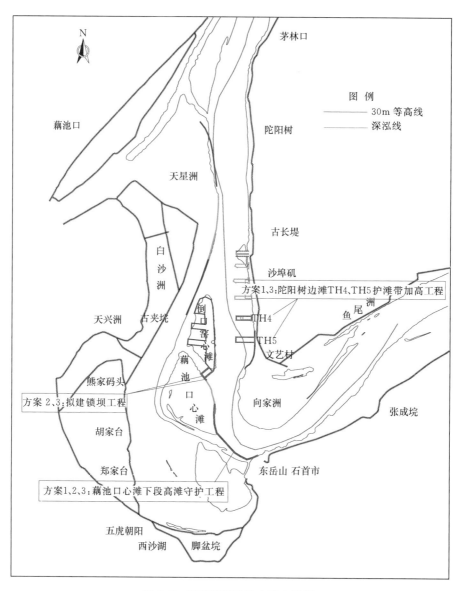

图 6.7　石首河段整治方案布置图

上游 450m 至 TH5 护滩带下游 100m 的范围内。

表 6.12　　　　　　　　　　　　　石首河段水流计算条件表

序号	计算条件	进口流量/(m³/s)	石首水位（85 基面）/m
1	防洪设计洪水	50000	38.37
2	平滩流量	30000	34.00
3	多年平均流量	12800	28.84
4	整治流量	8000	27.52

方案 2，工程河段水位最大壅高值约 2.5cm，出现在锁坝头部上游侧；水位最大降低值约 2.9cm，出现在锁坝下游侧；洪水位变化影响主要集中在锁坝上游 2900m 至锁坝下游 700m 的范围内。

方案 3，工程河段水位最大壅高值约 2.5cm，出现在锁坝头部上游侧；水位最大降低值约 3.0cm，出现在锁坝下游侧；洪水位变化影响主要集中在锁坝上游 3000m 至锁坝下游 720m 和 TH4 护滩带上游 460m 至 TH5 护滩带下游 100m 的范围内。

从上分析可知，各方案对工程河段洪水位影响均较小，影响范围有限。因此，拟采用方案 3 作为石首河段推荐整治方案，对稳固河道两岸边界比其他两个方案更加有利，而又不至于对河段防洪带来明显不利影响。

表 6.13　　　　　　　　防洪设计洪水条件下石首河段洪水位变化情况表

方案	水位最大变化值/cm		水位变化主要影响范围
	壅高	降低	
1	0.7	0.6	TH4 护滩带上游 450m 至 TH5 护滩带下游 100m
2	2.5	2.9	锁坝上游 2900m 至锁坝下游 700m
3	2.5	3.0	锁坝上游 3000m 至锁坝下游 720m TH4 护滩带上游 460m 至 TH5 护滩带下游 100m

整治工程实施后，流速变化影响主要集中在倒口窑心滩、藕池口心滩及其左、右汊水域，其他水域流速变化较小。一般整治工程区和上、下游局部水域流速减小，工程外侧主河槽流速有所增大；倒口窑心滩右汊水域流速减小，藕池口心滩右汊水域流速有所增大。一般流量越大，工程对河段流速影响越大，见图 6.8 和图 6.9。

方案 1，工程实施后，护滩带所在边滩水域流速变化一般在 0.18m/s 内；工程外侧主河槽水域流速增大 0.01～0.10m/s；向家洲边滩上游侧水域流速减小 0.05～0.24m/s。

方案 2，工程实施后，倒口窑心滩右汊内流速减小 0.05～0.88m/s，藕池口心滩右汊内流速增大 0.05～0.33m/s；工程外侧主河槽水域流速增大 0.05～0.32m/s；向家洲边滩上游侧水域流速增大 0.01～0.07m/s。

方案 3，工程实施后，倒口窑心滩右汊内流速减小 0.05～0.85m/s，藕池口心滩右汊内流速增大 0.05～0.34m/s；工程外侧主河槽水域流速增大 0.05～0.35m/s；向家洲边滩上游侧水域流速减小 0.01～0.20m/s。

从上分析可知，各方案对工程河段流速影响主要集中在倒口窑心滩、藕池口心滩及其左、右汊水域，其他水域流速变化较小。方案 3 是方案 1、方案 2 的综合，实施后倒口窑心滩右汊水域流速明显减小，串沟几乎不过流，有利于泥沙淤积并滩，稳固河床右边界；河段左侧边滩护滩带增高，有利于减小左岸边滩过流，促进边滩淤积稳定，并减轻向家洲边滩上游侧顶冲压力；工程的实施有助于束水归槽，保持航槽稳定。因此，拟采用方案 3 作为石首河段推荐整治方案。

2. 工程对汊道分流的影响分析

藕池口分流道是由天星洲右汊分长江干流来水入藕池河的通道，天星洲右汊内河槽地形的高低影响分流道的入流条件。从 2016 年 10 月实测地形（见图 6.10）可看出，天星

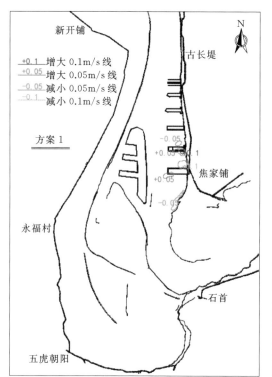

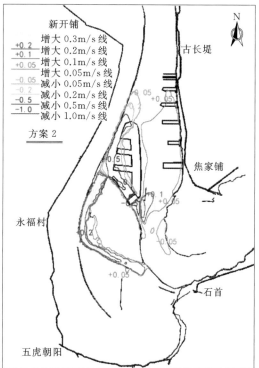

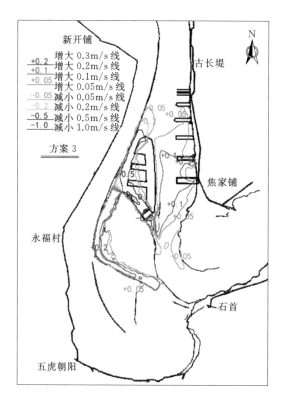

图 6.8　平滩流量条件下各方案对石首河段流速影响图

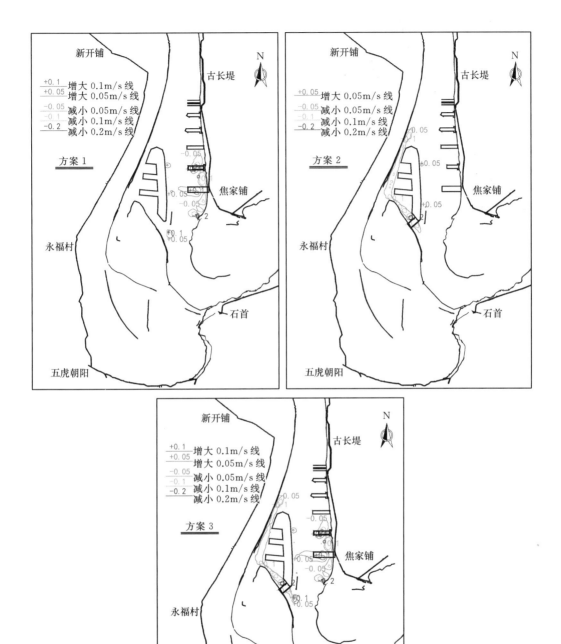

图 6.9 整治流量条件下各方案对石首河段流速影响图

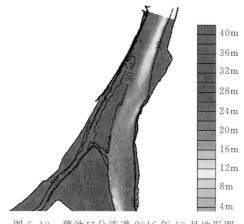

图 6.10　藕池口分流道 2016 年 10 月地形图

洲洲头心滩右汊上段存在卡口地形，其河槽最低地形高程约 29.0m，如河段水位低于此高程，则藕池口分流道基本不过流。整治工程实施后，由于工程距离藕池口分流道较远，影响范围有限，各方案工程对其分流影响不明显，见表 6.14。

由于工程的阻水导流作用，倒口窑心滩右汊分流有所变化（见表 6.15）。现状倒口窑心滩右汊分流比为 0.48%～6.37%；方案 1 分流比增大值为 0.02%～0.06%，方案 2 分流比减小值为 0.43%～3.58%，方案 3 分流比减小值为 0.42%～3.54%。

表 6.14　　　　　　　　整治工程实施后藕池口分流道分流比变化表

水流条件	工程前分流比/%	工程后变化值/%		
		方案 1	方案 2	方案 3
防洪设计洪水	7.65	0.00	+0.01	+0.01
平滩流量	3.73	0.00	+0.02	+0.03

表 6.15　　　　　　　整治工程实施后倒口窑心滩右汊分流比变化表

水流条件	工程前分流比/%	工程后变化值/%		
		方案 1	方案 2	方案 3
平滩流量	6.37	+0.06	−3.58	−3.54
多年平均流量	1.85	+0.05	−1.53	−1.52
整治流量	0.48	+0.02	−0.43	−0.42

从各方案对汊道分流比影响来看，方案 1、方案 2、方案 3 对藕池口分流影响均不明显；对倒口窑心滩右汊影响，方案 1 不明显，方案 2、方案 3 均有所减小（即对河床右边界有促淤作用），且两方案影响值相差较小，但方案 3 比方案 2 增加了稳固左岸边滩的措施，因此，方案 3 较优。

6.3.3　实体模型治理效果研究

根据上述二维水流数学模型计算结果分析而得到的推荐方案：在倒口窑心滩鱼骨坝尾端修建一锁坝，宽度 180m，高程与原鱼骨坝齐，同时对锁坝旁边藕池口心滩左缘约 98m 未护岸线进行守护。拟建河道整治工程与已建航道整治工程的模型示意图如图 6.11 所示。

针对以上方案开展相关试验研究，具体变化情况分述如下。

1. 平面变化

石首河段河道整治工程实施后，由于在倒口窑心滩和藕池口心滩之间修建锁坝，在一定程度可能引起局部河段河势发生较大调整，下面以第 5 年末、第 10 年末及 15 年末为代

图 6.11　动床模型方案试验前工程河段初始地形示意图

表年份，分别绘制了石首河段河道整治工程实施后河段地形变化图，来反映河道整治工程实施后工程河段的河床冲淤变化情况。根据已有石首河段河工模型试验的经验及拟建整治工程实施后地形变化，其主要影响范围主要石首弯道段，因此下面着重对比分析弯道段段平面变化。

模型运行至第 5 年末，与方案前相比（见图 6.12），有以下变化：①北门口附近 10m 深槽、向家洲文艺村至张城坑一带的 15m 深槽、天星洲左缘 15m 深槽高程线均有所展宽。20m、25m、30m 高程线与初始地形相比整体变化不明显。受拟建河道整治工程的影响，护滩带附近淤积明显，主流逐渐趋中下行，并靠近藕池口心滩尾部位置，弯道主流曲率半径有所加大；倒口窑心滩和藕池口心滩之间有所淤积，25m 高程范围有所减小。

模型运行至第 10 年末，与方案前相比，急弯处的 10m 深槽上提与上游的 10m 冲刷坑贯通；锁坝所在支汊淤积，藕池口心滩和倒口窑心滩的 30m 高程线连通；TH4、TH5 护滩带附近淤积，主流右摆趋中，上游的天星洲左缘的 10m、15m 冲刷坑均有所展宽和下延。受藕池口心滩尾部高滩守护工程的影响，该处 25m、30m 高程线崩退受到抑制。

模型运行至第 15 年末，与方案前相比，急弯处的 10m 深槽上提与上游的 10m 冲刷坑贯通；受锁坝工程的影响，所在支汊淤积，藕池口心滩和倒口窑心滩的 30m 高程线连通、范围扩大；TH4、TH5 护滩带附近淤积，主流右摆趋中，上游的天星洲左缘的 10m、15m 冲刷坑均有所展宽和下延。受藕池口心滩尾部高滩守护工程的影响，该处 25m、30m 高程线崩退受到抑制。

综上成果显示，在以上水沙作用下，河道整治工程实施后该河段整体仍以冲刷下切为主，与方案前相比，TH4、TH5 护滩带附近淤积，深泓右摆趋中；倒口窑心滩和藕池口心滩之间的支汊因锁坝工程影响不断淤积萎缩；藕池口心滩尾端的高滩岸线崩退得到抑制；对岸向家洲边滩头部以及下游的北门口冲刷坑上提下延，不断扩大。可以看出，工程后，弯道处主流得到了调顺，曲率半径过小的问题得到了明显改善，锁坝工程促进了藕池

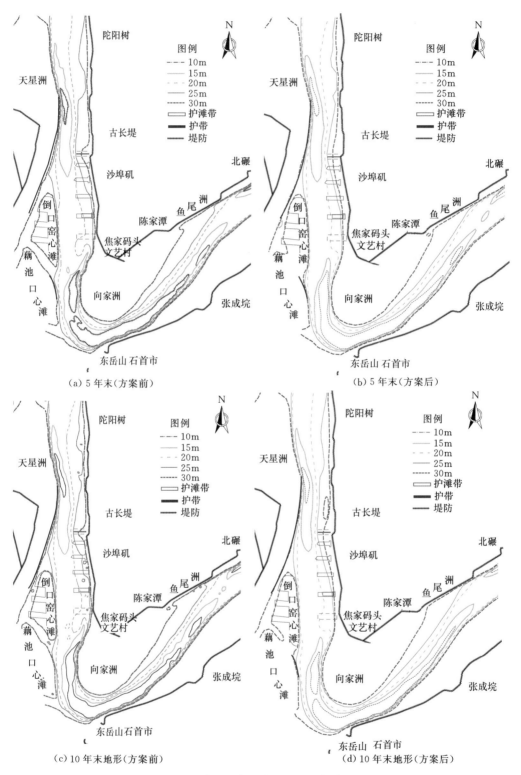

图 6.12（一）　整治工程实施前、后石首弯道段地形变化对比图

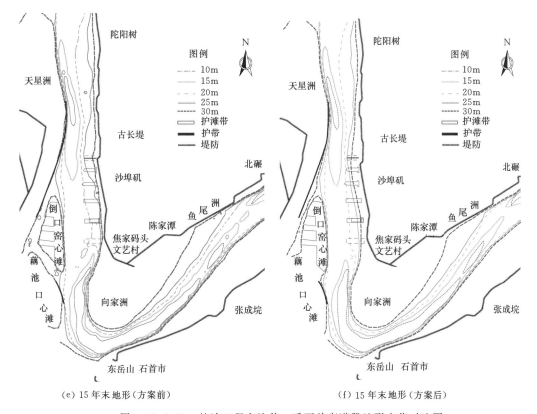

(e) 15 年末地形(方案前)　　　　　　　(f) 15 年末地形(方案后)

图 6.12(二)　整治工程实施前、后石首弯道段地形变化对比图

口心滩和倒口窑心滩的淤并,加上藕池口心滩尾部高滩守护工程进一步稳固了弯道右边界,基本达到了进一步稳定石首段主流平面位置、改善河势的目的。

2. 河床冲淤量、分布

表 6.16 给出了拟建整治工程实施前后不同阶段石首河段冲淤量结果。从表 6.16 中可以看出模型运行至第 5 年末相对于初始地形、第 10 年末相对于第 5 年末、第 15 年末相对于第 10 年末的冲刷量和平均冲刷深度。其中工程前模型运行至第 5 年末,河段整体冲刷 2340 万 m³,平均冲深 0.48m;拟建河道整治工程实施后河段冲刷 2564 万 m³,平均冲深 0.53m。工程前模型运行至第 10 年末,河段冲刷 1693 万 m³,平均冲深 0.35m;拟建河道整治工程实施后河段冲刷 1795 万 m³,平均冲深 0.37m。工程前模型运行至第 15 年末,河段冲刷 946

表 6.16　　　　　　　　　　　整治工程实施前后河床冲淤量对比

河段范围	时　段	方案前		整治工程实施后	
		冲淤量/万 m³	平均冲淤/m	冲淤量/万 m³	平均冲淤/m
新厂至北碾子湾28km	初始地形—第 5 年末地形	−2340	−0.48	−2564	−0.53
	第 5 年末—第 10 年末地形	−1693	−0.35	−1795	−0.37
	第 10 年末—第 15 年末地形	−946	−0.19	−991	−0.20
	初始地形—第 15 年末地形	−4979	−1.02	−5350	−1.10

注　"−"表示冲刷。

万 m³，平均冲深 0.19m；整治工程实施后河段冲刷 991 万 m³，平均冲深 0.20m。

从上面分析可知，拟建河道整治工程实施后石首河段冲刷量有一定程度的增加，其主要原因与整治工程实施后促使主流更集中枯水河槽，促进河段整体向窄深型发展。

6.3.4　小结

根据石首河段河势最新变化及趋势预测成果表明，在陀阳树边滩、向家洲边滩及藕池口心滩等河势存在不利变化，可能影响石首河段现有河势格局的稳定、藕池口分流和通航条件。根据《河道治理规划》的治理目标"结合航道整治工程，促使藕池口心滩和倒口窑心滩合并，稳定石首段主流平面位置，改善藕池口水道通航能力""采取措施改善石首弯道等弯曲半径过小的不利河势"，在近期石首河段河道变化特性研究的基础上，本次河道治理的基本思路为：在现有河道整治工程的基础上，通过工程措施，强化河势控制，调顺急弯处主流、增大主流曲率半径，以进一步稳定石首段主流平面位置，改善河势并有利于改善藕池口水道通航能力；同时采取工程措施促使倒口窑心滩和藕池口心滩的淤积合并，稳定河道的右边界，稳固河势格局。围绕上述治理思路，提出了 3 组整治方案，并采用平面二维水流运动数学模型进行方案效果比选，最终得到的推荐方案为：陀阳树边滩 TH4、TH5 在现有高程基础上加高；倒口窑心滩、藕池口心滩之间修建锁坝工程，宽度 180m，与倒口窑心滩原鱼骨坝工程顺接；对锁坝旁边藕池口心滩左缘约 98m 未护岸线进行守护；藕池口心滩下段高滩守护工程。在此基础上采用实体模型试验针对推荐方案开展工程后的效果研究，试验研究表明：工程实施后，维护了石首河段河势稳定。工程实施 15 年后，工程实施后，在保障防洪安全的同时，强化了河势控制，有利于促使和倒口窑心滩的淤积合并，抑制了藕池口心滩左缘下部的冲刷崩退，进一步稳定石首急弯段的河道右边界，稳固倒口窑心滩左汊为主汊的河势格局，同时调顺了主流，减弱了主流对向家洲首部的顶冲，增加了急弯段的河道曲率半径，稳固了该河段的主流平面位置，维护了本河段河势稳定，同时也改善了藕池口水道通航能力。研究表明，工程实施后的治理效果满足了本次石首河段治理的思路。

6.4　熊家洲至城陵矶河段治理对策研究

6.4.1　治理方案的研究

6.4.1.1　治理与保护需求

根据熊家洲至城陵矶河段河道演变现状及演变趋势分析可知，熊家洲弯道段深槽刷深、展宽，出口段深槽冲刷下延；七弓岭弯道上游继续维持左右双槽形态，但右槽逐渐淤积萎缩，左槽进一步冲刷，弯道顶冲点有所上提，主流有所居中，弯顶冲刷坑有所淤积展宽；观音洲弯道中部深槽冲刷下切、弯道凹岸进一步淤积，为了本河段河势稳定，抑制河道的进一步弯曲，防止自然裁弯的发生，因此从本河段治理与保护需要角度出发，需通过工程措施抑制熊家洲至城陵矶河段河道的进一步弯曲，以达到改善河势的目的。

6.4.1.2　治理方案的提出

《河道治理规划》中整治方案明确指出"下荆江熊家洲至城陵矶河段继续实施河势控制工程，抑制河道的进一步弯曲，防止自然裁弯的发生，为实施综合治理方案创造条件"，工程措施为"对熊家洲弯道上段进行加固；对熊家洲弯道出口段进行延护；对八姓洲主流贴岸下延段进行新护；对七弓岭弯道下段进行加固，并将守护范围下延；对观音洲弯道下段进行加固；对观音洲弯道出口左岸进行新护"。本次熊家洲至城陵矶河段的治理方案首先须满足《河道治理规划》中的总体要求，因此有必要在一些弯道主流顶冲段及主流贴岸冲刷段实施河势控制工程，以维持下荆江熊家洲至城陵矶河段河势的稳定，防止自然裁弯的发生，所以本次治理方案中具体工程布置与《河道治理规划》中工程措施基本相适应，只是依据最新的实测资料分析及成果对《河道治理规划》中工程措施进行了调整，具体表现在河势控制工程的守护范围上有所差异，见表 6.17；同时为抑制河道的进一步弯曲，考虑在弯道进口过渡段实施河势调整的工程，以达到改善河势的目的。

表 6.17　　　　　　　河道治理规划与本研究治理方案工程布置情况

序号	位　　　置	工程类型	工程规模/m	
			河道治理规划	本研究治理方案
1	熊家洲弯顶	加固	12770	11570
2	张家墩上下游	新护	2000	本次未安排
		加固	1100	
3	熊家洲弯道出口	新护	8210	6870
4	七弓岭弯道	新护	2500	3100
		加固	5500	2500
5	观音洲下段	新护	3000	2480

本次治理方案中拟对熊家洲弯道上段实施护岸加固 11.57km，与《河道治理规划》中工程措施基本一致，只是由于近年来主流顶冲点的上提下移对加固范围进行了调整；因为三峡后续工作 2011 年度（湖南）实施项目已对张家墩左右岸实施了守护，因此本次治理方案中未考虑对熊家洲右汊张家墩实施守护；本次治理方案中拟对熊家洲弯道出口段及八姓洲主流贴岸段实施护岸守护共计 6.87km，其守护的位置及范围与《河道治理规划》中工程措施基本相适应，只是依据最新的实测资料分析及成果对《河道治理规划》中工程措施进行了调整，具体表现在八姓洲主流贴岸段的护岸范围进行了下延；七弓岭弯道由于主流顶冲点的下移以及近期实施了三峡后续工作湖南七弓岭段一期护岸加固工程，因此本次治理方案中拟对七弓岭弯道实施护岸加固的范围有所缩短，而拟实施的新护范围有所下延；由于观音洲弯道出口段近期已经实施了三峡后续工作湖北荆州段一期护岸守护工程，因此本次治理方案中主要考虑对观音洲弯道主流贴岸段实施护岸加固。

具体治理方案工程布置如下（见图 6.13）：

（1）护岸加固工程。①熊家洲弯道水下加固 11.57km（18＋300～6＋730）；②八姓洲上段新护岸线 2510m（6＋730～BX0＋300）；③八姓洲下段新护岸线 4360m（BX1＋900～BX6＋260）；④七弓岭弯道水下加固 2.5km（11＋500～14＋000）；⑤七姓洲新护岸

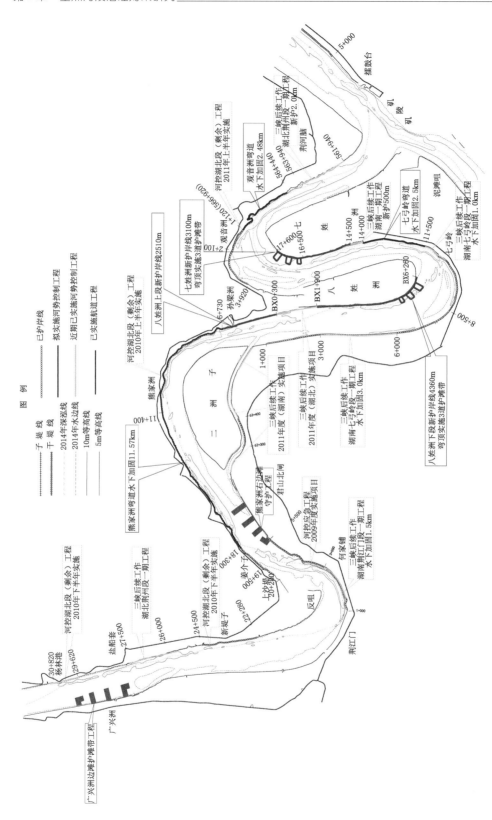

图 6.13 下荆江熊家洲至城陵矶河段工程布置图

线 3100m（14＋500～17＋600）；⑥观音洲弯道水下加固 2.48km（566＋920～564＋440）。

（2）河势调整工程。①在八姓洲洲头弯顶处布置 3 道护滩带，宽度为 200m，长度分别为 215m、255m、310m，高度为在原地形上加高 1m；②在七姓洲洲头弯顶处布置 3 道护滩带，宽度为 200m，长度分别为 210m、270m、300m，高度为在原地形上加高 1m。

本次治理方案中拟对熊家洲弯道上段实施护岸加固 11.57km，与《河道治理规划》中工程措施基本一致，只是由于近年来主流顶冲点的上提下移对加固范围进行了调整；因为三峡后续工作 2011 年度（湖南）实施项目已对张家墩左右岸实施了守护，因此本次治理方案中未考虑对熊家洲右汊张家墩实施守护；本次治理方案中拟对熊家洲弯道出口段及八姓洲主流贴岸段实施护岸守护共计 6.87km，其守护的位置及范围与《河道治理规划》中工程措施基本相适应，只是依据最新的实测资料分析及成果对《河道治理规划》中工程措施进行了调整，具体表现在八姓洲主流贴岸段的护岸范围进行了下延；七号岭弯道由于主流顶冲点的下移以及近期实施了三峡后续工作湖南七号岭段一期护岸加固工程，因此本次治理方案中拟对七号岭弯道实施护岸加固的范围有所缩短，而拟实施的新护范围有所下延；由于观音洲弯道出口段近期已经实施了三峡后续工作湖北荆州段一期护岸守护工程，因此本次治理方案中主要考虑对观音洲弯道主流贴岸段实施护岸加固。

6.4.2 二维数模治理效果研究

6.4.2.1 基础方案布置

方案一：护岸加固工程，维持现有河势稳定。①熊家洲弯道水下加固 11.57km（18＋300～6＋730）；②八姓洲上段新护岸线 2510m（6＋730～BX0＋300）；③八姓洲下段新护岸线 4360m（BX1＋900～BX6＋260）；④七号岭弯道水下加固 2.5km（11＋500～14＋000）；⑤七姓洲新护岸线 3100m（14＋500～17＋600）；⑥观音洲弯道水下加固 2.48km（566＋920～564＋440）。

方案二：在方案一的基础上＋较高的护滩工程。①在八姓洲洲头弯顶处布置 3 道护滩带，宽度为 200m，长度分别为 215m、255m、310m，高度为在原地形上加高 1m；②在七姓洲洲头弯顶处布置 3 道护滩带，宽度为 200m，长度分别为 210m、270m、300m，高度为在原地形上加高 1m。

方案三：在方案一的基础上＋较低的护滩工程。①在八姓洲洲头弯顶处布置 3 道护滩带，宽度为 200m，长度分别为 215m、255m、310m，高度为在原地形上加高 0.5 m；②在七姓洲洲头弯顶处布置 3 道护滩带，宽度为 200m，长度分别为 210m、270m、300m，高度为在原地形上加高 0.5m。

6.4.2.2 基础方案数模计算结果分析

采用二维水流数学模型，对上述 3 个整治方案分别进行水流影响的计算分析，比选出较优方案；并将比选出的方案作为推荐方案。选取工程河段平滩流量、整治流量，共 2 级水流条件，分别进行整治工程对河段水位、流速等影响的计算分析。计算水流条件见表 6.18。

表 6.18　　　　　　　　　　　　熊家洲至城陵矶河段水流计算条件表

序号	计算条件	监利流量/(m³/s)	七里山流量/(m³/s)	螺山水位（85 基面）/m
1	平滩流量	25000	11000	26.46
2	整治流量	7000	1700	17.72

为方便工程前后的水位、流速对比分析，在工程断面及其上、下游附近选取并布设工共计 10 个监测断面，具体位置见表 6.19 和图 6.14。

表 6.19　　　　　　　　　　　　郝穴至塔市驿河段监测断面位置表

名称	断面位置	名称	断面位置
CS1	1 号护滩带上游 6000m	CS6	3 号护滩带下游侧
CS2	1 号护滩带上游 4000m	CS7	4 号护滩带上游 3000m
CS3	1 号护滩带上游 1000m	CS8	4 号护滩带上游 500m
CS4	1 号护滩带上游 500m	CS9	4 号、5 号护滩带中间
CS5	2 号护滩带上游侧	CS10	6 号护滩带下游侧

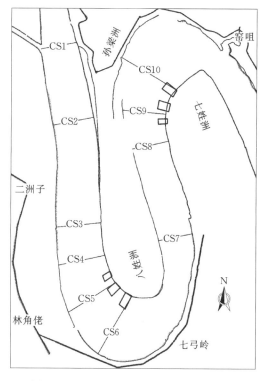

图 6.14　监测断面布置（定床水流分析）

拟建工程对河道行洪影响的平面二维数模计算成果主要包括：以上 2 组水流条件下工程兴建前后计算河段内所有计算网格节点的水位、垂线平均流速等成果。通过分析各监测断面在工程前后水位的变化和工程附近流场的变化，来研究拟建工程对河道水位及流速可能产生的影响。以下分析中，流速均为垂线平均流速，水位或流速变化值均指工程后与工程前水位或流速的差值。

1. 工程对水位的影响分析

表 6.20 与表 6.21 为工程实施后计算河段水位最大壅高值及主要壅水区域统计表。

在平滩水位流量条件下，工程后拟建的各护滩带均表现为工程上游水位升高，工程下游水位降低。对于方案二：壅水最大值为 0.5cm，位于 1 号、4 号护滩带上游附近，水位壅高区域（壅高值大于 0.2cm）一般位于护滩带上游 1300m 范围内；水位降低最大值为 1.2cm，位于 3 号、6 号护滩带下游附近，水位降低范围（降低值小于 0.2cm）一般位于拟建整治工程下游 160m 范围内。对于方案三：壅水最大值为 0.2cm，位于 1 号、4 号护滩带上游附近，水位壅高区域（壅高值大于 0.2cm）一般位于护滩带上游 600m 范围内；水位降低最大值为 0.8cm，位于 3 号护滩带下游附近，水位降低范围（降

表 6.20　　　　　　　　　　工程前后监测断面的水位变化值

断面	平滩流量/cm		整治流量/cm	
	方案二	方案三	方案二	方案三
CS1	0.0	0.0	+0.1	0.0
CS2	0.0	0.0	+0.2	+0.1
CS3	+0.1	0.0	+0.4	+0.2
CS4	+0.2	+0.1	+0.5	+0.3
CS5	+0.0	+0.0	+0.2	+0.1
CS6	−0.2	−0.1	−0.3	−0.2
CS7	0.0	0.0	+0.1	0.0
CS8	+0.1	0.0	+0.2	0.0
CS9	+0.1	0.0	+0.1	0.0
CS10	−0.2	−0.1	−0.3	−0.2

表 6.21　　　　　　　　　　工程后水位最大壅高值及主要壅水区域

水流条件	壅高影响	
	最大值/cm	主要影响区域及影响幅度
平滩流量（方案二）	0.5	水位壅高区域（壅高值大于 0.5cm）位于颜家台 1 号潜丁坝上游 120m 范围内
平滩流量（方案三）	0.2	水位壅高区域（壅高值大于 0.5cm）位于颜家台 1 号潜丁坝上游 200m 范围内
整治流量（方案二）	1.5	水位壅高区域（壅高值大于 0.5cm）颜家台潜丁坝至计算河段进口范围内
整治流量（方案三）	1.2	水位壅高区域（壅高值大于 0.5cm）颜家台潜丁坝至计算河段进口范围内

低值小于 0.2cm）一般位于拟建整治工程下游 120m 范围内。

在整治流量条件下，工程后拟建的各护滩带均表现为工程上游水位升高，工程下游水位降低。对于方案二：壅水最大值为 1.5cm，位于 1 号护滩带上游附近，水位壅高区域（壅高值大于 0.5cm）一般位于护滩带上游 1250m 范围内；水位降低最大值为 1.5cm，位于 3 号护滩带下游附近，水位降低范围（降低值小于 0.5cm）一般位于拟建整治工程下游 260m 范围内。对于方案三：壅水最大值为 1.2cm，位于 1 号护滩带上游附近，水位壅高区域（壅高值大于 0.2cm）一般位于护滩带上游 800m 范围内；水位降低最大值为 1.5cm，位于 3 号护滩带下游附近，水位降低范围（降低值小于 0.5cm）一般位于拟建整治工程下游 160m 范围内。

由于拟建工程属于低水整治建筑物，在较大流量条件下，工程阻水作用较小，对计算河段的洪水位影响较小，影响范围有限；在较小流量条件下，工程阻水作用较大，工程后计算河段水位变化明显，且影响范围较大。条状护滩带对水位的影响主要集中在工程和其上、下游水域，一般工程上游水位壅高，下游水位降低。

由上述分析可见，在较大流量条件下，拟建整治工程对本河段洪水位影响较小，影响范围有限。在较小流量条件下，工程对水位影响较大，但此时由于河段本身水位不高，壅水对防洪没有影响。

2. 工程对流速的影响分析

图 6.15 和图 6.16 分别为平滩流量条件下、整治流量条件下熊家洲至城陵矶河段工程

前后流速变化等值线图。表6.22为各组水流条件下郝穴—塔市驿河段工程后流速最大变化值及影响范围统计表。

表 6.22　　　　　　　　　　　　　工程后流速主要影响统计

计算水流条件		最大变化值/(cm/s)	主要影响区域
流速增大	平滩流量（方案二）	+8	工程区域
		+2	工程外侧
	平滩流量（方案三）	+5	工程区域
		+2	工程外侧
	整治流量（方案二）	+10	工程区域
		+5	工程外侧
	整治流量（方案三）	+8	工程区域
		+2	工程外侧
流速减小	平滩流量（方案二）	−2	工程上游局部
		−8	工程下游局部
	平滩流量（方案三）	−2	工程上游局部
		−5	工程下游局部
	整治流量（方案二）	−8	工程上游局部
		−15	工程下游局部
	整治流量（方案三）	−5	工程上游局部
		−8	工程下游局部

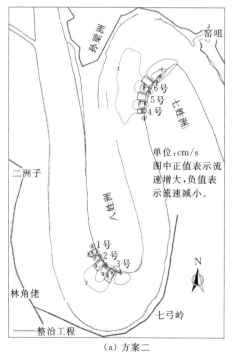

（a）方案二

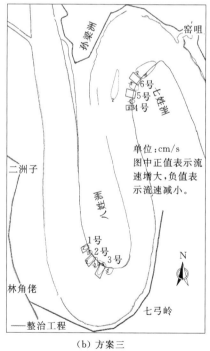

（b）方案三

图 6.15　熊家洲—城陵矶河段工程前后流速变化等值线图

（平滩流量）

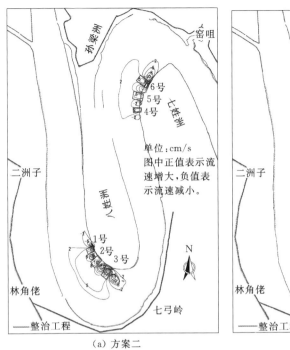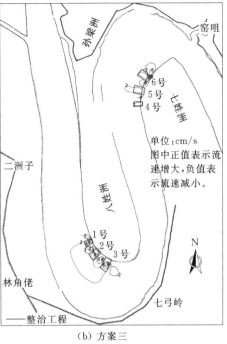

（a）方案二　　　　　　　　　　　　（b）方案三

图 6.16 熊家洲—城陵矶河段工程前后流速变化等值线图

（整治流量）

由此可知，拟建工程对局部水域流场的影响主要集中在工程区域、工程外侧及工程上下游局部。一般情况下，在拟建工程区域及其外侧水域流速增大，在拟建工程上下游局部流速减小。在较大流量条件下，工程对流场的扰动较小，影响范围有限；在较小流量条件下，工程对流场的扰动较大，影响范围较大。

在平滩流量条件下（方案二），工程后拟建的各护滩带外侧水域为流速增大区，增大最大值为 2cm/s，位于各护滩带外侧区域；工程后拟建的各护滩带上、下游局部区域内流速减小，一般减小 2～5cm/s，减小最大值为 8cm/s，位于 6 号护滩带下游附近。工程后流速影响范围（流速变化值大于 2cm/s）一般位于拟建工程上游 200m、拟建工程下游 900m 和工程外侧 600m 范围内，工程附近水域水流流向变化一般在 0.50 以内。在平滩流量条件下（方案三），工程后拟建的各护滩带外侧水域为流速增大区，增大最大值为 2cm/s，位于 4～6 号护滩带外侧区域；工程后拟建的各护滩带上、下游局部区域内流速减小，一般减小 2～5cm/s，减小最大值为 5cm/s，位于 6 号护滩带下游附近。工程后流速影响范围（流速变化值大于 2cm/s）一般位于拟建工程上游 50m、拟建工程下游 700m 和工程外侧 500m 范围内，工程附近水域水流流向变化一般在 0.50 以内。

在整治流量条件下（方案二），工程后拟建的各护滩带外侧水域为流速增大区，增大最大值为 5cm/s，位于各护滩带外侧区域；工程后拟建的各护滩带上、下游局部区域内流速减小，一般减小 2～10cm/s，减小最大值为 15cm/s，位于 3 号、6 号护滩带下游附近。工程后流速影响范围（流速变化值大于 2cm/s）一般位于拟建工程上游 500m、拟建工程下游 600m 和工程外侧 650m 范围内，工程附近水域水流流向变化一般在 0.50 以内。在整治流量条件下（方案三），工程后拟建的各护滩带外侧水域为流速增大区，增大最大值为 2cm/s，位于各护滩带外侧区域；工程后拟建的各护滩带上、下游局部区域内流速减小，一般减小 2～5cm/s，减小最大值为 8cm/s，位于 3 号护滩带下游附近。工程后流速影响范围（流速变化值大于 2cm/s）一般位于拟建工程上游 200m、拟建工程下游 400m 和工程外侧 500m 范围内，工程附近水域水流流向变化一般在 0.50 以内。

由上述分析可知，在拟建整治工程对计算河段流场影响较小，流速变化主要集中在工程区域及其上下游局部区域，其他水域流速变化较小。

3. 方案比选

采用平面二维水流运动模型，选取平滩流量、整治流量共 2 组水流条件，计算和分析拟建工程对河道水位与流场的影响，比较各种工程方案的差异。

拟建工程实施后，在较大流量条件下，对该河段水位影响较小，影响范围有限；工程对水位的影响主要集中在拟建护滩带工程区域和其上、下游局部水域；一般表现为工程上游局部水位壅高，下游局部水位降低。在平滩水位流量条件下，方案二壅水最大值为 0.5cm，壅水（大于 0.2cm）影响范围位于护滩带上游 1300m 范围内；方案三壅水最大值为 0.2cm，壅水（大于 0.2cm）影响范围位于护滩带上游 600m 范围内。在整治流量条件下，方案二壅水最大值为 1.5cm，壅水（大于 0.5cm）影响范围位于护滩带上游 1250m 范围内；方案三壅水最大值为 1.2cm，壅水（大于 0.5cm）影响范围位于护滩带上游 800m 范围内。由此可见，两个方案的壅水均不大，对防洪没有影响。

拟建工程实施后，在较大流量条件下，对该河段流场影响较小，影响主要集中在工程局部区域，范围有限。一般情况下，拟建工程上、下游局部水域流速减小；拟建工程区域及其外侧主河槽水域流速略增大。

在平滩流量条件下，方案二拟建工程上、下游局部水域流速减小 2～5cm/s，减小最大值为 8cm/s，主河槽流速增大一般在 2cm/s 以内，工程后流速影响范围（流速变化值大于 2cm/s）一般位于拟建工程上游 200m、拟建工程下游游 900m 和工程外侧 600m 范围内；方案三拟建工程上、下游局部水域流速减小 2～5cm/s，减小最大值为 5cm/s，主河槽流速增大一般在 2cm/s 以内，工程后流速影响范围（流速变化值大于 2cm/s）一般位于拟建工程上游 50m、拟建工程下游游 700m 和工程外侧 500m 范围内。

在整治流量条件下，方案二拟建工程上、下游局部水域流速减小 2～10cm/s，减小最大值为 15cm/s，主河槽流速增大一般在 5cm/s 以内，工程后流速影响范围（流速变化值大于 2cm/s）一般位于拟建工程上游 500m、拟建工程下游 600m 和工程外侧 650m 范围内；方案三拟建工程上、下游局部水域流速减小 2～5cm/s，减小最大值为 5cm/s，主河槽流速增大一般在 2cm/s 以内，工程后流速影响范围（流速变化值大于 2cm/s）一般位于拟建工程上游 200m、拟建工程下游 400m 和工程外侧 500m 范围内。

从拟建工程对河道局部流场的影响来看，在方案二条件下比在方案三条件下，弯道凸岸流速减小幅度较大、主河槽流速增大，即意味着当护滩带高程较高时，有更多的近岸水流被挑向河道中心，更有利于弯道凸岸迎流岸段稳定。因此，通过本节的方案计算和比选，确定方案二（使用较大的护滩带厚度）为推荐方案。

6.4.3 实体模型治理效果研究

推荐方案为：在八姓洲洲头弯顶处布置 3 道护滩带，宽度为 200m，长度分别为 215m、255m、310m，高度为在原地形上加高 1m；②在七姓洲洲头弯顶处布置 3 道护滩带，宽度为 200m，长度分别为 210m、270m、300m，高度为在原地形上加高 1m。本次动床模型试验对拟实施的工程推荐方案进行了研究。

6.4.3.1 河势变化

由于河势调整工程方案主要布置在七弓岭和观音洲弯道，熊家洲河段仅布置了护岸加固工程，因此荆江门河段和熊家洲河段的河势较工程前无明显变化。下面来重点介绍七弓岭及观音洲河段工程治理方案布置后的河势变化情况。

1. 七弓岭河段

第 5 年末地形主要特点：经过 5 年水沙连续作用后，从滩槽形态变化看，七弓岭河段工程实施后滩槽格局基本稳定，滩槽变化主要体现在工程区域附近。工程方案实施后，在弯道凸岸实施的 3 道护滩带以及八姓洲护岸工程有效地遏制了弯道进口过渡段凸岸边滩的冲刷崩退，同时由于护滩带能起到减缓水流流速的作用，凸岸边滩回淤，促使河槽断面缩窄，水流归槽，弯道进口过渡段主流位置有所上提，深槽进一步右移居中，使撇弯切滩现象有所减弱。其中 3 道护滩带之间的凸岸边滩发生了一定幅度的淤积，与工程方案实施前 5 年末地形比较，工程方案实施后 5 年末凸岸边滩 20m 等高线向右岸最大回淤约 350m，见图 6.17。由于弯道进口过渡段凸岸边滩不再冲刷崩退有所回淤，致使河槽断面缩窄，过渡段深泓右摆，促使水流向凹岸深槽过渡，增大了水流对右岸深槽冲刷的强度，右岸深槽相应冲刷下切，与工程方案实施前 5 年末地形比较，工程方案实施后 5 年末过渡段深泓右摆约 230m，弯道主流顶冲点相应有所上提，右岸深槽最大冲深约 5.9m。

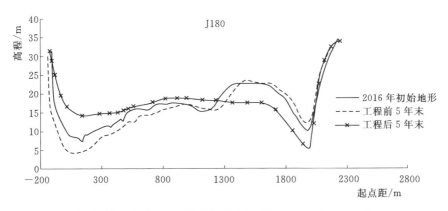

图 6.17　工程实施前后 5 年末七弓岭弯道附近横断面变化

第 10 年末地形主要特点：经过 10 年水沙连续作用后，同第 5 年末相似，七弓岭河段工程实施后滩槽格局基本稳定，滩槽变化也主要体现在工程附近，但工程对附近河势的影响逐渐积累加强。3 道护滩带之间的凸岸边滩发生淤积，与工程方案实施前 10 年末地形比较，工程方案实施后 10 年末凸岸边滩 20m 等高线向右岸最大回淤约 385m 左右，见图

6.18，其范围和淤积幅度有一定增大。由于弯道进口过渡段凸岸边滩不再冲刷崩退有所回淤，致使河槽断面缩窄，过渡段深泓右摆，促使水流向凹岸深槽过渡，增大了水流对右岸深槽冲刷的强度，右岸深槽相应冲刷下切，与工程方案实施前 10 年末地形比较，工程方案实施后 10 年末过渡段深泓右摆幅度增大，最大摆幅约 330m，弯道主流顶冲点继续上提，右岸深槽冲刷下切幅度增大，最大冲深约 7.5m。

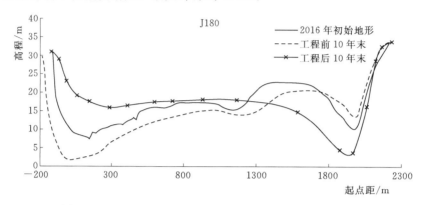

图 6.18　工程实施前后 10 年末七弓岭弯道附近横断面变化

第 15 年末地形主要特点：与 10 年末相比，七弓岭河段工程实施后滩槽格局基本稳定，滩槽变化也主要体现在工程附近，但工程对附近河势的影响进一步加强。3 道护滩带之间的凸岸边滩发生明显淤积，与工程方案实施前 15 年末地形比较，工程方案实施后 15 年末凸岸边滩 20m 等高线向右岸最大回淤约 400m，见图 6.19，其范围和淤积幅度进一步增大。弯道进口过渡段凸岸边滩进一步向右岸回淤，致使河槽断面缩窄，过渡段深泓右摆，促使水流向凹岸深槽过渡，进一步增大了水流对右岸深槽冲刷的强度，右岸深槽继续冲刷下切，与工程方案实施前 15 年末地形比较，工程方案实施后 15 年末过渡段深泓右摆幅度增大，最大摆幅约 380m，弯道主流顶冲点继续上提，右岸深槽冲刷下切幅度增大，最大冲深约 8.6m。

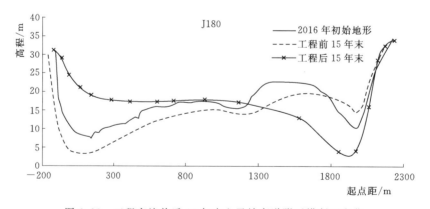

图 6.19　工程实施前后 15 年末七弓岭弯道附近横断面变化

2. 观音洲河段

第 5 年末地形主要特点：经过 5 年水沙连续作用后，从滩槽形态变化看，观音洲河段工程实施后滩槽格局基本稳定，滩槽变化主要体现在工程区域附近。工程方案实施后，在观音洲弯道凸岸实施的 3 道护滩带以及七姓洲护岸工程有效地遏制了弯道进口过渡段凸岸边滩的冲刷崩退，同时由于护滩带能起到减缓水流流速的作用，凸岸边滩回淤，促使河槽断面缩窄，水流归槽，弯道进口过渡段主流位置有所上提，深槽进一步左移居中，使撇弯切滩现象有所减弱。其中 3 道护滩带之间的凸岸边滩发生了一定幅度的淤积，与工程方案实施前 5 年末地形比较，工程方案实施后 5 年末凸岸边滩 20m 等高线向左岸最大回淤约 180m，见图 6.20。由于弯道进口过渡段凸岸边滩不再冲刷崩退转而向左岸回淤，致使河槽断面缩窄，过渡段深泓左摆，促使水流向凹岸深槽过渡，增大了水流对左岸深槽冲刷的强度，左岸深槽相应冲刷下切，与工程方案实施前 5 年末地形比较，工程方案实施后 5 年末过渡段深泓左摆约 90m，弯道主流顶冲点相应有所上提，左岸深槽最大冲深约 2.8m。

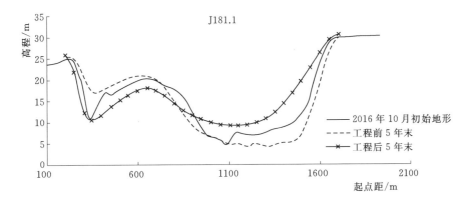

图 6.20　工程实施前后 5 年末观音洲弯道附近横断面变化

第 10 年末地形主要特点：经过 10 年水沙连续作用后，同第 5 年末相似，观音洲河段工程实施后滩槽格局基本稳定，滩槽变化也主要体现在工程附近，但工程对附近河势的影响逐渐积累加强。3 道护滩带之间的凸岸边滩发生明显淤积，与工程方案实施前 10 年末地形比较，工程方案实施后 10 年末凸岸边滩 20m 等高线向左岸最大回淤约 240m，见图6.21，其范围和淤积幅度有一定增大。由于弯道进口过渡段凸岸边滩不再冲刷崩退转而向左岸回淤，致使河槽断面缩窄，过渡段深泓左摆，促使水流向凹岸深槽过渡，增大了水流对左岸深槽冲刷的强度，左岸深槽相应冲刷下切，与工程方案实施前 10 年末地形比较，工程方案实施后 10 年末过渡段深泓左摆幅度增大，最大摆幅约 180m，弯道主流顶冲点继续上提，左岸深槽冲刷下切幅度增大，最大冲深约 4.0m。

第 15 年末地形主要特点：与 10 年末地形相比，观音洲河段工程实施后滩槽格局基本稳定，滩槽变化也主要体现在工程附近，但工程对附近河势的影响进一步加强。3 道护滩带之间的凸岸边滩发生明显淤积，与工程方案实施前 15 年末地形比较，工程方案实施后 15 年末凸岸边滩 20m 等高线向左岸最大回淤约 280m，见图 6.22，其范围和淤积幅度进一步增大。弯道进口过渡段凸岸边滩进一步向左岸回淤，致使河槽断面缩窄，过渡段深泓左摆，进一步增大了水流对左岸深槽冲刷的强度，左岸深槽相应冲刷下切，与工程方案实

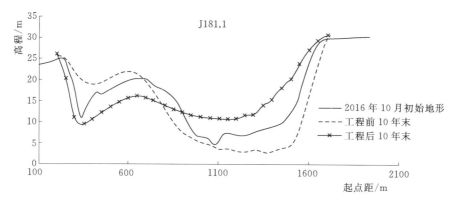

图 6.21　工程实施前后 10 年末观音洲弯道附近横断面变化

施前 15 年末地形比较，工程方案实施后 15 年末过渡段深泓左摆幅度增大，最大摆幅约 220m，弯道主流顶冲点继续上提，左岸深槽冲刷下切幅度增大，最大冲深约 4.8m。

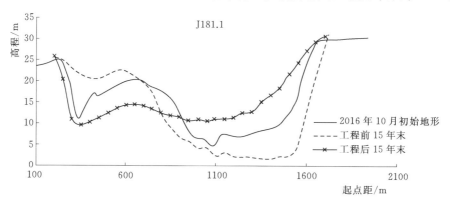

图 6.22　工程实施前后 15 年末观音洲弯道附近横断面变化

6.4.3.2　河床冲淤变化

通过工程实施后 15 年系列年动床模型试验成果分析，与工程实施前相同，全河段以冲刷为主，但整体冲刷量略小于工程实施前。其中荆江门河段（利 5～荆 175）和熊家洲河段（荆 175～荆 179）未布置河势调整工程，冲淤量较工程前无明显变化；七弓岭河段（荆 179～荆 181）15 年末中水河槽累计冲刷达 2012.2 万 m³，较工程前减少 7.4%；观音洲河段（荆 181～利 11）15 年末中水河槽累计冲刷达 2010.1 万 m³，较工程前减少 8.3%。经统计下荆江盐船套至城陵矶河段 5 年末中水河槽累计冲刷 3238 万 m³，较工程前减少 7.2%，平均冲深 0.52m；10 年末中水河槽累计冲刷 5000 万 m³，较工程前减少 5.6%，平均冲深 0.8m；15 年末中水河槽累计冲刷 6692.3 万 m³，较工程前减少 4.9%，平均冲深 1.07m。

监利流量 5000m³/s（洞庭湖流量 3000m³/s）、监利流量 11400m³/s（洞庭湖流量 8900m³/s）和监利流量 22000m³/s（洞庭湖流量 13900m³/s）下模型试验河段各分河段冲淤量统计见表 6.23～表 6.25。

表 6.23　　　　　　　　工程实施后第 5 年末长江盐船套至螺山段冲淤量统计

河　段		起始断面	距离/km	监利 5000m³/s 洞庭湖 3000m³/s		监利 11400m³/s 洞庭湖 8900m³/s		监利 22000m³/s 洞庭湖 13900m³/s	
				冲淤量/万 m³	平均冲深/m	冲淤量/万 m³	平均冲深/m	冲淤量/万 m³	平均冲深/m
下荆江出口段	荆江门河段	利 5～J175	12.3	−569	−0.5	−673	−0.48	−628	−0.39
	熊家洲河段	J175～J179	13.9	−486	−0.43	−590	−0.44	−519	−0.4
	七弓岭河段	J179～J181	17.0	−920.6	−0.50	−1007.6	−0.48	−953.9	−0.42
	观音洲河段	J181～利 11	12.9	−876.7	−0.52	−967.4	−0.64	−893.9	−0.53
	合计	利 5～利 11	56.1	−2852.3	−0.54	−3238.0	−0.52	−2994.8	−0.43

表 6.24　　　　　　　　工程实施后第 10 年末长江盐船套至螺山段冲淤量统计

河　段		起始断面	距离/km	监利 5000m³/s 洞庭湖 3000m³/s		监利 11400m³/s 洞庭湖 8900m³/s		监利 22000m³/s 洞庭湖 13900m³/s	
				冲淤量/万 m³	平均冲深/m	冲淤量/万 m³	平均冲深/m	冲淤量/万 m³	平均冲深/m
下荆江出口段	荆江门河段	利 5～J175	12.3	−882	−0.76	−1043	−0.82	−998	−0.72
	熊家洲河段	J175～J179	13.9	−716	−0.62	−865	−0.66	−782	−0.54
	七弓岭河段	J179～J181	17.0	−1492.7	−0.81	−1600.7	−0.77	−1511.1	−0.66
	观音洲河段	J181～利 11	12.9	−1411.6	−1.20	−1491.3	−0.98	−1419.3	−0.84
	合计	利 5～利 11	56.1	−4502.4	−0.84	−5000.0	−0.8	−4710.4	−0.68

表 6.25　　　　　　　　工程实施后第 15 年末长江盐船套至城陵矶段冲淤量统计

河　段		起始断面	距离/km	监利 5000m³/s 洞庭湖 3000m³/s		监利 11400m³/s 洞庭湖 8900m³/s		监利 22000m³/s 洞庭湖 13900m³/s	
				冲淤量/万 m³	平均冲深/m	冲淤量/万 m³	平均冲深/m	冲淤量/万 m³	平均冲深/m
下荆江出口段	荆江门河段	利 5～J175	12.3	−1130	−0.97	−1387	−1.09	−1258	−0.91
	熊家洲河段	J175～J179	13.9	−1072	−0.93	−1283	−0.66	−1158	−0.8
	七弓岭河段	J179～J181	17.0	−1833.5	−1.00	−2012.2	−0.97	−1863.8	−0.81
	观音洲河段	J181～利 11	12.9	−1952.2	−1.65	−2010.1	−1.32	−1883.1	−1.12
	合计	利 5～利 11	56.1	−5987.7	−1.12	−6692.3	−1.07	−6162.9	−0.89

6.4.4　小结

根据熊家洲至城陵矶河段河势最新变化及趋势预测成果表明，在熊家洲弯道、七弓岭弯道及观音洲弯道等河势存在不利变化，可能影响熊城河段现有河势格局的稳定。根据《河道治理规划》的整治方案"通过熊家洲、观音洲、七弓岭等岸段的延护和加固，维持现有河势的稳定，保障防洪工程安全""熊家洲至城陵矶河段继续实施河势控制工程，抑制河道的进一步弯曲，防止自然裁弯的发生"，在近期熊家洲至城陵矶河段河道变化特性研究的基础上，本次河道治理的基本思路为：在前期工作的基础上，对一些弯道主流顶冲段及主流贴岸冲刷段继续实施河势控制工程，以维持下荆江熊家洲至城陵矶河段河势的稳定，防止自然裁弯的发生；同时为抑制河道的进一步弯曲，通过工程措施，调顺急弯处主流、增大主流曲率半径，进一步稳定主流平面位置，以达到改善熊城段河势的目的。围绕上述治理思路，提出了 3 组整治方案，并采用平面二维水流运动数学模型进行方案效果比选，最终得到的推荐方案为：在熊家洲弯道、八姓洲西侧岸线、七弓岭弯道及观音洲弯道实施护岸加固工程；在八姓洲及七姓洲洲头弯顶附近实施护滩带工程。在此基础上采用实体模型试验针对推荐方案开展工程后的效果研究，试验研究表明：工程实施后，熊家洲至城陵矶河段河势基本稳定。工程方案实施后，在保障防洪安全的同时，有效地抑制了熊家洲弯道、七弓岭弯道、观音洲弯道及八姓洲西侧岸线的冲刷崩退，进一步稳定熊城河段的河道边界条件，同时在七弓岭及观音洲弯道凸岸实施的 3 道护滩带调顺了主流，有效地遏制了弯道进口过渡段凸岸边滩的冲刷崩退，同时由于护滩带能起到减缓水流流速的作用，凸岸边滩回淤，促使河槽断面缩窄，水流归槽，弯道进口过渡段主流位置有所上提，深槽进一步向凹岸移动，使撇弯切滩现象有所减弱，既能起到稳定现有河势的作用，又能改善现有河道弯曲半径过小的不利条件。研究表明，工程实施后的治理效果满足了本次熊家洲至城陵矶河段治理的思路。

6.5　武汉河段治理对策研究

6.5.1　治理方案的研究

6.5.1.1　治理与保护需求

根据武汉河段河道演变现状及演变趋势分析可知，主要存在以下主要问题：

（1）在荒五里边滩、汉阳边滩处冲刷后退较为严重，在白沙洲、潜洲左汊内与潜洲右汊内 5m 等高线已完全贯通，致使枯期部分流量斜插进入潜洲右汊，潜洲尾斜向水流偏角明显，不利于汉阳边滩的冲刷，同时可能影响到白沙洲与潜洲左右汊分流。

（2）白沙洲汊道段枯季主流在汉阳杨泗庙一带急转过渡到武昌深槽上段，迫使航道穿过基础较差的 7 号桥孔，严重影响了船舶航行和大桥安全的局面仍然存在。

为了本河段河势稳定，同时稳定白沙洲与潜洲左右汊分流，因此从本河段治理与保护需要角度出发，需通过工程措施防止枯期白沙洲左汊部分流量斜插进入潜洲右汊，同时稳定荒五里边滩、汉阳边滩的河势，以达到改善河势的目的。

6.5.1.2　治理方案的提出

为摆脱武汉河段主流摆动对武汉市发展的制约，围绕着 1998 年水利部批准的《长江中下游干流河道治理规划报告》确定的武汉河段的治理总体安排，长江勘测规划设计研究有限责任公司考虑武汉市经济发展对长江河道主流稳定、航道通畅的迫切要求，在 2006 年 10 月开展了《长江武汉河段白沙洲汊道段综合治理研究报告》，报告经过 9 个方案（详见表 6.26）的比选，提出了两类代表方案，分别为窄低滩中堤距方案（方案八）和窄低滩宽堤距方案（方案九），两方案可使白沙洲汊道形成单一汊道或向单一河道发展，防止天兴洲汊道主流摆动，稳定主流位于天兴洲汊道南汊。窄低滩中堤距方案的新堤线沿右岸10～15m线、白沙洲右缘14m线布置，即中堤距，堤线调整区域面积为3.5km²，两岸堤防间距最小约1650m，并配合河道疏浚。窄低滩宽堤距的新堤线基本沿坎边线布置，堤线调整区域面积为1.89km²。

表6.26 　　　　　　　　　　白沙洲汊道治理第一阶段方案

方案	外滩宽窄及堤线位置	调整区域面积	防洪影响/m
方案一	宽滩宽堤距	堤线调整区域面积2.54km²	大于0.114
方案二	宽滩中堤距	堤线调整区域面积3.50km²	大于0.114
方案三	宽滩小堤距	堤线调整区域面积4.10km²	大于0.114
方案四	窄滩宽堤距	堤线调整区域面积2.54km²	大于0.114
方案五	窄滩中堤距	堤线调整区域面积3.50km²	大于0.114
方案六	窄滩小堤距	堤线调整区域面积4.10km²	大于0.114
方案七	窄、低滩（中堤距）	堤线调整区域面积3.50km²	0.098
方案八	窄、低滩（中堤距）+左汊疏浚	堤线调整区域面积3.50km²	0.032
方案九	窄低滩宽堤距	堤线调整区域面积1.89km²	0.018

注 9个方案两岸堤防间距最小约1650m。

2006年以后，由于武汉河段河道情况发生了一定程度的变化，沿岸建设了大量的基础设施，需要根据最新的河道情况研究工程治理方案的平面布置、结构形式、整治的效果和影响等。2012年，长江勘测规划设计研究有限责任公司针对控制堤距1270m、1420m、1480m、1520m、1600m等五类情况分别进行研究，并就顺流向不同整治区域、不同外滩宽度、不同外滩高程、不同疏浚区域或不同疏浚高程等指标进行了30余个方案的研究，提出了《长江武汉河段白沙洲汊道段综合整治工程防洪评价报告》，报告推荐方案基本情况为：工程起点为第六粮库，工程止点为巡司河上590m处（即南华造船厂），两岸控制江宽1480m。外滩宽度按90m控制，分27m高滩和23.5m二级滩。27m高滩宽度为50m，23.5m二级滩宽度为30m。高滩和二级滩间以1∶3斜坡连接。防洪设计流量下推荐方案实施后定床数模计算水位壅高最大值为约5.0cm。

鉴于白沙洲汊道综合治理方案牵涉面较广，问题较复杂，上述推荐方案对防洪存在一定影响，《河道治理规划》指出："今后在稳定现有河势格局的基础上，可进一步结合河势控制、航道治理、经济发展要求，深入论证封堵白沙洲右汊的必要性和可行性，深化研究封堵白沙洲右汊方案，尽量减小对防洪等的不利影响。"

根据白沙洲汊道段的近期演变特征及河势预测成果，在《河道治理规划》的指导下，白沙洲汊道段整治思路宜在已实施的航道整治工程基础上，通过工程措施，改变潜洲左右汊枯水分流比，使汛后退水期至枯水期主流位置左摆，减小潜洲尾斜向水流偏角，加大汉阳边滩的冲刷力度，稳定该处河势，同时改善枯水通航条件。

6.5.2 二维数模治理效果研究

6.5.2.1 基础方案布置

对应上述整治思路，拟定了封堵白沙洲右汊方案。并对白沙洲右汊不同堵坝位置和不同堵坝高程进行了研究。工程方案布置见图 6.23。

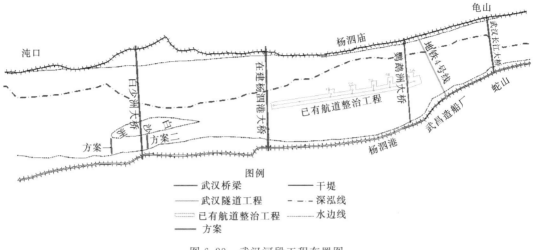

图 6.23　武汉河段工程布置图

初步拟定两套方案：

一类方案为白沙洲洲头部位布置一条潜坝，长度为 355m，宽度为 20m，高程为 13.5m。

二类方案为白沙洲洲体中部布置一条潜坝，长度为 310m，宽度为 20m，高程为 13.5m。

6.5.2.2　一类方案数模计算结果分析

对上述工程方案单独实施时进行数模计算，分析在整治流量、多年平均流量条件下的影响。本河段进口整治流量、多年平均流量分别为 12000m³/s、21000m³/s。

根据方案计算情况，计算水位流速变化，取样点位置如图 6.24 所示。

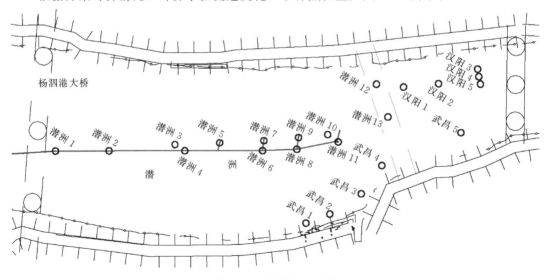

图 6.24　取样点位置图

（1）水位、流速变化。取样点计算结果见表 6.27 和表 6.28，从计算结果可以看出，两方案实施后，均会引起白沙洲汊道段的水位、流速发生明显变化。超过±0.01m/s 的流速变化范围基本集中于白沙洲汊道以及潜洲进口附近，对汉阳边滩影响较小。在整治流量下，白沙洲右汊受方案影响断流，但汉阳边滩流速变化在 0.01m/s 左右，且以减小为主。从取样点计算结果来看，无论是一类方案或是二类方案，对汉阳边滩的影响在整治流量下主要以流速减小为主，这一现象可能与武昌深槽在枯水期吸流作用较强有关。多年平均流量下，方案实施后，汉阳边滩流速几乎不变。可见，在中小水流量下，无论是一类方案或是二类方案，均不能明显改善汉阳边滩的水流条件。

（2）分流比变化。从分流比变化可以看出（见表 6.29 与表 6.30），方案实施后，在整治流量下，造成白沙洲汊道段右汊不过流，而在多年平均流量下，右汊分流比减小不大，一类方案造成右汊分流比减小约 0.5%，二类方案造成右汊分流比减小约 0.4%。对于天兴洲汊道而言，无论在一类方案或是二类方案，均未引起天兴洲汊道分流比的明显变化。

表 6.27　　　　　　　　工程方案前后取样点水位、流速变化（整治流量）

测点	工程前水位/m	工程前流速/(m/s)	方案1水位变化/m	方案1流速变化/(m/s)	方案2水位变化/m	方案2流速变化/(m/s)
潜洲1	13.361	0.921	−0.006	−0.012	−0.005	−0.012
潜洲2	13.341	0.909	−0.005	−0.012	−0.005	−0.010
潜洲3	13.305	0.893	−0.005	−0.010	−0.005	−0.008
潜洲4	13.307	0.744	−0.005	−0.007	−0.005	−0.005
潜洲5	13.288	0.768	−0.005	−0.008	−0.005	−0.006
潜洲6	13.264	0.700	−0.005	−0.007	−0.005	−0.005
潜洲7	13.261	0.824	−0.005	−0.009	−0.005	−0.007
潜洲8	13.247	0.583	−0.005	−0.006	−0.004	−0.004
潜洲9	13.245	0.835	−0.005	−0.011	−0.004	−0.009
潜洲10	13.234	0.954	−0.005	−0.014	−0.004	−0.011
潜洲11	13.228	0.699	−0.005	−0.010	−0.004	−0.008
潜洲12	13.212	1.111	−0.005	−0.012	−0.004	−0.009
潜洲13	13.221	1.308	−0.005	−0.012	−0.004	−0.009
汉阳滩1	13.211	1.104	−0.005	−0.012	−0.004	−0.009
汉阳滩2	13.209	1.049	−0.005	−0.012	−0.003	−0.009
汉阳滩3	13.212	0.698	−0.006	−0.013	−0.004	−0.010
汉阳滩4	13.211	0.948	−0.006	−0.014	−0.003	−0.010
汉阳滩5	13.212	1.140	−0.006	−0.012	−0.004	−0.009
武昌槽1	13.281	0.746	−0.005	−0.006	−0.005	−0.004
武昌槽2	13.242	1.070	−0.005	−0.008	−0.004	−0.006
武昌槽3	13.251	0.868	−0.005	−0.008	−0.005	−0.005
武昌槽4	13.231	0.762	−0.005	−0.008	−0.004	−0.006
武昌槽5	13.220	0.723	−0.006	−0.008	−0.004	−0.006

表 6.28　　　　工程方案前后取样点水位、流速变化（多年平均流量）

测点	工程前水位 /m	工程前流速 /(m/s)	方案 1 水位变化 /m	方案 1 流速变化 /(m/s)	方案 2 水位变化 /m	方案 2 流速变化 /(m/s)
潜洲 1	16.953	1.079	0.000	0.001	0.000	0.004
潜洲 2	16.937	1.084	0.000	0.001	0.000	0.003
潜洲 3	16.912	1.099	0.000	0.001	0.000	0.001
潜洲 4	16.914	1.017	0.000	0.000	0.000	0.001
潜洲 5	16.902	1.049	0.000	0.000	0.000	0.001
潜洲 6	16.886	1.015	0.000	0.000	0.000	0.000
潜洲 7	16.882	1.088	0.000	0.000	0.000	0.001
潜洲 8	16.873	0.972	0.000	0.000	0.000	0.001
潜洲 9	16.869	1.102	0.000	0.000	0.000	0.001
潜洲 10	16.858	1.168	0.000	0.000	0.000	0.001
潜洲 11	16.852	1.045	0.000	0.000	0.000	0.000
潜洲 12	16.828	1.376	0.000	0.000	0.000	0.000
潜洲 13	16.838	1.423	0.000	0.000	0.000	0.000
汉阳滩 1	16.826	1.371	0.000	0.000	0.000	0.000
汉阳滩 2	16.821	1.364	0.000	0.000	0.000	0.000
汉阳滩 3	16.824	1.146	0.000	0.000	0.000	0.000
汉阳滩 4	16.821	1.308	0.000	0.000	0.000	0.000
汉阳滩 5	16.822	1.400	0.000	0.000	0.000	0.000
武昌槽 1	16.905	0.784	0.000	−0.002	0.000	−0.004
武昌槽 2	16.869	1.112	0.000	−0.002	0.000	−0.004
武昌槽 3	16.886	0.934	0.000	−0.001	0.000	−0.003
武昌槽 4	16.853	1.049	0.000	0.000	0.000	0.000
武昌槽 5	16.833	1.068	0.000	0.000	0.000	0.000

表 6.29　　　　工程方案前后不同白沙洲汊道分流比变化

	分流比	流量 /(m³/s)	右汊 /(m³/s)	左汊 /(m³/s)	右汊分流比 /%	左汊分流比 /%
整治流量	工程前	11150	443	10707	4.0	96.0
	方案一	11150	0	11150	0.0	100.0
	方案二	11150	0	11150	0.0	100.0
多年平均流量	工程前	19800	1840	17960	9.3	90.7
	方案一	19800	1750	18050	8.8	91.2
	方案二	19800	1765	18035	8.9	91.1

综上所述，从定床计算结果来看，拟定的白沙洲右汊堵坝的两方案实施后，在中枯水流量下，均不会引起汉阳边滩水流条件明显改善，对于改善汉阳边滩冲刷的目标作用不大。

表 6.30   工程方案前后不同流量时天兴洲汊道分流比变化

	分流比	流量 /(m³/s)	右汊 /(m³/s)	左汊 /(m³/s)	右汊分流比 /%	左汊分流比 /%
整治流量	工程前	12000	11187	813	93.2	6.8
	方案一	12000	11176	824	93.1	6.9
	方案二	12000	11179	821	93.2	6.8
多年平均流量	工程前	21000	19035	1965	90.6	9.4
	方案一	21000	19042	1968	90.7	9.4
	方案二	21000	19041	1967	90.7	9.4

结合武桥水道已开展的多个方案研究成果以及上述白沙洲右汊堵坝方案计算成果基础上，拟在已实施的潜洲鱼骨坝基础上，进一步研究左侧 5 道鱼骨坝加长方案，探究其对汉阳边滩流速的影响。

将原有潜洲顺坝向上游延伸 1570m，齿坝加长 30m，当延长坝顶高程为 7.91m 时，汉阳边滩附近监测点流速基本没有变化，没有改善汉阳边滩冲刷的目标作用。随后，将整个长顺坝及齿坝坝顶高程全部加高至 13.5m。

6.5.2.3 二类、三类方案计算结果分析

1. 水位、流速变化

根据方案计算情况，取样点计算结果见表 6.31 与表 6.32。

根据计算结果可以看出，工程方案实施后，均会引起白沙洲汊道段以及潜洲汊道段的水位、流速发生明显变化，整治流量下，工程影响可以波及天兴洲汊道段。白沙洲汊道段左汊流速增大、右汊流速减小。对汉阳边滩影响近岸部分，流速以减小为主，而滩体外边缘，流速则以增大为主，且增大幅度较为明显，可以看到汉阳边滩取样点 1、2、5 均位于滩体外侧，流速分别增大 0.20m/s、0.07m/s、0.06m/s。平均流量下，也有不同程度的流速增大，可见，工程推荐方案对汉阳边滩外侧冲刷是有利的。

表 6.31   工程方案前后各取样点水位、流速变化（整治流量）

测点	工程前水位/m	工程前流速/(m/s)	方案1水位变化/m	方案1流速变化/(m/s)
潜洲 1	13.442	0.797	0.068	−0.255
潜洲 2	13.410	0.898	0.058	−0.092
潜洲 3	13.373	0.848	—	—
潜洲 4	13.353	0.682	—	—
潜洲 5	13.353	0.610	—	—
潜洲 6	13.318	0.673	—	—
潜洲 7	13.328	0.703	—	—
潜洲 8	13.319	0.352	—	—
潜洲 9	13.302	0.856	—	—

测点	工程前水位/m	工程前流速/(m/s)	方案 1 水位变化/m	方案 1 流速变化/(m/s)
潜洲 10	13.309	0.883	−0.008	−0.235
潜洲 11	13.287	0.320	—	—
潜洲 12	13.284	1.082	−0.015	0.228
潜洲 13	13.293	1.275	−0.014	0.342
汉阳滩 1	13.284	1.073	−0.015	0.203
汉阳滩 2	13.282	1.018	−0.015	0.070
汉阳滩 3	13.284	0.682	−0.014	−0.429
汉阳滩 4	13.283	0.923	−0.014	−0.155
汉阳滩 5	13.284	1.109	−0.015	0.055
武昌槽 1	13.352	0.729	−0.055	−0.305
武昌槽 2	13.313	1.068	−0.029	−0.449
武昌槽 3	13.323	0.866	−0.037	−0.369
武昌槽 4	13.303	0.767	−0.021	−0.328
武昌槽 5	13.292	0.721	−0.014	−0.328

表 6.32　　　　工程方案前后取样点水位、流速变化（多年平均流量）

测点	工程前水位/m	工程前流速/(m/s)	方案 1 水位变化/m	方案 1 流速变化/(m/s)
潜洲 1	16.964	1.006	−0.008	0.135
潜洲 2	16.938	1.090	0.002	0.012
潜洲 3	16.912	1.108	−0.074	0.494
潜洲 4	16.914	0.928	0.005	−0.069
潜洲 5	16.902	1.058	−0.071	0.467
潜洲 6	16.885	0.951	−0.008	0.029
潜洲 7	16.880	1.103	−0.084	0.500
潜洲 8	16.870	0.958	−0.011	0.062
潜洲 9	16.851	1.222	−0.134	0.700
潜洲 10	16.858	1.157	0.002	−0.146
潜洲 11	16.831	1.111	−0.019	0.107
潜洲 12	16.827	1.383	−0.001	0.014
潜洲 13	16.838	1.429	−0.001	0.012
汉阳滩 1	16.825	1.376	−0.001	0.011
汉阳滩 2	16.820	1.368	−0.001	0.009
汉阳滩 3	16.824	1.149	−0.001	0.006
汉阳滩 4	16.821	1.311	−0.001	0.008

测点	工程前水位/m	工程前流速/(m/s)	方案1水位变化/m	方案1流速变化/(m/s)
汉阳滩5	16.821	1.403	−0.001	0.009
武昌槽1	16.905	0.791	0.000	0.011
武昌槽2	16.868	1.122	−0.001	0.015
武昌槽3	16.886	0.942	−0.001	0.011
武昌槽4	16.852	1.055	−0.001	0.007
武昌槽5	16.833	1.071	−0.001	0.003

2. 分流比变化

由分流比变化（表6.33与表6.34）可以看出，方案实施后，由于工程引起的潜洲左汊阻水，引起了白沙洲左汊分流比的减小，右汊分流比增大。在整治流量下，造成白沙洲汊道段右汊分流比增大约0.6%。而在多年平均流量下，右汊分流比略有增大，增大幅度约0.1%。对于天兴洲汊道而言，整治流量下，天兴洲左汊分流比增大、右汊分流比减小，变化幅度约0.4%，而平均流量下，基本无影响。

表6.33 工程方案前后不同白沙洲汊道分流比变化

	分流比	流量/(m³/s)	右汊/(m³/s)	左汊/(m³/s)	右汊分流比/%	左汊分流比/%
整治流量	工程前	11150	446	10704	4.0	96.0
	工程后	11150	513	10637	4.6	95.4
多年平均流量	工程前	19800	1990	17810	10.1	89.9
	工程后	19800	2011	17789	10.2	89.8

表6.34 工程方案前后不同天兴洲汊道分流比变化

	分流比	流量/(m³/s)	右汊/(m³/s)	左汊/(m³/s)	右汊分流比/%	左汊分流比/%
整治流量	工程前	12000	11670	330	97.3	2.8
	工程后	12000	11612	388	96.8	3.2
多年平均流量	工程前	21000	19035	1965	90.6	9.4
	工程后	21000	19028	1965	90.6	9.4

综上所述，从定床计算结果来看，工程方案实施后，在中枯水流量下，汉阳边滩滩缘水流条件明显改善，对于改善航道条件的目标作用较为明显。

由于第三类方案综合考虑了武桥水道航道条件改善和《河道治理规划》中对武汉河道河势控制的需求，本阶段将第三类方案作为本阶段的推荐方案。

6.5.3 实体模型治理效果研究

根据上述二维水流数学模型计算结果分析而得到的推荐方案：对潜洲左侧5道齿坝均加长30m，按原齿坝比降加长；潜洲头长顺坝延长至白沙洲尾，延长段高程为13.5m。

拟建河道整治工程与已建武桥航道整治工程的模型示意图如图 6.25 所示。

图 6.25 动床模型推荐方案试验前沌口至龟山河段初始地形示意图

针对以上方案开展相关试验研究，具体变化情况分述如下。

1. 平面变化

武汉河段河道整治工程实施后，由于在已有武桥航道整治工程上进行延伸，在一定程度可能引起局部河段河势发生较大调整，下面以第 5 年末、第 10 年末及第 15 年末为代表年份，分别绘制了武汉河段河道整治工程实施后河段地形变化图，来反映武汉河段河道整治工程实施后工程河段的河床冲淤变化情况。根据已有武汉河段河工模型试验的经验及拟建整治工程实施后地形变化，其主要影响范围主要在沌口至龟山段，因此下面着重对比分析沌口至龟山段平面变化。

模型运行至第 5 年末，与方案前相比（见图 6.26），左右两岸 15m、10m 等高线左右摆动幅度较小；受拟建河道整治工程的影响，靠近白沙洲左缘的 5m 等高线已被拟建河道整治工程完全阻断，在潜洲左汊该等高线则有一定程度发展，5m 等高线下移至杨泗港大桥下，在杨泗庙附近的 5m 等高线则略有发展上提，在潜洲右汊 5m 等高线则有一定程度萎缩下移；在潜洲右汊进口处的 0m、−5m 冲刷坑已完全消失，在鹦鹉洲大桥附近的 0m 等高线在潜洲右汊上提约 50m，而在其左汊下移约 120m，在白沙洲左汊的 0m 冲刷坑略有发展，其头部则下移约 50m；对于武昌造船厂附近的−5m、−10m 等高线冲刷坑而言，略有萎缩，其中在武昌造船厂−10m 冲刷坑由方案前的 2.34 万 m^2 变成现有的 1.76 万 m^2，其主要原因是拟建河道整治工程实施后，潜洲右汊分流可能略有减小，导致潜洲右汊冲刷幅度相对变小。

模型运行至第 10 年末，与方案前相比（见图 6.27），左右两岸 15m、10m 等高线左右摆动幅度较小；受拟建河道整治工程的影响，靠近白沙洲左缘的 5m 等高线已被河道整治工程完全阻断，在潜洲左汊该等高线同样有一定程度展宽，靠近左岸的 5m 等高线则冲

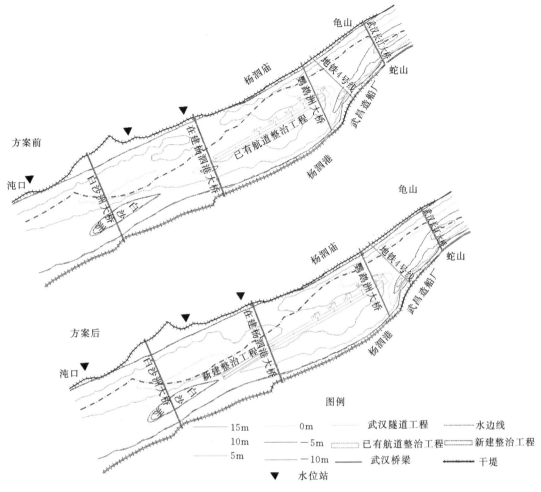

图 6.26　整治工程实施前、后沌口至龟山段地形变化对比图（5 年末）

刷后退，其后退约 50m，在潜洲右汊 5m 等高线则有一定程度萎缩下移；在潜洲右汊进口处的 0m、−5m 冲刷坑已完全消失，在鹦鹉洲大桥附近的 0m 等高线在潜洲右汊上提约 600m，而在其左汊下移约 30m，在白沙洲左汊的 0m 冲刷坑有所发展，其头部则下移约 200m；对于武昌造船厂附近的 −5m、−10m 等高线冲刷坑而言，有所萎缩，其中武昌造船厂 −10m 冲刷坑由方案前的 2.59 万 m² 变成现有的 1.81 万 m²。

　　模型运行至第 15 年末，与方案前相比（见图 6.28 与图 6.29），左右两岸 15m、10m 等高线左右摆动幅度也较小；受拟建河道整治工程的影响，靠近白沙洲左缘的 5m 等高线已被河道整治工程完全阻断，在潜洲左汊该等高线同样有一定程度展宽，靠近左岸的 5m 等高线冲刷后退，在龟山附近其后退约 100m，在潜洲右汊 5m 等高线则有一定程度萎缩下移；在潜洲右汊进口处的 0m、−5m 冲刷坑已完全消失，在鹦鹉洲大桥附近的 0m 等高线在潜洲右汊上提约 900m，而在其左汊下移约 100m，在白沙洲左汊的 0m 冲刷坑有所发展，其头部则下移约 900m；对于武昌造船厂附近的 −5m、−10m 等高线冲刷坑而言，有所萎缩，其中武昌造船厂 −10m 冲刷坑由方案前的 2.88 万 m²

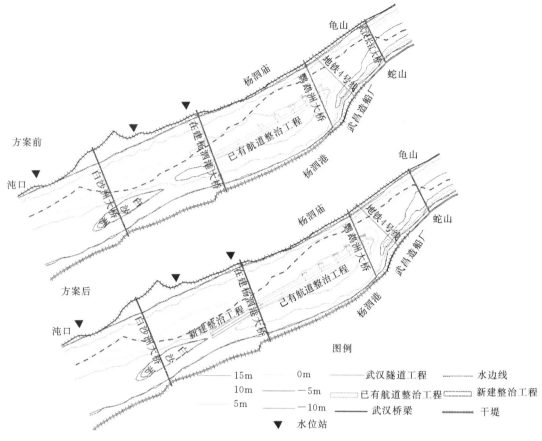

图 6.27　整治工程实施前、后沌口至龟山段地形变化对比图
（10 年末）

变成现有的 2.01 万 m²。

综上成果显示，在以上水沙作用下，拟建河道整治工程实施后该河段整体仍以冲刷下切为主，与方案前相比，潜洲左汊 5m 等高线展宽，而其右汊则该等高线则有一定萎缩；在武昌造船厂附近的 −10m 等高线冲刷坑则有所萎缩。

2. 河床冲淤量、分布

表 6.35 给出了拟建整治工程实施前后不同阶段沌口至龟山河段冲淤量结果。从表 6.35 中可以看出模型运行至第 5 年末相对于初始地形、第 10 年末相对于第 5 年末、第 15 年末相对于第 10 年末的冲刷量和平均冲刷深度。其中模型运行至第 5 年末，在沌口至龟山河段冲刷 1532 万 m³，平均冲深 0.88m；拟建河道整治工程实施后沌口至龟山河段冲刷 1678 万 m³，平均冲深 0.96m。模型运行至第 10 年末，在沌口至龟山河段冲刷 646 万 m³，平均冲深 0.38m；拟建河道整治工程实施后沌口至龟山河段冲刷 684 万 m³，平均冲深 0.40m。模型运行至第 15 年末，在沌口至龟山河段冲刷 355 万 m³，平均冲深 0.20m；整治工程实施后沌口至龟山河段冲刷 372 万 m³，平均冲深 0.21m。

从上面分析可知，拟建河道整治工程实施后沌口至龟山河段冲刷量有一定程度的增加，其主要原因与整治工程实施后促使主流更集中枯水河槽，促进河段整体向窄深型发展。

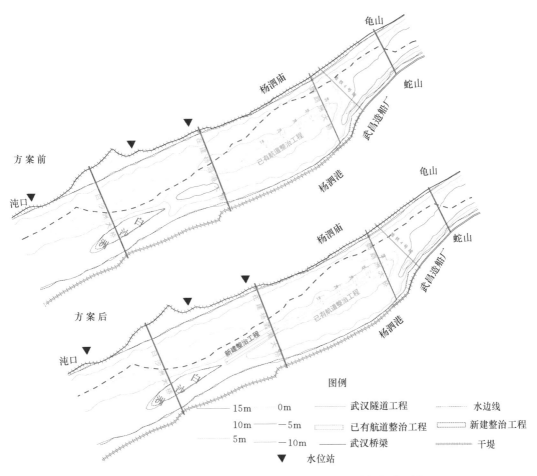

图 6.28 整治工程实施前、后沌口至龟山段地形变化对比图

（15 年末）

图 6.29 动床模型试验运行第 15 年末沌口至龟山河段地形变化示意图

表 6.35　　　　　　**整治工程实施前后沌口至龟山河床分段冲淤量对照表**

（15m 高程以下）

河段范围	时　　　段	方案前		整治工程实施后	
		冲淤量 /万 m³	平均冲淤 /m	冲淤量 /万 m³	平均冲淤 /m
沌口-龟山 11.5km	初始地形—第 5 年末地形	−1532	−0.88	−1678	−0.96
	第 5 年末—第 10 年末地形	−646	−0.38	−684	−0.40
	第 10 年末—第 15 年末地形	−355	−0.2	−372	−0.21
	初始地形—第 15 年末地形	−2533	−1.45	−2734	−1.57

注　"−"表示冲刷，"＋"表示淤积。

3. 重要涉水建筑物断面变化

武汉河段拟建河道整治工程实施后，在一定程度可能引起工程附近河段河势发生较大调整，进而对附近重要涉水建筑物也可能造成较大影响，下面对比分析了拟建河道整治工程实施前、后的典型涉水工程断面冲淤变化情况。

这里绘制了武汉河段整治工程实施前后与方案前在第 5 年末、第 10 年末及第 15 年末的桥位、遂址断面等典型断面的比较图，其中初始地形代表方案前的初始地形。

（1）杨泗港大桥。从图 6.30 可以看出，与方案前相比，受拟建整治工程的影响，杨泗港桥址断面呈现出潜洲左汊河槽冲刷、右汊河道淤积的特征；模型运行 15 年末桥址断面左侧平均刷深 3.1m，最大刷深达 8.5m，左岸 1 号主墩位于左边岸滩上，冲淤变化很小，所以河槽冲刷对该桥墩影响较小；桥址断面右侧以淤积为主，淤积最大厚度约7.4m，但由于淤积部主要位于靠近 2 号主墩外，而主墩 2 号至桥墩 S4 之间的位置，冲淤变化幅度较小。

综合可以看出，与方案前相比，拟建整治工程实施后杨泗港大桥断面左侧以冲刷下切为主，桥址断面右侧以淤积为主。

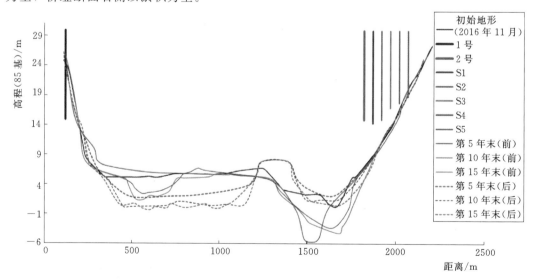

图 6.30　拟建整治工程实施前后杨泗港大桥桥址断面地形变化图

（2）鹦鹉洲大桥。由图 6.31 可以看出，与方案前相比，受拟建整治工程的影响，鹦鹉洲桥址断面同样呈现出潜洲左汊河槽冲刷、右汊河道淤积的特征；模型运行 15 年末桥址断面左侧平均刷深 2.3m，最大刷深达 2.95m，1 号桥墩位于靠近左边岸滩处，该处冲淤变化较小，所以河槽冲刷对该桥墩影响也较小；2 号桥墩位于已建武桥航道整治工程上，该处冲淤变化较小；而桥址断面右侧以淤积为主，右侧平均淤积抬高约 1.5m，淤积抬高最大幅度为 2.5m；3 号桥墩位于靠近右边岸滩处，该处冲淤变化也较小，所以河槽淤积对该桥墩影响也较小。

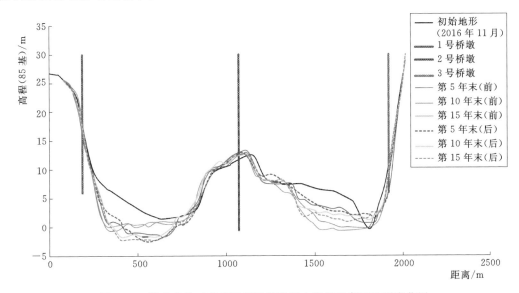

图 6.31　拟建整治工程实施前后鹦鹉洲大桥桥址断面地形变化图

综合可以看出，与方案前相比，拟建整治工程实施后鹦鹉洲大桥断面左侧以冲刷为主，桥址断面右侧以淤积为主。

（3）地铁 4 号线隧址断面。绘制了模型运行后不同阶段断面冲淤变化图，从图 6.32 可以看出，与方案前相比，受整治工程的影响，靠近左岸的隧址断面仍以冲刷为主，其冲刷最大幅度约 1.9m；靠近右岸的隧址断面则以淤积为主，其淤积抬高的最大幅度约 3.1m。最小埋深位于靠近左岸滩地的位置，工程实施后该处最小埋深约为 6.3m。

综合可以看出，与方案前相比，拟建河道整治工程实施后地铁 4 号线隧址断面左侧以冲刷为主，隧址断面右侧以淤积为主。

4. 汊道分流比变化

由于武汉河段拟建整治工程实施后对白沙洲、潜洲左右汊分流比可能会产生一定的影响。下面统计了 4 个流量级下该 2 个洲滩分流比的变化，统计结果见表 6.36 和表 6.37。

由于潜洲头长顺坝延长至白沙洲尾，延长段高程为 7.91m，在一定程度上抑制了部分流量从白沙洲左汊进入潜洲右汊，在以上水沙作用下，进而影响到附近河段冲淤变化，从而影响到白沙洲左右汊分流比的变化，实验成果显示，拟建河道整治工程实施后在以上 4 个流量下白沙洲右汊分流比减少 1.7%～3.1%，从数值看工程修建后对白沙洲左右汊分流比变化影响较小，见表 6.36。

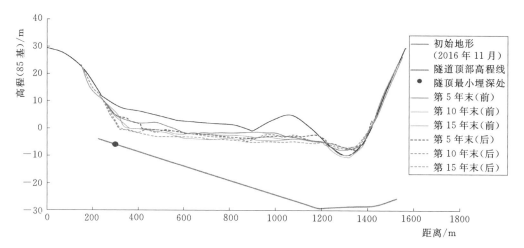

图 6.32　拟建整治工程实施前后武汉地铁 4 号线遂址断面地形变化图

表 6.36　　　　　武汉河段整治工程实施前、后白沙洲左、右汉道分流比变化

项目	武汉关流量							
	12200/(m³/s)		22080/(m³/s)		40110/(m³/s)		67650/(m³/s)	
无工程/%	92.20	7.80	90.30	9.70	87.60	12.40	85.90	14.10
有工程/%	95.30	4.70	92.90	7.10	89.80	10.20	87.60	12.40

由于在潜洲头长顺坝延长至白沙洲尾，延长段高程为 7.91m，在一定程度上抑制了部分流量从白沙洲左汉进入潜洲右汉；把潜洲左侧 5 道齿坝均加长 30m，进一步巩固潜洲的高大完整形态，增强潜洲左汉水流对河床冲刷作用，加大汉阳边滩的水流动力条件。拟建整治工程实施后对潜洲左、右汉分流比产生一定的影响。实验成果显示，该工程修建后在以上 4 个流量下潜洲右汉分流比减少 2.9%～6.8%，相应的左汉分流比有一定的增加（见表 6.37）。

表 6.37　　　　武汉河段整治工程实施前后潜洲左、右汉道分流比变化

项目	武汉关流量							
	12200/(m³/s)		22080/(m³/s)		40110/(m³/s)		67650/(m³/s)	
无工程/%	66.80	33.20	64.10	35.90	60.20	39.80	60.40	39.60
有工程/%	73.60	26.40	69.90	30.10	64.80	35.20	63.30	36.70

6.5.4　小结

根据武汉河段河势最新变化与武桥水道近期航道特点分析及趋势预测成果表明，在白沙洲洲尾、汉阳边滩等河势调整幅度较大，可能影响白沙洲、潜洲汉道分流，不利于局部河段河势稳定，同时也影响武桥通航条件，进而改变武汉河段现有河势格局。在《河道治理规划》的治理目标"控制白沙洲汉道河势，改善武桥水道通航条件"和近期武汉河段河道变化特性研究的基础上。本次河道治理的基本思路为：通过工程措施，改变潜洲左右汉

枯水分流比，使汛后退水期至枯水期主流位置左摆，减小潜洲尾斜向水流偏角，加大汉阳边滩的冲刷力度，改善枯水通航条件。围绕上述治理思路，提出了 3 类整治方案，并采用平面二维水流运动数学模型进行方案效果比选，最终得到的推荐方案为：对潜洲左侧 5 道齿坝均加长 30m，并按原齿坝比降加长；潜洲头长顺坝延长至白沙洲尾，延长段高程为 13.5m；对重点险工段中营寺、月亮湾和罗家路至蒋家墩等三段进行加固。在此基础上采用实体模型试验针对推荐方案开展工程后的效果研究，试验研究表明：工程实施后，武汉河段整体河势基本稳定与工程前变化不大，工程实施 15 年后，在保障防洪安全的同时，强化了河势控制，进一步巩固了潜洲的高大完整形态，增强潜洲左汊水流对河床冲刷作用，减缓了白沙洲左汊深泓斜插进入潜洲右汊，维护了白沙洲、潜洲左汊为主汊的地位与河势条件，并加大汉阳边滩的水流动力条件，维护了该处河势稳定，同时也改善了汉阳边滩枯水期通航条件，研究表明，工程实施后的治理效果满足了本次武汉河段治理的思路。

第7章 展 望

三峡工程是治理开发与保护长江的关键骨干工程，在长江流域发挥着防洪、发电、航运、水资源利用等及其重要的综合作用。随着三峡及长江上游干支流水库陆续建成运用，长江中下游河道将会在相当长的时间内遭受"清水"冲刷下切的影响，一条新的长江正在逐渐形成；在持续冲刷背景下，三峡水库下游不同类型（顺直、分汊及弯曲）河道演变规律复杂多变，河床冲刷机理的认识仍需进一步深入研究。同时随着"生态优先、绿色发展"理念逐渐融入长江河道治理实践，兼顾防洪、航运、涉水工程、水资源、水生态等多目标协调综合整治将是未来河道整治发展的主要方向。笔者认为长江中下游河道治理还需从以下几个方面进一步开展相关研究工作：

（1）开展长江中下游河道水沙变化趋势及河势变化影响效应研究。长江中下游河道水沙变化规律不仅需阐明三峡水库下泄水沙、主要支流（洞庭湖四水、汉江及鄱阳湖五河）水沙，还需进一步揭示长江中下游众多小支流水沙变化规律与趋势，要算清长江中下游的水账和沙账。近20多年来，长江中下游实施了大量的涉水工程，部分河段河势也发生明显变化，需要及时开展长江中下游干流河道洲滩岸线及重要涉水工程总体情况评估，构建长江中下游干流河势变化影响评价指标体系，进而开展长江中下游干流典型河段河势变化的影响效应评估。

（2）开展长江中下游不同河型河道冲淤演变机理研究。长江中下游河道为平原冲积性河道，河床组成一般为沙质型，床沙较细，可动性大，并且极易起动，目前对于三峡下游不同类型（顺直、分汊及弯曲）河道沙质河床演变趋势的主要认识仍基于自然河流的演变规律，长期清水作用下长江中下游不同河型河道冲刷机理仍不够清晰，需在实测资料分析的基础上，开展相关研究，以期为长江中下游河道治理提供有力保障。

（3）开展基于多目标统筹河道治理研究。随着长江大保护和长江经济带发展战略的实施，长江中下游河道治理已由原先的单一目标整治向兼顾防洪、航运、涉水工程、水资源、水生态等多目标综合治理方面逐渐转变，鉴于长江中下游河道的复杂性，基于多目标统筹河道治理理论与技术研究将非常重要，应加强这方面的研究工作。